U0342505

锂离子电池磷酸盐系材料

常龙娇　王　闯　姚传刚　罗绍华　著

北　京
冶　金　工　业　出　版　社
2019

内容提要

随着智能手机和笔记本电脑等移动互联网设备的普及，动力电动汽车的“爆炸式”增长，新能源储能的大力推广，锂离子电池面临着更高的性能要求。电极材料决定着电池的性能，同时决定电池50%以上的成本。本书对锂离子电池正极材料磷酸盐材料 $LiMPO_4$（M＝Mn、Fe）的结构、制备方法、改性及理论计算，负极材料 $Li_4Ti_5O_{12}$ 制备方法，AAO（阳极氧化铝）模板及铝酸锂（$LiAlO_2$）的结构和制备方法进行了详细的讨论和阐述。

本书可供从事电池电极设计与制造的科研及技术人员参考，同时可作为高等院校相关专业的教学参考书。

图书在版编目(CIP)数据

锂离子电池磷酸盐系材料/常龙娇等著．—北京：冶金工业出版社，2019.9

ISBN 978-7-5024-8228-2

Ⅰ.①锂…　Ⅱ.①常…　Ⅲ.①磷酸盐—锂离子电池—材料研究　Ⅳ.①TM912

中国版本图书馆 CIP 数据核字(2019)第 197971 号

出 版 人　谭学余
地　　址　北京市东城区嵩祝院北巷 39 号　邮编　100009　电话　(010)64027926
网　　址　www.cnmip.com.cn　电子信箱　yjcbs@cnmip.com.cn
责任编辑　于昕蕾　美术编辑　郑小利　版式设计　禹　蕊
责任校对　王永欣　责任印制　牛晓波
ISBN 978-7-5024-8228-2
冶金工业出版社出版发行；各地新华书店经销；三河市双峰印刷装订有限公司印刷
2019 年 9 月第 1 版，2019 年 9 月第 1 次印刷
169mm×239mm；11.5 印张；221 千字；171 页
49.00 元

冶金工业出版社　投稿电话　(010)64027932　投稿信箱　tougao@cnmip.com.cn
冶金工业出版社营销中心　电话　(010)64044283　传真　(010)64027893
冶金工业出版社天猫旗舰店　yjgycbs.tmall.com

（本书如有印装质量问题，本社营销中心负责退换）

前　　言

本书介绍了目前锂离子电池磷酸盐材料 $LiMPO_4$(M=Mn、Fe) 的结构、制备方法、改性及理论计算，负极材料 $Li_4Ti_5O_{12}$ 制备方法，AAO（阳极氧化铝）模板及铝酸锂（$LiAlO_2$）的结构和制备方法。由于磷酸盐材料 $LiMPO_4$(M=Mn、Fe) 稳定的电化学性能和极高的安全性而受到广泛关注，特别是磷酸铁锂电池已被广泛而大规模应用于电动汽车、规模储能、备用电源等领域，故而研究人员对磷酸盐系材料进行了大量的研究工作。因此，本书可对锂离子电池磷酸盐材料 $LiMPO_4$(M=Mn、Fe) 目前的发展状态，尤其是在磷酸盐材料的制备和应用方面提供一个实验研究及理论的指导。

具有橄榄石结构的 $LiMPO_4$(M=Mn、Fe) 正极材料是由 Goodenough 等在 1997 年提出的。$LiMPO_4$(M=Mn、Fe) 正极材料在充放电过程中，$LiMPO_4$ 和 MPO_4 之间的转变是一个两相构成，从而决定了 $LiMPO_4$ 材料的充放电曲线有一个非常明显的平台，其理论容量为 170mA·h/g。橄榄石结构赋予了 $LiMPO_4$ 高电压正极材料良好的结构稳定性，其热稳定性和循环性能都远远高于其他体系的正极材料。$LiMPO_4$(M=Mn、Fe) 高电压正极材料与负极材料 $Li_4Ti_5O_{12}$ 组成的具有 2.5V 工作电压的全电池 $Li_4Ti_5O_{12}/LiMnPO_4$ 表现出了非常有前景的数据，值得在此基础上进行深入的研究和开发。

在制备和改性方面，研究者们针对较低的电子导电率、晶粒间的本征电导率和 Li^+ 的固相扩散系数的高电压正极材料 $LiMPO_4$(M=Mn、

Fe）的合成制备已经开展了很多的工作，而碳包覆、异类金属离子掺杂和晶粒纳米化均有利于提高 $LiMPO_4$（M=Mn、Fe）的性能，而这些方法通常相互关联，又受合成方法及工艺的影响。例如包覆碳既能够提高材料的表面导电性，又可以抑制晶体的生长；掺杂除了能够提高本征电导率外，还能够在一定程度上改变材料的形貌；晶粒尺寸小且分布均匀的材料有利于 Li^+ 的脱入和嵌出，形貌和粒径更容易通过合成方法和工艺来控制。因此，改性研究通常与合成方法有关，借助工艺控制来达到提高材料性能的目的。

目前 $LiMPO_4$（M=Mn、Fe）的改性研究主要集中在碳包覆与离子掺杂方面，但除此之外，快离子导体包覆也是改进材料电化学性能的有效途径。将纳米 $LiMPO_4$（M=Mn、Fe）与介孔 $LiAlO_2$ 两相复合，形成纳米/介孔组装体，使介孔 $LiAlO_2$ 成为 $LiMPO_4$（M=Mn、Fe）颗粒之间的连接体，利用 $LiAlO_2$ 的高锂离子导电性，在 $LiMPO_4$（M=Mn、Fe）颗粒之间形成传输锂离子的快速通道网络，大幅度提高材料锂离子导电率，以达到改善 $LiMPO_4$（M=Mn、Fe）材料电学性能的目的，特别是高倍率充放电性能。

本书的内容涵盖了 $LiMPO_4$（M=Mn、Fe）的结构、$LiMPO_4$（M=Mn、Fe）的性质及应用、$LiMPO_4$（M=Mn、Fe）的制备和表征、$LiMnPO_4$/C 的 Mn 位 Fe、Mg 掺杂改性、铝酸锂（$LiAlO_2$）阳极氧化法的制备、多级多孔 $LiAlO_2$ 复合 $LiMPO_4$（M=Mn、Fe）的结构与性能、锂离子电池负极材料 $Li_4Ti_5O_{12}$ 制备和表征，以及全电池 $LiMn_{23/24}Mg_{1/24}PO_4/Li_4Ti_5O_{12}$ 电池体系研究等内容。全书分为 9 章：第 1 章介绍了 $LiMPO_4$（M=Mn、Fe）、$LiAlO_2$ 和 $Li_4Ti_5O_{12}$ 的结构、性质以及研究背景；第 2 章介绍了 $LiMPO_4$（M=Mn、Fe）、$LiAlO_2$ 和 $Li_4Ti_5O_{12}$ 的

制备方法以及性能的表征；第3章介绍了水热法合成碳复合 $LiMnPO_4$ 的工艺、结构与性能研究；第4章介绍了 $LiMnPO_4/C$ 的Mn位Fe、Mg掺杂改性研究，包括通过第一性原理计算及实验研究了Fe和Mg不同掺杂量对 $LiMnPO_4/C$ 复合材料的结构、形貌及电化学性能的影响；第5章详细介绍了多级多孔 $LiAlO_2$ 复合 $LiMnPO_4/C$ 的结构与性能，重点探讨了 $LiAlO_2$ 的合成工艺及不同 $LiAlO_2$ 添加量对 $LiMnPO_4/C$ 复合材料的结构、形貌及电化学性能的影响；第6章详细介绍了多级多孔 $LiAlO_2$ 复合 $LiFePO_4/C$ 的结构与性能，重点探讨了 $LiAlO_2$ 的合成工艺及不同 $LiAlO_2$ 添加量对 $LiFePO_4/C$ 复合材料的结构、形貌及电化学性能的影响；第7章介绍了 $Li_4Ti_5O_{12}$ 负极材料的制备工艺、结构与性能；第8章介绍了全电池 $LiMn_{23/24}Mg_{1/24}PO_4/Li_4Ti_5O_{12}$ 电池体系研究；第9章总结以上研究的实验结果。

本书的编写得到了国家自然基金（51804035、11704043、21805013）的资助，同时本书在编写过程中参考了大量的著作和文献资料，无法全部列出，在此，向工作在相关领域最前端的优秀科研人员致以诚挚的谢意，感谢你们对锂离子电池 $LiMPO_4$（M＝Mn、Fe）和 $Li_4Ti_5O_{12}$ 的发展做出的巨大贡献。

随着锂离子电池电极材料制备技术的不断发展，本书在编写过程中可能存在不足之处，同时，书中的研究方法和研究结论也有待更新和更正。由于编者知识面、水平以及掌握的资料有限，书中难免有不当之处，欢迎各位读者批评指正。

作　者

2019年7月

目　录

1 绪　论

1.1 研究背景及意义

化石燃料的快速消耗和能源危机的不断凸显，人们迫切要求降低汽车等交通工具对石油的消耗，发展新能源汽车需要储能电池系统。锂离子电池由于具有更高的操作电位和比能量密度，作为一种二次电池，被广泛应用于移动电子产品、动力交通工具和能量存储设备中，是未来混合动力和纯电动汽车的有力竞争者。锂离子电池作为单一动力源，要求其储存和释放更高的能量，这对电池材料特别是正极材料提出了更高的要求。在对高能量密度和高输出功率动力电源迫切需求的形势下，高电压正极材料引起了人们的广泛关注。

自从1991年锂离子电池商业化以来，能量型锂离子电池的能量密度从最初的90W·h/kg提高到2010年的210W·h/kg，平均以每年6W·h/kg的速度增长。然而，20多年来，正极材料的实际容量始终徘徊在100~180mA·h/g之间，正极材料比容量低已经成为提升锂离子电池比能量的瓶颈。若想要有效地提高锂离子电池的能量密度，必须从提高正负极材料之间的电压差和开发高比容量电极材料两个方面考虑[1]。从正极材料方面考虑，一是寻找具有更高比容量的正极材料，如富锂正极材料，但在充放电过程中表现出较大的不可逆容量损失和差的倍率性能；二是开发高电位正极材料，如尖晶石 $LiMn_{1.5}Ni_{0.5}O_4$(4.8V) 和橄榄石 $LiMnPO_4$(4.1V)、$LiCoPO_4$(4.8V)、$LiNiPO_4$(5.2V)。正极材料“高电压化”是提高电池能量密度的有效途径，因而开发性能与价格比更佳的高电压正极材料，是锂离子电池研究的热点。

1.2 高电压正极材料

研究主要涉及两类材料的设计与改性，一类是通过提高充电截止电压获得高的材料比容量，如 $LiCO_2$、$xLi_2MnO_3 \cdot (1-x)LiMO_2$（$0<x<1$，M为Mn、Ni、Co之一或任意组合）、$LiMn_xCo_yNi_{1-x-y}O_2$ 等；另一类则是通过高的放电电压平台提高电池的比能量，如 $LiNi_{0.5}Mn_{1.5}O_4$、$LiFePO_4$、$LiMnPO_4$ 等[2,3]。

1.2.1 层状高电压正极材料

作为层状高电压正极材料的典型代表 $LiCoO_2$ 首先是由 Goodenough 等证明在

4V(vs. Li/Li^+) 具有循环可逆性，同时最早被 Sony 公司商品化的正极材料[4]。$LiCoO_2$ 的晶体结构如图 1-1 所示，三方晶系的 $LiCoO_2$ 为层状 $\alpha-NaFeO_2$ 岩盐结构，$LiCoO_2$ 的空间点阵群为 $R\bar{3}m$，Co 与 O 相互连接形成二维的 CoO_2 层。$LiCoO_2$ 的理论容量为 274mA·h/g，但其层状结构仅允许脱出 0.5mol 左右的锂离子，继续脱锂则造成结构的坍塌，实际容量仅为 140~145mA·h/g[5]。针对 $LiCoO_2$ 的理论容量与实际容量相差较大这一问题，目前研究人员主要进行包覆改性，如 MgO[6]，得到 4.35V 左右的高电压正极材料，同时材料的容量大大提升。因具有放电压高、电压平稳、比能量高等优点，在便携式电子设备电源领域应用广泛，但钴元素成本高，且有毒性不利于环保，能量密度低。

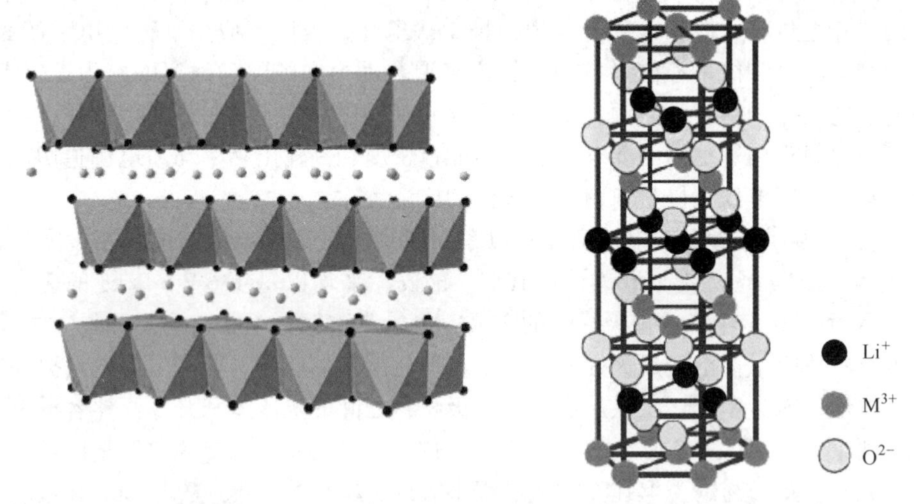

图 1-1 $LiMO_2$（M=Co，Mn，Ni）材料结构示意图[5]

另一类具有层状结构的高电压正极材料是富锂锰基材料 $xLi_2MnO_3\cdot(1-x)LiMO_2$（$0<x<1$，M 为 Mn、Ni、Co 之一或任意组合），它的结构复杂，由组分 Li_2MnO_3 与 $LiMO_2$ 构成，两组分结构大体上都与 $\alpha-NaFeO_2$ 的结构类似，其中组分 Li_2MnO_3 具有岩盐结构，也可写为 $Li[Li_{1/3}Mn_{2/3}]O_2$，Li^+ 与 Mn^{4+} 共同构成 M 层，每个 Li^+ 被 6 个 Mn^{4+} 所围绕形成超结构 $LiMn_6$，使得 Li_2MnO_3 的点阵群由 $R\bar{3}m$ 转变成单斜晶系 C2/m，Li_2MnO_3 可起到稳定结构的作用，在 Li^+ 深度脱嵌时不会导致结构塌陷，同时还可以抑制金属离子的混排，增大比容量[7~10]。在放电电压高于 4.5V 时，1mol $Li_2MnO_3-LiMO_2$ 充电脱出 1.5mol Li^+，放电时仅有 1mol Li^+ 回到晶格中，造成了较大的不可逆容量[11]。主要是由于首次放电结束时 Li^+ 空位消失引起阴阳离子重排，伴随着阳离子位置消失，部分 Li^+ 不能再可逆地脱嵌[12]。晶格中的 O 伴随着 Li^+ 脱出后，为维持电荷平衡，表面的过渡金属离子迁

移到体相中，占据 Li^+ 空位，使脱出的 Li 不能完全回嵌到晶格内，产生不可逆容量[13]。高电压下电解液的氧化分解和 Li_2MnO_3 的导电性差也是产生高充电容量、低放电容量的原因，并且随着循环次数的增加，放电电压也随之降低[14,15]。

1.2.2 尖晶石型高电压正极材料

尖晶石结构的 $LiMn_2O_4$ 理论容量为 148mA·h/g[16]，在循环时发生 4V（vs. Li/Li^+）左右的 $LiMn_2O_4$↔λ-MnO_2 两相相互转化。$LiMn_2O_4$ 具有廉价、污染小、安全性好的优点，但 $LiMn_2O_4$ 实际比容量只有 110mA·h/g，同时存在着循环性差的问题[17]。循环性能差的主要原因是，Mn 在电解液中的溶解导致高温循环性能差[18]，在高温条件下容量衰减更加明显；晶格氧缺陷，也会导致循环性能变差[19]；在充放电末期材料表面晶体结构会因为 Jahn-Teller 效应而造成晶体结构的变化和材料的粉化，导致循环寿命变短[20]。针对上述问题，目前研究集中在对其进行大量的掺杂研究，如掺杂 Ni[21]、Co[22]、Cr[23] 等元素增强了尖晶石结构的稳定性，但是不同元素掺杂后正极材料的电压会发生变化，其中 $LiNi_{0.5}Mn_{1.5}O_4$ 放电电压达 4.7V，首次放电容量接近其理论容量 146.7mA·h/g，循环可达 1000 次以上，是目前尖晶石型正极材料研究的热点[24]。

具有反尖晶石结构的 $LiNi_{0.5}Mn_{1.5}O_4$ 材料通常有两种晶体结构，一种是属于面心立方的 $LiNi_{0.5}Mn_{1.5}O_4$，空间群为 Fd3m，是一种无序结构，结构如图 1-2a 所

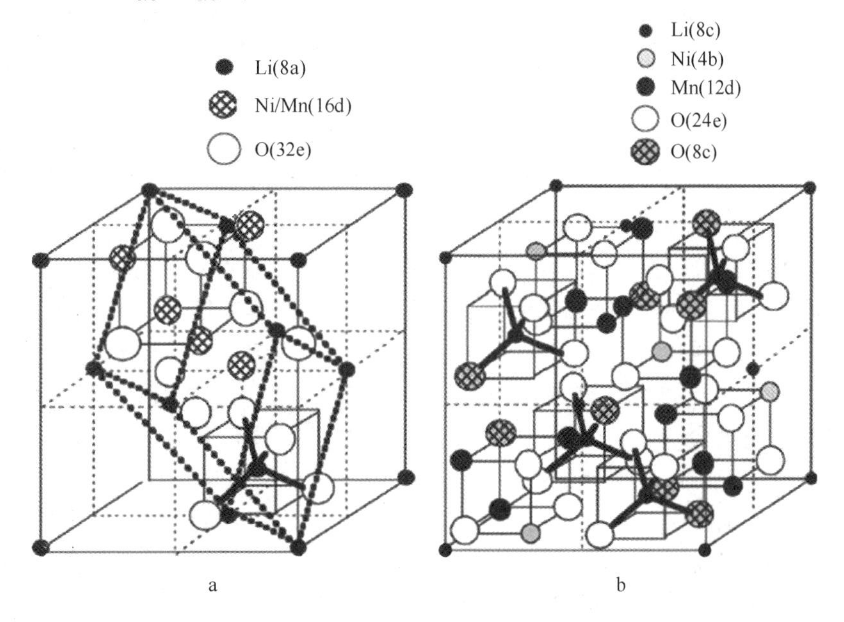

图 1-2 $LiNi_{0.5}Mn_{1.5}O_4$ 的晶体结构示意图

a—面心立方 Fd3m；b—简单立方 $P4_332$[25]

示[25]，Li 分布在四面体间隙 8a 位置，而 Mn 和 Ni 随机地分布在八面体间隙 16d 位置，O 位于 32e 位置；另一种是有序尖晶石 $LiNi_{0.5}Mn_{1.5}O_4$，属于简单立方结构，空间群为 $P4_332$，结构如图 1-2b 所示，该结构材料的晶格对称性低，晶格常数小于前者，Li 分布在四面体间隙 8a 位置，Ni 有序地取代了部分 Mn 离子，Ni 占据 4b 位置，而 Mn 占据 12d 位置。由于无序相具有较高的电子电导率，因此具有该结构的 $LiNi_{0.5}Mn_{1.5}O_4$ 也就拥有更好的倍率性能[26]。

由于具有与 $LiMn_2O_4$ 相同的晶体结构，$LiNi_{0.5}Mn_{1.5}O_4$ 也具有相似的缺陷[27]，如 Mn 的溶解和 Mn 的 Jahn-Teller 效应[28]。特别是 $LiNi_{0.5}Mn_{1.5}O_4$ 具有 4.7V 的电极电位，充放电易引起电解液的分解[29]。因此，对 $LiNi_{0.5}Mn_{1.5}O_4$ 的研究主要集中在掺杂和表面包覆两种手段。掺杂的目的在于抑制 Mn 的溶解和 Mn 的 Jahn-Teller 效应。掺杂的主要元素有 Co[30]、Al[31]、Cr[32] 等，可以有效改善 $LiNi_{0.5}Mn_{1.5}O_4$ 的电化学性能。表面包覆的目的在于减少材料与电解液的接触，从而能够缓解 Mn 的溶解，改善材料的循环性能。目前主要用氧化物来进行包覆，如 ZnO[33]、SiO_2[34]、ZrO_2[35] 等。随着电动汽车的发展，尖晶石 $LiNi_{0.5}Mn_{1.5}O_4$ 作为动力电池正极材料有着广泛的应用前景。

1.2.3 橄榄石型高电压正极材料

具有橄榄石结构的 $LiMPO_4$（M = Mn、Fe、Co）正极材料是由 Goodenough[36] 等在 1997 年提出的，其结构如图 1-3 所示[37,38]。$LiMPO_4$ 属于正交晶系，空间点阵群为 Pnma[39]，在橄榄石结构中，O 按轻微扭曲的密排六方结构排列起来，P 占据 O 的四面体空隙，Li 和 M 分别占据八面体空隙；与层状结构及尖晶石结构的八面体共棱连接不同，MO_6 八面体通过共顶点的方式在 *bc* 面连接在一起，并呈“Z”形起伏，因此 $LiMPO_4$ 正极材料的电子电导率较低；MO_6 八面体与 PO_4 四面体通过共边和共顶点的方式连接构成三维框架结构（图 1-3a）[37]；LiO_6 八面体在 *bc* 面沿 *b* 轴方向以共边的方式连接在一起；对于 Li^+ 的脱嵌路径，沿 *c* 轴方向上扩散时需要克服与两个 PO_4 四面体共面连接的八面体高能位很难，而沿 *b* 轴方向从共边连接的 LiO_6 八面体扩散较容易，因此橄榄石型结构的 $LiMPO_4$ 是从 [010] 方向沿弯曲的路径进行脱嵌 Li^+ 的（图 1-3b）[38]。$LiMPO_4$（M = Mn、Fe、Co）材料电压平台与相应的 M^{2+}/M^{3+} 氧化还原电对相对电位有关，相对 Li/Li^+ 的电位分别为 3.4V、4.1V 和 4.8V[40]。在充放电过程中，$LiMPO_4$ 和 MPO_4 之间的转变是一个两相构成，从而决定了 $LiMPO_4$ 材料的充放电曲线有一个非常明显的平台，其理论容量为 170mA·h/g。

橄榄石结构赋予了 $LiMPO_4$ 高电压正极材料良好的结构稳定性，其热稳定性和循环性能都远远高于其他体系的正极材料。但是聚阴粒子团 PO_4^{3-} 的存在使其电子电导率偏低，导致其较差的大电流性能和低温性能。$LiNiPO_4$ 相对 Li/Li^+ 的

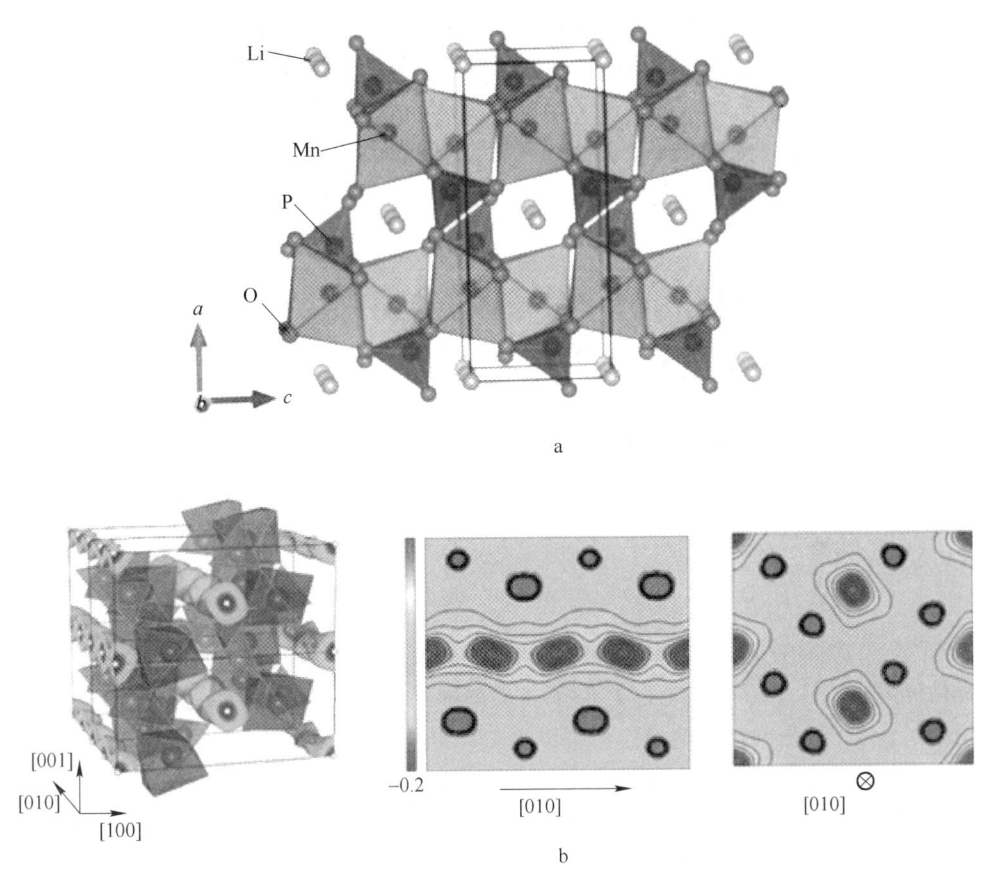

图 1-3 $LiMPO_4$ 镁橄榄石型结构（a）及锂离子在镁橄榄石型结构中的扩散路径（b）[37,38]

放电平台在 5.2V 左右，其工作电压已经超出目前电解液体系的稳定电化学窗口，同时电子电导率较低，所以鲜有人报道 $LiNiPO_4$，该材料具有稳定的结构和优秀的循环性能，可以考虑成为下一代插锂材料[41]。$LiCoPO_4$ 的电导率同样非常低，其电压平台为 4.8V，接近常用电解液体系的电压上限，由于它具有潜在的高能量密度，可以开发为特种能源。最早 Bralnnik 等[42] 报道 $LiCoPO_4$ 可以释放出的容量为 70mA · h/g，据报道 $LiCoPO_4$ 的最高放电容量是 144mA · h/g[43]。由于 Co 资源匮乏，$LiCoPO_4$ 的应用前景并不被看好。由于铁资源丰富，对环境友好，所以橄榄石族化合物中，$LiFePO_4$ 作为正极材料最引人注目。经过十几年的努力，$LiFePO_4$ 的放电容量从最早的 120mA · h/g[36]，增加到现在几乎能释放出全部容量[44]，同时倍率性能也越来越好。虽然 $LiFePO_4$ 成本低廉、环境友好、安全可靠，但是相对 Li/Li^+ 的电极电势仅为 3.4V，限制了电池能量密度的提升，因此磷酸铁锂动力电池市场发展受到了一定的限制。$LiMnPO_4$ 电压平台在 4.1V 附近，是一种极具潜力的高电压正极材料，同样受制于橄榄石结构低的电子电导率和离子电导率，虽然经历了长期的发展，$LiMnPO_4$ 的电化学性能仍有待提高。在 $LiMnPO_4$ 的基础上，以 Fe 取代部分 Mn，得到 $LiFe_xMn_{1-x}PO_4$ 复合材料。Fe 的加入提高了材料的结构稳定性，改善了循环性能和倍率性能，也使材料具备两个充放电平台，提高了材料的能量密度。因此 $LiFe_xMn_{1-x}PO_4$ 复合材料也成为一种具有实用潜力的高电压正极材料[45]，在 1.3 节中将重点综述 $LiMnPO_4$ 的结构、物理性质和研究进展。

1.3 高电压正极材料 $LiMnPO_4$ 的研究进展

1.3.1 $LiMnPO_4$ 的结构及电化学性质

橄榄石结构的 $LiMnPO_4$ 属于正交晶系（Pnma），原子坐标可以表示为：Li 在 LiO_6 八面体的 4a 位（0，0，0）、Mn 在 MnO_6 八面体的 4c 位（x，1/4，z）（$x \approx 0.28$，$z \approx 0.97$）、P 在 PO_4 四面体的 4c 位（x，1/4，z）（$x \approx 0.10$，$z \approx 0.42$）、O_1 在 4c 位（x，1/4，z）（$x \approx 0.10$，$z \approx 0.74$）、O_2 在 4c 位（x，1/4，z）（$x \approx 0.45$，$z \approx 0.20$）、O_3 在 8d 位（x，y，z）（$x \approx 0.16$，$y \approx 0.05$，$z \approx 0.28$）[46]。$LiMnPO_4$ 的结构比层状结构和尖晶石结构的正极材料更稳定，原因在于 $LiMnPO_4$ 晶体结构中有 P 原子的存在，P 原子与晶格中的 O 原子能形成高强度的 P—O 共价键。P—O 键与 O—O 键相比，强度要高 5 倍且键长更短，从而保证了 PO_4 四面体的稳定性，这也使 Li^+ 几乎不可能穿过 PO_4 四面体，降低了 Li^+ 的扩散速率，但也正因为 PO_4 的存在，才保证了 Li^+ 能在一个相对稳定的晶体结构中嵌入/脱出，从而使 $LiMnPO_4$ 具有良好的循环性能和安全性能[47,48]。此外，高强度的 P—O 键能通过 Mn—O—P 的诱导效应而稳定 $Mn^{2+/3+}$ 反键态，从而使 $LiMnPO_4$ 产生较高的工作电压。

不同于传统材料 $LiCoO_2$、$LiNiO_2$ 等，$LiMnPO_4$ 的充放电反应是一个 $LiMnPO_4$ 和 $MnPO_4$ 之间的两相相互转化过程。充电时 Li^+ 从 $LiMnPO_4$ 晶格中脱出，同时 Mn^{2+} 失去电子氧化成 Mn^{3+}，形成 $MnPO_4$ 相；放电时 Li^+ 嵌入 $MnPO_4$，Mn^{2+} 得到电子还原成 $LiMnPO_4$。两相之间的嵌脱反应使 $LiMnPO_4$ 拥有平稳的充放电平台（4.10V vs. Li/Li^+）。嵌脱锂过程中 $LiMnPO_4/MnPO_4$ 间的晶格尺寸存在一定的差异，造成充放电过程中材料有一定的体积效应（$<10\%$）。根据文献报道，较小的体积效应并没有对材料的循环性能造成太大影响。

两相反应机制很好地解释了 $LiMnPO_4$ 充放电过程中拥有 4.1V 的平稳平台，得到了研究者们的一致认同，然而关于充放电过程中相界面的运动过程，还存在几种不同的机理，其中最经典的两种模型是 Andersson[48] 对 $LiFePO_4$ 提出的径向模型（图 1-4a）和“马赛克”模型（图 1-4b）。径向模型认为充电过程中，晶粒表面的 Li^+ 首先脱出形成 $MnPO_4$ 相，随着充电过程的进行，相界面由外向内不断收缩，直到 Li^+ 的脱出速率不能满足充电电流的需求时停止，此时颗粒中心未能及时脱出的 Li^+ 造成了不可逆容量；放电时，Li^+ 首先从外层嵌入，相界面移动方向同充电过程一致，最终晶粒中心有一小部分 $MnPO_4$ 相没能及时转换成 $LiMnPO_4$，而造成不可逆容量。“马赛克”模型认为，充放电过程中，晶粒中均匀分布着很多“核壳结构”，这些核壳结构在充放电过程中两相界面的移动类似于“径向模型”，因此不可逆容量存在于每个核壳结构的中心部分以及核壳结构之间 Li^+ 不能到达的空间。研究表明，在这两种模型中，两相界面间 Li^+ 传输速率的快慢是影响 $LiMnPO_4$ 材料倍率性能的关键因素之一。

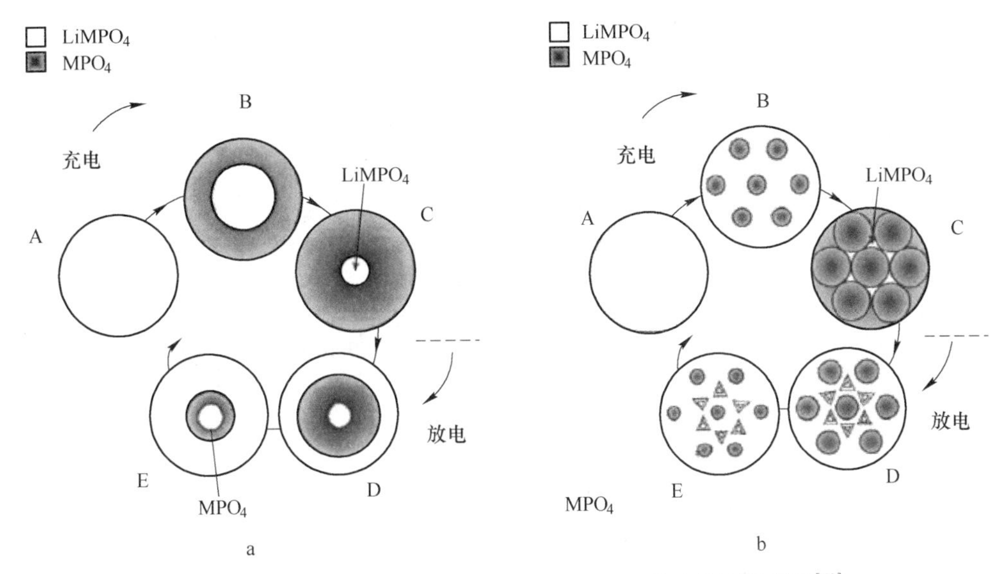

图 1-4 橄榄石结构 $LiMPO_4$（M=Fe，Mn）充放电的两种模型[48]

a—径向模型；b—“马赛克”模型

根据 $Mn^{3+}PO_4$ 和 $LiMn^{2+}PO_4$ 体系的原子的布局数据，放电过程中 $Mn^{3+}PO_4$ 嵌入 Li^+，由于锂的离子性很强，其嵌入材料后带来的额外电子将会填充在 $Mn-O_6$ 八面体骨架结构上，并且电子所带电荷分布在 Mn、P 和 O 原子上，导致体系中 Mn、P 和 O 原子的电荷发生明显变化，因此放电过程中体系各原子的布居值均变大，此外，Li^+ 嵌入体系后，电子向金属离子的转移明显得到加强。正极由于 $Mn^{3+}PO_4$ 和 $LiMn^{2+}PO_4$ 的空间结构物相似、体积接近，材料在充放电过程中结构变化很小，避免了由于结构变化过大甚至结构崩塌造成的容量衰减[49,50]。

在 $LiMnPO_4$ 的晶体结构中，MnO_6 的八面体共顶点被 PO_4^{3-} 四面体分隔，而无法形成共边结构中的连续的 MnO_6 网络结构，因而材料的电子传导性极差，纯的 $LiMnPO_4$ 在室温下的电子电导率仅为 3×10^{-9}S/cm。一般认为 Li^+ 脱出后迅速形成 $Mn^{3+}PO_4$，而不能形成对导电有利的 Mn^{3+}/Mn^{2+} 过渡态，所以在整个充放电过程

中 $LiMnPO_4$ 材料的电子电导率都比较差[51]。

Yamada 等[52] 利用第一性原理计算了纯相 $LiMnPO_4$ 的带隙宽度为 2eV（如图 1-5 所示），表明纯相的 $LiMnPO_4$ 是绝缘体。Nie 等[53]研究表明，从 $LiMnPO_4$ 向 $MnPO_4$ 转变时，体积的变化主要来自于 Mn^{3+} 的 Jahn-Teller 效应，不利于材料保持稳定。Lee 等[54] 采用库仑滴定法测得在不同的充电状态下，Li^+ 在 $Li_{1-y}MnPO_4(0\leqslant y\leqslant 1)$ 中的扩散系数在 $2.9\times10^{-12}\sim8.8\times10^{-15}cm^2/s$ 之间，因此，纯相 $LiMnPO_4$ 没有电化学活性。

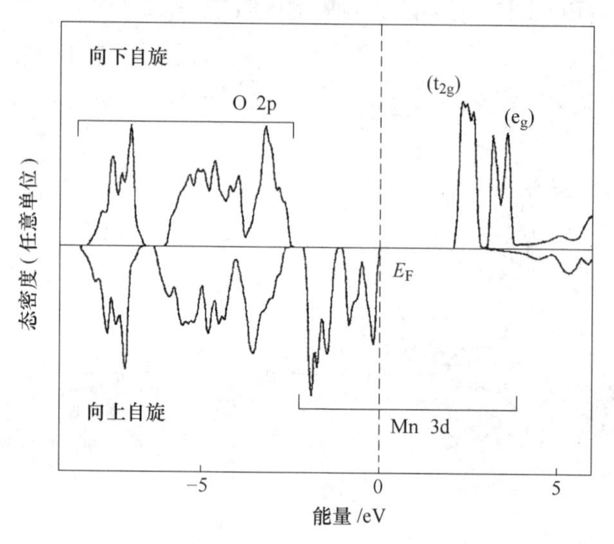

图 1-5 $LiMnPO_4$ 总态密度分布图[52]

影响 $LiMnPO_4$ 高电压正极材料电子电导率与离子电导率的主要因素包括形貌因素、结构因素、晶粒尺寸因素、$LiMnPO_4$/C 的复合改性因素及其 $LiMnPO_4$ 的掺杂改性因素。这些影响因素都与 $LiMnPO_4$ 正极材料的合成工艺或改性工艺密切相关，因此在接下来的两小节内将对 $LiMnPO_4$ 正极材料的合成工艺与改性工艺的研究现状进行综述。

1.3.2 $LiMnPO_4$ 的制备方法

研究者针对较低的电子导电率、晶粒间的本征电导率和 Li^+ 的固相扩散系数的高电压正极材料 $LiMnPO_4$ 的合成制备已经开展了很多的工作，目前常见合成 $LiMnPO_4$ 的方法主要有固相法、水热法、共沉淀法、溶胶-凝胶法、喷雾合成法和溶剂热法等。

1.3.2.1 固相法

固相法合成 $LiMnPO_4$ 材料通常是将锂的碳酸盐、乙酸盐或磷酸盐，锰的硫酸盐、乙酸盐及 $NH_4H_2PO_4$ 或 $(NH_4)_2HPO_4$ 为原料按照一定配比球磨混合均匀后，在惰性气氛下煅烧得到 $LiMnPO_4$，加入适量的碳或含碳有机物直接加入达到包覆、防止材料氧化或控制粉体粒度的目的。煅烧过程分为一步煅烧和二步煅烧。一步煅烧是在较高温度（500～800℃）煅烧，冷却至室温，得到产物；二步煅烧则是先在较低温度下（350℃左右）预煅烧，将预产物取出研磨均匀，再于较高温度（600℃左右）煅烧，冷却至室温，得到产物，二步煅烧可以控制颗粒的尺寸。

Padhi 等[36] 采用二步固相合成法，以 $LiCO_3$、$Mn(CH_3COO)_2$ 和 $(NH_4)_3PO_4$ 为原料球磨，在 300～350℃ 预煅烧，空气气氛下 800℃ 煅烧 24h，首次合成了具有橄榄石结构的纯相 $LiMnPO_4$ 材料，由于纯相 $LiMnPO_4$ 结构上缺陷导致其比容量只有 12mA·h/g，随后有很多课题组尝试用固相法制备 $LiMnPO_4$，Ni 等[55] 惰性气氛下，采用二步固相合成法，将合成后的 $LiMnPO_4$ 材料进行高能球磨，并且与加入 8%乙炔黑的 $LiMnPO_4$/C 进行了比较，结果表明，这种高能球磨得到的材料颗粒均一，从而能够大大改善材料的电化学性能，但是较 $LiMnPO_4$/C 材料，容量衰减较快。总体来说，得到的产物即使在 0.05C 倍率下充放电，可逆容量很少能超过 120mA·h/g[56~58]。

固相法最大的优点是工艺和设备简单，制备条件易控制，易实现产业化。但是它的能耗高、周期长，合成产物的电化学性能相对较差，这主要是因为固相法很难控制产物晶粒的形貌和粒径，所得产物一次晶粒粒径大、分布广，高温煅烧还会导致晶粒发生团聚，团聚的二次晶粒粒径一般都在微米级，不利于电子的传输和 Li^+ 的扩散。

1.3.2.2 水热法

水热法制备 $LiMnPO_4$ 是以可溶性盐为原料，数种组分在去离子水或水-醇混合液中于高压反应釜 150～250℃ 之间直接化合或经中间态发生化学反应，合成 $LiMnPO_4$。这样高温高压的环境有利于进一步提高反应物的溶解度、反应活度等；许多无机盐能够溶解到水溶液中，因此可以根据需求灵活地调整前驱体的种类，水热工艺参数调整方便。溶剂所采用的水具有廉价、无毒、兼容性好等优点，同时，水是一种极性非常强的液体，有利于目标产物的各向异性生长。Tucker 等[59] 首次采用成功的水热法合成了 $LiMnPO_4$/C 材料，但是材料的性能较差。

由于水热反应过程通常是在耐高温、高压的封闭反应器中进行，很难对反应过程进行实时观察和分析。因此，水热反应条件的控制对产物的形貌和性能有重要的影响。研究者对水热合成 $LiMnPO_4$ 的反应原料、反应体系 pH 值、反应温度、反应时间以及添加剂对产物的形貌和性能的影响进行了研究。

不同的研究者采用不同的原料来合成 $LiMnPO_4$ 材料。通常采用有较好水溶性的 $LiOH \cdot H_2O$、$MnSO_4 \cdot 7H_2O$ 和 H_3PO_4 作为原料[60~62]，也可以采用其他可溶锂盐、锰源和磷酸盐作为反应原料；水热反应体系的初始 pH 值也会影响材料的纯度，Fang 等[63] 考察了 pH 值对水热法合成 $LiMnPO_4$ 电化学性能的影响，实验表明，水热反应的溶液在酸性和中性条件下都没能合成出 $LiMnPO_4$，pH 值在 10 左右的碱性条件才适合 $LiMnPO_4$ 的生成；水热反应温度主要影响产物的晶粒尺寸的大小，Fang 等[64] 研究了反应温度对材料性能的影响，研究显示，随着水热反应温度的升高，$LiMnPO_4$ 晶体的晶粒尺寸也随之降低，同时降低了 Li^+ 和 Mn^{2+} 之间的扩散阻碍，电化学性能逐渐增强；在水热反应体系中添加表面活性剂来控制 $LiMnPO_4$ 的形貌，Wang 等[65] 通过柠檬酸为表面活性剂、无水乙醇-水（体积比 1：1）为混合溶剂，分别在 180℃及 300℃进行 12h 的热处理，再将获得的样品与一定量葡萄糖混合并在 600℃进行 5h 氩气保护气氛煅烧，最终获得了微球形貌的 $LiMnPO_4/C$ 复合材料，将这种复合材料进行充放电电化学性能测试，得到在 0.01C 恒流放电倍率下，获得 107.3mA · h/g 的放电容量。

1.3.2.3 共沉淀法

共沉淀法是指把含锂、锰、磷的可溶性盐溶于水，通过调整工艺参数，如温度、pH 值使前驱体沉淀出来。共沉淀法可将合成材料和晶粒细化一并完成，并能实现各组分在分子、原子水平上混合，通过控制沉淀条件得到不同大小和分散性的晶粒[66~68]。

Delacourt 等[69] 通过热力学研究 $Li^+/Mn^{2+}/PO_4^{3-}/H_2O$ 系统，得到 pH 值在 10.2~10.7 范围内最有可能形成 $LiMnPO_4$ 相，0.05C 倍率容量为 70mA · h/g。Xiao 等[70] 用共沉淀法合成 $LiMnPO_4$，在 0.05C 倍率容量为 115mA · h/g，1C 倍率容量为 60mA · h/g。

沉淀法制备的材料晶粒粒径小，电化学性能比较好，但操作条件苛刻如沉淀过滤困难，而且产物纯度不高，容易生成杂相，难以实现工业化生产。

1.3.2.4 溶胶-凝胶法

溶胶-凝胶法作为低温或温和条件下合成无机材料的方法。其化学过程首先是将原材料分散在溶剂中，然后经水解反应生成活性单体，活性单体进行聚合，开始成为溶胶，进而生成具有一定空间结构的凝胶，经过干燥和热处理制备出纳米粒子和所需要材料[71~76]。

Kwon 等[77] 开发了一种乙醇酸辅助溶胶凝胶法合成 $LiMnPO_4$ 材料的方法，包覆 20%（质量分数）导电炭的 140nm 级的 $LiMnPO_4/C$ 材料在 2.3~4.5V 电压窗口内 0.1C 和 1C 倍率下分别有 134mA · h/g 和 81mA · h/g 的放电比容量。Zhong

等[78]在原料中加入柠檬酸，用氨水控制 pH 值到 10.0，60℃得到胶体，500℃、10h 得到玫瑰花状晶粒，温度和时间过高、过低都对晶型发育不利，而影响其电化学性能。

溶胶-凝胶法具有前驱体溶液化学均匀性好、凝胶热处理温度低、粉体晶粒粒径细小均匀、反应过程容易控制、设备简单等优点。但溶胶-凝胶法干燥收缩大，生产周期长，工业化难度比较大。

1.3.2.5 喷雾合成法

喷雾合成法主要分为喷雾裂解法和喷雾干燥法。这两种实验的主要区别是在喷嘴处雾化干燥温度的差别，喷雾裂解温度较高，可以达到 500℃，而喷雾干燥法干燥温度不超过 400℃，两种方法都使物料以雾滴状态分散于热气流中，物料与热气体充分接触，在瞬间完成传热和传质过程，使溶剂迅速蒸发为气体，得到前驱体，并且能够形成形貌规则、重复性良好的球形晶粒[79~81]。此法制备过程中，溶液的浓度、反应温度、喷雾液流量、雾化条件等因素都会影响 $LiMnPO_4$ 粉体的性能。

Taniguchi 等[79]采用喷雾干燥法制备出了球形的前驱体。将前驱体跟乙炔黑球磨，经过高温热处理后，获得 $LiMnPO_4/C$ 正极材料。0.05C 放电可以得到 147mA·h/g 的放电比容量。Bakenov 等[82]将原料溶于蒸馏水中，经过超声，通入惰性气体 400℃进行反应，得到的粉末与炭黑球磨后，在 500℃加热，获得晶粒均匀性能较好的 $LiMnPO_4/C$，在 0.1C 倍率下首次放电容量达到 149mA·h/g。

喷雾热分解法的特点是采用液相物质为前驱体，通过喷雾热解过程直接得到最终产物，无需过滤、洗涤、干燥等过程[83]。获得的产物比表面积大、纯度高、分散性好、粒度均匀，但是生产成本高、能耗大。

1.3.2.6 其他合成法

其他合成 $LiMnPO_4$ 的方法有溶剂热法[84~86]、微波水热法[87]等。Wang 等[84]采用溶剂热法合成的 $LiMnPO_4$ 具有球形结构，改变反应条件可以增加球体表面的粗糙度，制备出纳米棒状晶粒，0.1C 倍率下的容量为 48.5mA·h/g，包覆碳后增加到 113.6mA·h/g。Murugan 等[87]采用微波水热法在较短的时间（15min）内合成出结晶性良好的纯相 $LiMnPO_4$ 材料，但是该材料容量很低，只有 12mA·h/g 左右。该材料经 700℃热处理 1h 后，容量也只有 23mA·h/g。

1.3.3 $LiMnPO_4$ 的改性研究

碳包覆、异类金属离子掺杂和晶粒纳米化均有利于提高 $LiMnPO_4$ 的性能，而这些方法通常相互关联，又受合成方法及工艺的影响。例如包覆碳既能够提高材料的表面导电性，又可以抑制晶体的生长；掺杂除了能够提高本征电导率外，还能够在一定程度上改变材料的形貌；晶粒尺寸小且分布均匀的材料有利于 Li^+ 的脱入和嵌出，形貌和粒径更容易通过合成方法和工艺来控制。因此，改性研究通常与合成方法有关，借助工艺控制来达到提高材料性能的目的[88]。

1.3.3.1 碳包覆

碳包覆是使用较多的一种改性方法[89~96]，用在提高 $LiMnPO_4$ 材料导电性方面，最早由 Li 等实施[88]，合成的碳包覆材料在室温容量达到 140mA · h/g，远高于同期其他研究小组的结果。在前驱体中加入一定比例的碳源，高温裂解的碳，不仅作为还原剂在反应过程中还原高价离子，还可以吸附在材料表面阻止晶粒团聚长大，残留的碳可以提高材料的电导率。目前，常见无机碳源有柠檬酸、石墨烯、乙炔黑等，Dettlaff-Weglikowska 等[66] 采用溶胶-凝胶法，直接在原料中加入 1%（质量分数）单壁碳纳米管来改性 $LiMnPO_4$，碳纳米管作为成核基体，增加了成核晶粒的数量，降低晶粒的尺寸；同时在晶粒内部形成一种网格结构，使得晶粒的比表面积提高了近 10 倍，从而提高了材料的电化学性能。Bakenov 等[97] 以科勤黑和乙炔黑为碳源进行合成后包覆，比较了两种导电碳对 $LiMnPO_4$ 的改性结果。经过碳包覆后的材料晶粒尺寸是未包覆颗粒尺寸的 10%，科琴黑包覆的晶粒获得了较大的比表面积，更容易吸附电解液，从而增加 Li^+ 的传导性来改善 $LiMnPO_4$ 材料的电化学性能。Zhong 等[98] 采用固相法，分别以蔗糖、柠檬酸和草酸为碳源进行原位碳包覆，考察三种不同碳源的改性结果，三种不同碳源均可改善材料的导电性能，而柠檬酸改善效果好于蔗糖和草酸。实验显示，煅烧过程中，有机酸的分解有利于控制晶粒尺寸，防止团聚现象的出现，有机碳源有石墨烯、聚苯乙烯、聚丙烯、聚乙烯醇、聚乙二醇、糖类、淀粉、蛋白质等。Jiang 等[99] 以石墨烯为碳源，喷雾干燥法合成出了 $LiMnPO_4/C$ 材料，因为石墨烯优异的固有性能，改性的 $LiMnPO_4/C$ 材料的电化学性能得到进一步的改善。聚乙二醇（PEG）以其无毒、两亲性和生物相容性等特点在功能材料的合成中得到了广泛应用[100,101]。研究者以 PEG[102~104] 为碳源，采用水热法、溶胶-凝胶法、高温固相法等合成出 $LiFePO_4/C$ 材料，能够控制晶粒形貌和尺寸，具有良好的电化学性能。

包覆晶粒的碳层结构对 $LiMnPO_4$ 电化学性能有着重要的影响，利用结构性能良好的碳层进行包覆，可以使用尽可能少的碳获得电化学性能优异的电极材料而不会影响其比能量。

1.3.3.2 异类金属离子掺杂

为了提高材料内部的质子传导性，一般情况下要进行金属离子掺杂，掺杂元素进入材料晶格内部来取代晶格上的一种或者几种元素，从而能够改善材料内部的本征电导率，同时能够抑制 Jahn-Teller 效应的产生。掺杂 Fe、Mg、Zn、Co、Cu、Ca、Zr 等金属元素[54,100,105~110]，是有效提高晶粒内部电子电导率的有效手段之一。根据掺杂元素位置的不同有锂位掺杂、锰位掺杂、磷位掺杂和氧位掺杂，常见的有锂位掺杂和锰位掺杂，并且掺杂位置和含量对橄榄石型 $LiMnPO_4$ 材料的掺杂效果有着重要的影响。

Yamada 等[107] 通过固相法掺杂 Fe 元素合成 $LiMn_{0.6}Fe_{0.4}PO_4$ 材料，0.28mA/cm^2 首次放电比容量达到 160mA · h/g，大大提高了 $LiMnPO_4$ 的放电比容量。Chen 等[109] 等通过水热合成法将 Mg 元素锰位固溶到 $LiMnPO_4$ 材料中，研究表明，Mg 的加入可以改善材料的热力学性能，提高氧化还原反应的热稳定性，20%（摩尔分数）Mg 的固溶量能够有效缩短 Li^+ 的扩散路径，并且有利于晶体的发育，削弱了 Jahn-Teller 效应，从而增强了材料的结构稳定性，0.05C 倍率下比容量达 150mA · h/g。Fang 等[110] 通过加入少量 Zn(2%)，有效减小了充放电时的电池内阻，增加了 Li^+ 扩散性和相转变，通过固相法 700℃ 煅烧 3h 合成的 $LiMn_{0.98}Zn_{0.02}PO_4$ 材料的高倍率性能得到很大提高，5C 倍率下比容量达 105mA · h/g。Yang 等[110] 二步固相法 450~650℃ 氮气气氛下煅烧 5h 合成 $LiMn_{0.95}Co_{0.05}PO_4$，0.05C 倍率比容量达 144mA · h/g，1C 倍率比容量达 97mA · h/g。Ni 等[104] 通过水热合成法制备了 $LiMnPO_4$、$LiMn_{0.98}Cu_{0.02}PO_4$、$LiMn_{0.95}Cu_{0.05}PO_4$。研究发现，$LiMn_{0.98}Cu_{0.02}PO_4$ 在 2.2~4.5V 截止电压、0.1C 倍率下首次放电比容量为 121mA · h/g，而 $LiMnPO_4$ 和 $LiMn_{0.95}Cu_{0.05}PO_4$ 为 101mA · h/g 和 76mA · h/g。

金属离子掺杂后，分散在 $LiMnPO_4$ 中的金属离子为 $LiMnPO_4$ 提供了导电桥，增强了粒子之间的导电能力，减少了粒子之间的阻抗，同时降低了晶粒的尺寸，从而提高 $LiMnPO_4$ 的可嵌锂容量。相对于表面碳包覆，金属离子掺杂相较于碳包覆而言不会降低材料的振实密度，有利于提高材料的比容量。

1.3.3.3 减小晶粒尺寸

$LiMnPO_4$ 的晶粒半径的大小对电极容量有很大影响。晶粒半径越大，Li^+ 的扩散路程越长，Li^+ 的嵌入和脱出就越困难，$LiMnPO_4$ 容量的发挥就越受到限制。并且 Li^+ 在 $LiMnPO_4$ 中的嵌脱是一个两相反应，$LiMnPO_4$ 相和 $MnPO_4$ 相共存，因此 Li^+ 扩散要经过两相的界面，这也增加了扩散的困难。有效控制 $LiMnPO_4$ 的晶粒尺寸是改善 $LiMnPO_4$ 中 Li^+ 扩散能力的关键[104]。

Drezen 等[74] 采用溶胶-凝胶法合成纳米 $LiMnPO_4$/C 材料。520℃ 合成的晶粒尺寸在 140nm 左右，0.1C 倍率下首次放电比容量为 134mA · h/g。研究发现，600~800℃ 煅烧的 $LiMnPO_4$/C 材料晶粒尺寸会逐渐长大，700℃ 煅烧的材料晶粒尺寸增长到了 830nm，0.1C 倍率下首次放电比容量降至 60mA · h/g。可见，材料晶粒尺寸纳米化尤为重要，通过缩短 Li^+扩散的路程，可进一步提高材料的导电性，从而有效改善材料的高倍率放电性能。

总之，研究结果表明，通过碳包覆和异类金属掺杂改性能够在一定程度上改善材料的导电性，并且通过改变工艺，可以减小材料的晶粒尺寸，有利于提高 $LiMnPO_4$ 的性能。

1.4 橄榄石结构磷酸铁锂（$LiFePO_4$）研究进展

$LiFePO_4$ 具有橄榄石型结构，氧原子以一种略微错位的六方紧密堆排列，磷原子占据四面体间隙形成磷氧四面体［PO_4］，铁离子和锂离子处于八面体空隙中，形成锂氧八面体［LiO_6］和铁氧八面体［FeO_6］。其结构中一个［FeO_6］八面体分别与一个［PO_4］四面体和两个［LiO_6］八面体共边，同时，一个［PO_4］四面体还与两个［LiO_6］八面体共边，如图 1-6 和图 1-7 所示[111]。

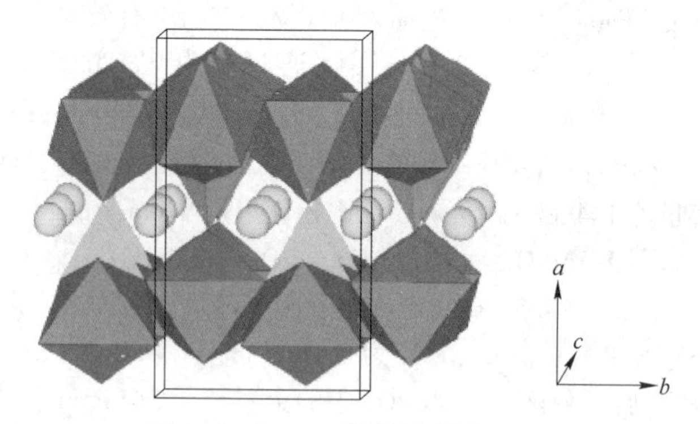

图 1-6 $LiFePO_4$ 结构示意图（一）

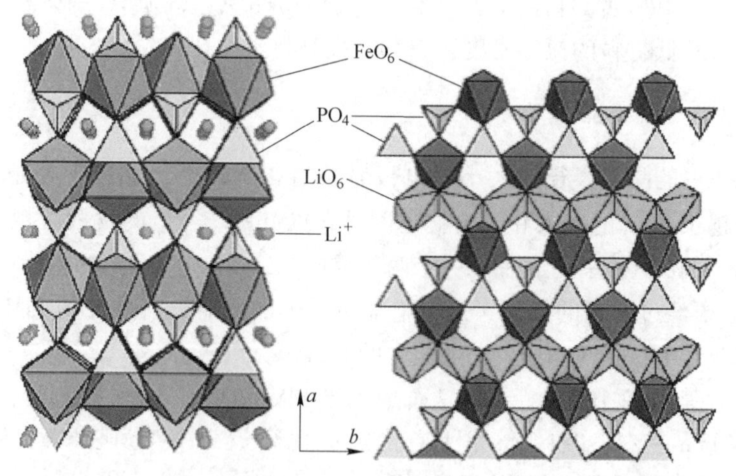

图 1-7 $LiFePO_4$ 结构示意图（二）[111]

磷酸铁锂作为锂离子电池正极材料是 J. B. Goodenough 的研究小组[111] 于 1997 年首次发现的，其热稳定性好、循环容量较高（理论容量为 170mA · h/g）、能量密度高（密度为 550W · h/kg）、环境友好、矿藏丰富、成本低廉，被认为是最有发展前景的锂离子电池正极材料，在动力型锂离子电池领域也有非常明显的优势。

1.4.1 $LiFePO_4$ 脱嵌锂机理

$LiFePO_4$ 作为正极材料，其充放电作用机理不同于 $LiCoO_2$、$LiNiO_2$，在充放电过程中参与电化学反应的是两相：$LiFePO_4$ 和 $FePO_4$。充电时，锂离子在 $LiFePO_4$ 中发生脱嵌，同时橄榄石结构的 $LiFePO_4$ 变为异位结构的 $FePO_4$，放电时，锂离子在异位结构的 $FePO_4$ 表面嵌入。

$LiFePO_4$ 结构中，针对 Li^+ 的嵌入/脱出机理，已经提出了多种模型，其中最重要的有核壳模型、径向模型（radial model）和“马赛克”模型（mosaic model）。

Andersson 等[112] 对 $LiFePO_4$ 的充放电过程进行原位 XRD、Mossbauer 研究后发现随着充电的深入，$LiFePO_4$ 相逐渐减少，而 $FePO_4$ 相逐渐增加的现象，放电过程则反之。通过两种检测方法得到的两相含量的差别，推断了两相薄膜界面存在的可能性，指出其可能以几个纳米厚的非晶形态存在，证明了核壳模型。

Andersson 等人受到核壳模型的启发，提出 $LiFePO_4$ 充放电过程中锂嵌入/脱出的径向模型和“马赛克”模型（如图 1-4 所示）。径向模型假设锂离子的脱嵌是一个沿径向扩散的过程，在脱出过程中，$LiFePO_4/FePO_4$ 界面通过 $LiFePO_4$ 逐渐转变成 $FePO_4$ 而向内推进。Li^+ 不可能完全脱出，脱出过程完成时，中心仍有部分未转换 $LiFePO_4$。当 Li^+ 从微粒外表面再嵌入时，一个新的环形 $LiFePO_4/FePO_4$ 界面迅速地从外表面推移到中心未转换的 $LiFePO_4$ 区域，然而并不能与之合并，而是在 $LiFePO_4$ 核周围留下一条 $FePO_4$ 带，因而造成 $LiFePO_4$ 容量的衰减。

“马赛克”模型认为，在 $LiFePO_4$ 颗粒内部多点处可发生 Li^+ 的脱嵌。充放电过程中，会在颗粒内部形成许多非活性 $LiFePO_4$ 区域，这些区域对其他 Li^+ 产生阻碍，形成无定形膜，阻止它们参与以后的嵌入和脱出。在放电时，也会有一部分 $FePO_4$ 未转化为 $LiFePO_4$。后续充放电时，重复这个过程，造成材料容量衰减。

$LiFePO_4$ 为一种电子离子混合半导体材料，禁带宽度较高，为 0.3eV，使得电子电导率低，室温时仅为 $10^{-9} \sim 10^{-11}$S/cm，导致其高倍率充放电性能较差。$LiFePO_4$ 的结构中，存在两种可能的 Li^+ 扩散通道，如图 1-8 所示。中国科学院物理研究所的科研小组[113] 采用第一性原理的计算方法对 $LiFePO_4$ 的扩散路径进行了研究，结果表明，$LiFePO_4$ 中的 Li^+ 在晶体内仅沿 c 轴方向一维扩散。因而，

$LiFePO_4$ 的 Li^+扩散速率必然较低，只有 $10^{-9}cm^2/s$。

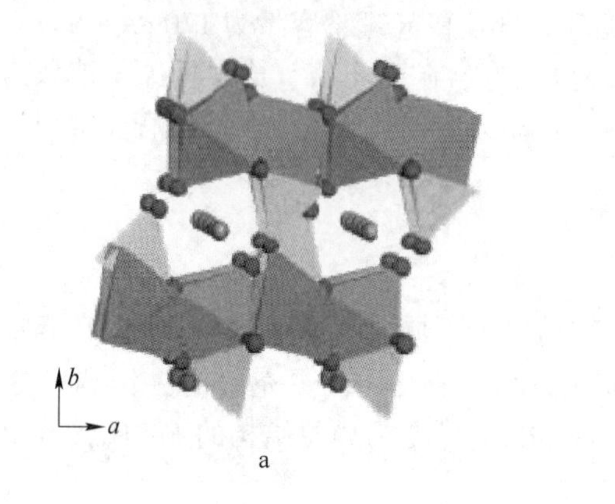

a

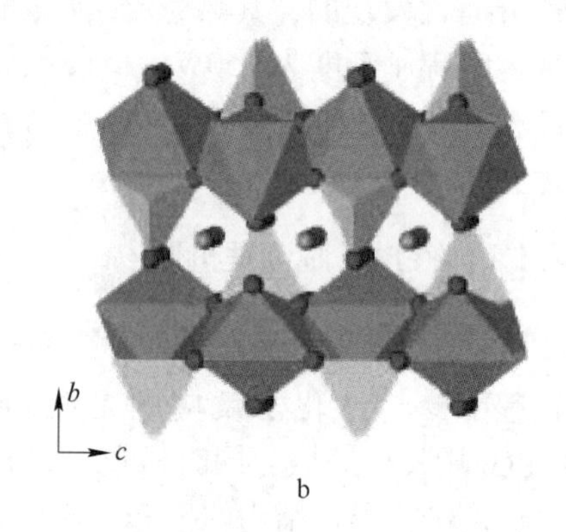

b

图 1-8 $LiFePO_4$ 中 Li^+扩散两种可能的通道[212]

a—沿 c 轴；b—沿 a 轴

1.4.2 $LiFePO_4$ 研究现状

$LiFePO_4$ 作为锂离子电池正极材料最先是由 Goodenough 等人[111] 发现提出的。与 $LiCoO_2$、$LiNiO_2$、$LiMn_2O_4$ 等正极材料相比，$LiFePO_4$ 在性能上有如下优点：

（1）在橄榄石结构中，所有氧离子与 P^{5+} 通过强共价键结合形成牢固的 $[PO_4]$ 四面体，即便是在全充态，O 也很难脱出，材料的稳定性和安全性高；

（2）由于其氧化还原对为 Fe^{3+}/Fe^{2+}，当电池处于全充态时与有机电解液的反应活性低，因此安全性能好；

（3）在全充态正极材料体积收缩 6.4%，刚好弥补了碳负极的体积膨胀，使整个电池内部材料的总体积变化很小。

同时，因其热稳定性好、循环容量较高（理论容量为 170mA · h/g，能量密度为 550W · h/kg）、环境友好、矿藏丰富、价格便宜，引起了人们的极大关注，并对其开展了大量研究。近年来在商业化方面也取得重要突破，已有制备出以 $LiFePO_4$ 作为正极材料的锂离子电池，少部分厂商已将其批量化生产。

1.4.3 $LiFePO_4$ 存在的问题

如同其他正极材料具有缺点，$LiFePO_4$ 正极材料也存在一些问题，这主要是由上面提到的低电子电导率和离子电导率引起的。低的电子电导率导致了材料在充放电过程中电子不能及时随锂离子一起从电极中脱出或者嵌入，则锂离子与电子的分离将产生较大的容抗，随着电子的不断集聚，容抗不断增加，从而导致充电电压的不断升高和放电电压的不断降低，使得充放电过程过早结束，实际容量下降。同时，低的电子电导率使得 $LiFePO_4$ 高倍率充放电性能较差。$LiFePO_4$ 的 Li^+ 扩散速率较低，只有 $10^{-9}cm^2/s$，这会导致在相同的时间内，锂离子的有效迁移距离很短，也使得 $LiFePO_4$ 高倍率充放电性能较差[114]。由上文提到的径向模型和“马赛克”模型可知，在充放电循环过程中，将出现电化学惰性区域，并随着循环次数的增加，这种区域不断粗化，使得材料的循环容量逐渐降低。

1.4.4 $LiFePO_4$ 改性研究现状

针对 $LiFePO_4$ 存在的问题，目前对 $LiFePO_4$ 的改性研究集中在提高其电子导电性和离子扩散速率等方面。主要包括：（1）表面包覆电子导体（如碳、金属和金属氧化物）；（2）体相掺杂离子改性；（3）制备细小颗粒及合成特殊纳米结构的粒子；（4）表面包覆快离子导体。关于用快离子导体对 $LiFePO_4$ 进行表面修饰的研究较少。

（1）表面包覆导电材料，改善 $LiFePO_4$ 导电性。在 $LiFePO_4$ 表面包覆导电材料主要有碳包覆和金属颗粒分散两种方法。

表面包覆碳来提高 $LiFePO_4$ 的电子电导率是人们最先采取的措施，由于包覆碳提高 $LiFePO_4$ 电导率的方法简单、效果明显，因此制备 $LiFePO_4/C$ 复合材料一直是人们研究的热点。在合成过程中加入含碳前驱体，通过热解反应生成无定形碳，或在原料混合时直接加入炭黑、高比表面积活性炭等是进行碳包覆的两种常用方式。包覆后炭黑分布于 $LiFePO_4$ 颗粒之间，增强了颗粒之间的导电性。同时炭黑减小了 $LiFePO_4$ 颗粒尺寸，缩短锂离子在固相中的迁移距离，还有利于提高锂离子扩散速率。

Hoon-Taek Chung 等[115] 将 $LiFePO_4$ 和碳的前驱体溶解后凝固，合成一种无定形结构的纳米碳网包覆 $LiFePO_4$ 颗粒材料。这些纳米碳网有效地连接了已团聚或分离的 $LiFePO_4$ 颗粒，并且很有可能渗入到粒子的内部，大大提高了 $LiFePO_4$ 的电化学性能，在室温条件下，即使在高达 400mA/g 的电流密度下容量亦能保持在 105mA · h/g。吕正中等[116] 分别添加乙炔黑和葡萄糖合成了含碳量约为 4% 的两种碳包覆 $LiFePO_4$ 试样，其在室温时以 0.1C 倍率放电的首次放电容量分别为 148.3mA · h/g 和 156.5mA · h/g；60℃时以 1C 倍率放电的首次放电容量分别为 125.5mA · h/g 和 147.8mA · h/g，大于未加碳源合成的 $LiFePO_4$(86.7mA · h/g)。张宝等人[117] 以碳凝胶作为碳的添加剂，采用固相法制备了复合型 $LiFePO_4/C$ 锂离子电池的正极材料，在 0.1C 倍率下放电，首次放电容量达 143.4mA · h/g，充放电循环 6 次后电容量为 142.7mA · h/g，容量仅衰减 0.7%。实验测试表明，碳均匀地分布在晶粒之间或包覆在晶粒的表面，使晶粒之间的导电性能明显提高，电极的内阻明显降低。此外，添加碳还能抑制合成过程中晶粒的生长，使粒径变小且分布均匀。杨蓉等[118]用葡萄糖作为碳源，阻止了粒子的团聚长大，使粒子尺寸变小，避免了过大晶粒不利于Li^+脱出和嵌入，使导电性得到改善，而且作为电良导体的碳均匀地分布在晶粒之间，使晶粒之间的导电性能明显提高。丁怀燕[119]以蔗糖为碳源用固相法制备了碳包覆的$LiFePO_4$样品，其首次放电容量达到135.6mA·h/g，20次循环后基本保持不变，XRD表征表明包覆前后材料的结构未发生变化，用扫描电镜观察样品的粒径在3~5μm。交流阻抗结果表明碳的包覆有效地减小了材料的电荷转移阻抗，有利于提高材料的导电性能。

在$LiFePO_4$合成过程中加入金属导电颗粒，金属颗粒一方面充当了$LiFePO_4$的结晶核心，另一方面在$LiFePO_4$颗粒间起到导电桥梁的作用，并最终使得颗粒的内、外电导率得到明显提高，从而改善$LiFePO_4$电学性能。Park等人[120]用共沉淀法合成$LiFePO_4$微粒，并在颗粒表面浸涂硝酸银溶液，用维生素C还原Ag^+，从而在$LiFePO_4$颗粒表面均匀地包覆上导电金属Ag，使产物的电导率得到较大提高，1C下的放电容量接近130mA·h/g。

（2）体相掺杂改性。目前，对$LiFePO_4$的掺杂改性研究主要是阳离子掺杂改性，阴离子掺杂报道较少。表面包覆导电材料增加了试样颗粒间的导电能力，而阳离子掺杂则从材料晶体内部着手，提高其电子导电能力，并提高材料的Li^+扩散系数。

倪江锋等[121]研究了金属氧化物掺杂对$LiFePO_4$性能的影响，结果表明，少量的掺杂离子在很大程度上提高了试样的电化学性能，尤其是大电流放电性能。他们认为，掺杂的效果与掺杂离子的半径、价态密切相关，半径小、价态高的离子有利于提高$LiFePO_4$的电化学性能。施思齐[122]提出两种解释掺杂后电子电导率提高的可能的导电机理：1）由价带电子活化到掺杂原子的空轨道上（空穴），以至于在价带中产生空穴而形成P型半导体；2）环绕掺进的原子的导电团簇的体积较大完全可以使各导电团簇以直接或隧穿的方式构成一个渗流模式的导电网络，从而使电子的跳跃更为容易。罗绍华[123]系统地研究了掺杂过渡金属离子Mn^{2+}、Co^{2+}、Ni^{2+}、Cu^{2+}、Zn^{2+}对$LiFePO_4$性能的影响，发现掺杂0.01%(摩尔分数)Mn和掺杂0.8%(摩尔分数)Co的$LiFePO_4$在0.05C下放电容量分别为152mA·h/g和128mA·h/g；掺杂0.1%(摩尔分数)Cu、0.8%(摩尔分数)Ni的$LiFePO_4$在0.05C下放电容量分别为137mA·h/g、142mA·h/g。并认为这与不同离子对电子散射程度的不同而导致基体电子电导率不同有关。

对于阴离子掺杂，罗绍华[123]以$LiCl·H_2O$为氯源研究了Cl^-掺杂$LiFePO_4$性能的影响，结果表明在0.1C倍率下，Cl^-掺杂的$LiFePO_4$首次放电容量达到141mA·h/g，10次循环后放电容量为138mA·h/g；他认为氯元素增强性能的原因是各元素阴离子聚合体结构的松弛，特别使［LiO_6］八面体结构发生畸变，

Li^+迁移概率增加，同时局部电子的缺失，导致局域电场的不平衡，使得电子迁移成为可能，加之Cl^-的极化率比O^{2-}高，更容易失电子，体现出表面修饰的效应，提高了$LiFePO_4$的电子电导率，达到了提高电学性能的目的。周薪等[124]以$LiOH·H_2O$、$FePO_4·4H_2O$、LiF为原料固相法合成F掺杂的磷酸铁锂，即$LiFePO_{3.98}F_{0.02}$，其在1C、2C、3C下的首次放电容量分别达到146mA·h/g、137mA·h/g、122mA·h/g，1C下55次循环后容量保持为初始容量的99.3%，表现出良好的电学性能。他们认为F掺杂减小了高倍率充放电时的极化现象，从而得以使电学性能提高。

（3）制备细小颗粒及合成特殊纳米结构的粒子。减小$LiFePO_4$颗粒的尺寸，是提高锂离子扩散速率的有效途径。锂离子的嵌入和脱出是在$LiFePO_4/FePO_4$两相中间进行，减小粒子的尺寸能够缩短锂离子在固相中的迁移距离，有利于提高锂离子扩散速率。同时颗粒越小，则比表面积越大，反应活性越高。因此细化颗粒是一种有效改善$LiFePO_4$性能的方法。如何制备颗粒均匀细小、晶相纯净的$LiFePO_4$活性材料成为人们研究的重点。减小$LiFePO_4$颗粒大小可以通过选择合适的合成方法达到，如共沉淀法、溶胶-凝胶法、微波合成法等，制备的$LiFePO_4$材料颗粒最小可以达到纳米级尺寸。

其中溶胶-凝胶法用于制备$LiFePO_4$具有实现原子或分子尺度的均匀混合，结晶性能好，颗粒尺寸细小且均匀等特点，因此可逆容量、循环性能等电性能都可能提高。Croce[125]以$LiOH·H_2O$、$Fe(NO_3)_3·9H_2O$、H_3PO_4及维生素C为反应物，溶胶-凝胶法合成了$LiFePO_4$，低倍率下可达145mA·h/g的容量。麻明友[126]以$LiNO_3$、$Fe(NO_3)_3·9H_2O$、$(NH_4)_2HPO_4$为原料采用溶胶-凝胶法合成了$LiFePO_4$/C粉体，其首次放电容量达到133mA·h/g，经20次循环后的容量保持率为93.8%。朱伟[127]在其博士论文中以Li_2CO_3、$Fe(NO_3)_3·9H_2O$、$NH_4H_2PO_4$为原料和柠檬酸为配合剂，采用溶胶-凝胶法合成了$LiFePO_4$粉体样品，样品在0.2C充放电倍率下容量达到了130mA·h/g以上，容量较高。樊杰[128]用溶胶-凝胶法合成了$LiFePO_4$/C材料，其可逆充放电容量为126mA·h/g。陈召勇等[129]以LiAc、$NH_4H_2PO_4$和$FeAc_2$原料，柠檬酸为配合剂，采用溶胶-凝胶法制备$LiFePO_4$/C样品，其样品在0.1C下容量达到120mA·h/g，1C和3C高倍率下首次放电容量为0.1C下放电容量的90%和80%，容量保持率较好。丁燕怀等[130]以Fe^{3+}盐为铁源，以$Fe(NO_3)_3·9H_2O$、$Li(CH_3COO)·2H_2O$、H_3PO_4、$HOCH_2COOH$为原料溶胶-凝胶法制备了$LiFePO_4$样品，样品在0.1C下首次放电容量达到131mA·h/g，经10次循环后，容量保持率为96%。王冠[131]在其博士论文中以$Fe(NO_3)_3·9H_2O$、$CH_3COOLi·2H_2O$和$NH_4H_2PO_4$为原料，柠檬酸或者草酸为配合剂采用溶胶-凝胶法制备了碳包覆的$LiFePO_4$样品，其循环容量较好，可以达到123mA·h/g。徐峙辉[132]以$CH_3COOLi·2H_2O$、$Fe(NO_3)_3$·

$9H_2O$、H_3PO_4 为原料溶胶-凝胶法制备了 $LiFePO_4$ 样品，样品颗粒大小均匀，平均粒径约为 100nm，在 15mA · h/g 电流密度下放电，首次放电比容量为 158mA · h/g，是理论容量的 92.9%，表现出较好的倍率性能和循环性能。夏建华[133] 以二价铁 $FeC_2O_4 \cdot H_2O$ 为铁源，溶胶-凝胶法制备了 $LiFePO_4$ 样品，在 0.1C 下的放电容量达到 145mA · h/g，表现出较好的电学性能。

（4）表面包覆快离子导体。表面包覆快离子导体改性一般将 $LiFePO_4$ 与导电物质或锂快离子导体进行复合制备复合 $LiFePO_4$，不同于前面提到的表面包覆改性，这方面的研究报道较少。Ceder 等[134] 在 $LiFePO_4$ 表面包覆一层具有锂离子传导性的化合物，显著改善了 $LiFePO_4$ 的大电流放电能力。研究结果证明，Li^+在 $LiFePO_4$ 颗粒表面的传输与电子的传导同等重要。理论上，电解质和 $LiFePO_4$ 正极之间的 Li^+交换可以在颗粒表面的任意位置进行，而 Li^+在 $LiFePO_4$ 体相内的传输则按一维通道（［010］方向）进行，所以从晶体表面到（010）面的 Li^+扩散速率至关重要。Ceder 等通过控制化学计量比制备了表面包覆 Fe_2P 和 $LiFePO_4$ 具有快 Li^+传输性的 $LiFePO_4$，该材料拥有极其优异的倍率性能。

1.5 AAO（阳极氧化铝）模板及铝酸锂

1.5.1 AAO（阳极氧化铝）模板的研究及应用

阳极氧化铝模板是具有均匀而规则的纳米孔阵列的介孔材料[135]，其孔间距和膜厚具有很强的可控制性，同时又具有较好的热稳定性和化学稳定性且制备工艺简单。自 20 世纪 90 年代以来，人们把多孔氧化铝的纳米孔洞作为模板应用到纳米材料的制备中，并且在世界范围内进行了广泛的研究。人们用 AAO 模板合成了各种金属、非金属、半导体、有机高分子等纳米材料，并研究了它们的光、电、磁和催化等特性，同时还探索了它们在光学材料、垂直磁性记录材料、锂电池的电极材料和光催化剂等方面的应用前景。

1953 年，Keller 等最先认为多孔层是一层呈六边形蜂窝状排列的竖直孔列阵[136]；1995 年，Masuda 等[137] 提出了制备高度有序多孔氧化铝膜的方法。制备氧化铝模板的方法有一次阳极氧化法和二次阳极氧化法，由于一次氧化法所得模板孔径均一、高度有序，因而被广泛采用[138]。本实验采用二次阳极氧化法在草酸电解液中制备多孔阳极氧化铝模板，研究了不同因素对多孔阳极氧化铝模板结构的影响。

1.5.2 铝酸锂

铝酸锂（$LiAlO_2$）是一种在工业上获得广泛应用的材料，主要有 α、β、γ 三种晶形。图 1-9a、b[139] 分别为 α-$LiAlO_2$ 和 γ-$LiAlO_2$ 的晶体结构，其中 α-Li-

AlO_2 的结构与锂离子电池常用正极材料 $LiCoO_2$ 的结构类似，为层状六方晶格，通过拉曼光谱表征出 α-$LiAlO_2$ 较 $LiCoO_2$ 具有更强的层状属性。γ-$LiAlO_2$ 属于四方晶系，晶胞中 Al 原子和 Li 原子均位于 O 原子构成的八面体中心位置。低温稳定相 α-$LiAlO_2$ 在 900℃ 发生相变转变为四方晶系结构的 γ-$LiAlO_2$，而亚稳相 β-$LiAlO_2$ 转变为 γ-$LiAlO_2$ 的相变温度则在 700~750℃之间。

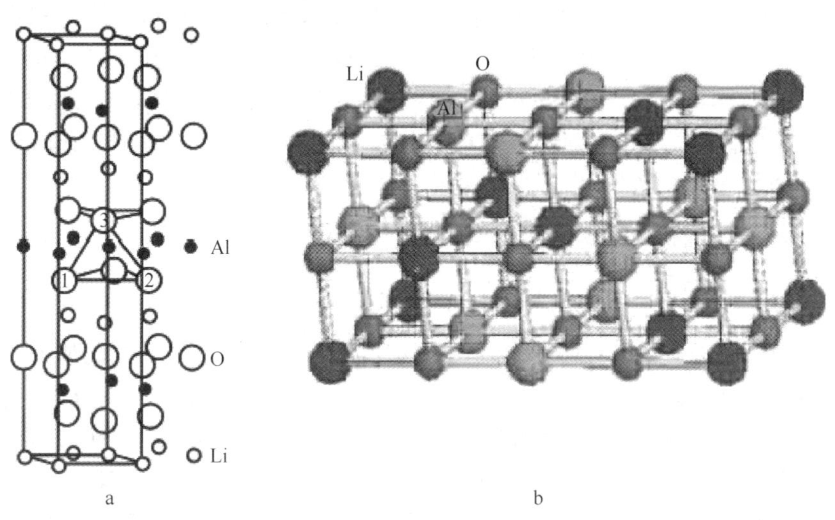

图 1-9 $LiAlO_2$ 的晶体结构[139]

a—α-$LiAlO_2$；b—γ-$LiAlO_2$

研究发现 $LiAlO_2$ 可以作为一种离子导体。Poeppelmeier[140] 使用离子交换法，将 $LiAlO_2$ 粉体的水溶液与苯甲酸在 200℃下进行 36h 的离子交换，最终得到了化合物 $Li_{1-x}H_xAlO_2$，证实了 $LiAlO_2$ 中的锂具有可移动性，然而却不能通过交换法将锂全部置换为氢，说明只有一部分的锂具有可移动性。

1.5.2.1 铝酸锂粉体的用途

$LiAlO_2$ 在工业上的用途主要集中于两方面：一是其具有很强的高温、抗熔融碳酸盐腐蚀能力，因而普遍用作熔融碳酸盐燃料电池的电解质支撑体材料；另一应用是在核领域上，由于核领域主要是利用聚变-裂变混合堆作为开发新能源，其中最主要的材料氚在聚变-裂变混合堆中大量消耗，目前行之有效的方法是让含锂材料经中子辐射后转变为氚。由于 $LiAlO_2$ 良好的辐照特性，在高温下具有良好的化学、热稳定性和力学稳定性，与其他材料的相容性好，可以作为聚变-裂变反应堆中的氚增殖材料[141]。

最近几年，$LiAlO_2$ 粉体在锂离子电池上得到了很好的应用。目前已商业化的锂离子二次电池正极材料大多是以 $LiCoO_2$ 为主的 $LiMeO_2$（Me 为 Co、Ni 等过渡族元素）材料，但由于 Co 的资源匮乏，材料的成本较高（约占电池成本的 40%）且有毒，限制了其应用范围。利用第一原理研究此类材料在锂离子脱嵌电荷密度的变化时发现，大量的电荷转移到了阴离子（O^{2-}离子）上，而不是通常所认为的过渡族元素上，从而可以用非过渡金属元素取代过渡元素，通过研究认为与 $LiCoO_2$ 具有相同结构的 α-$LiAlO_2$ 具有更高的 Li^+ 离子脱嵌电位。以 α-$LiAlO_2$ 和 $LiCoO_2$ 组成的 $LiCo(Al)O_2$ 固溶体作为正极材料不仅可以降低电池的成本，还将获得更高的电压和更大的能量存储密度[142]。

此外，$LiAlO_2$ 作为一种提高聚合物电解质电导率的有效添加剂，成为了研究的热点。研究人员将微米级的 $LiAlO_2$ 颗粒添加到聚合物电解质中，在提高聚合物电解质电导率和电解质/电极的界面相容性上取得了很好的效果[143,144]。

1.5.2.2 $LiAlO_2$ 粉体的制备

A 固相法

先将 Al_2O_3 放入去离子水中，在反应容器中搅拌分散成均匀的料浆并加热至 80~100℃。然后将化学计量为 2：1（摩尔比）的 $LiOH·H_2O$ 与 Al_2O_3，缓慢地加入反应容器中，100℃持续搅拌混合均匀 2h 后，将混合料置于干燥箱内 80℃，24h 烘干制成初始原料。将上述方法混合得到的初始原料在高温下按一定的制度煅烧一定时间即可得到 γ-$LiAlO_2$。固相反应合成的样品的形貌基本上为颗粒状，粒径大于 300nm[145]。

固相法的缺点在于制备过程需要较高的温度，而且制得粉体的粒径受所用起始原料粉体粒径的限制，制备过程中易引入杂质。

B 溶胶-凝胶法

溶胶-凝胶技术是指金属有机或无机化合物经过湿化学反应形成溶液、溶胶、凝胶而固化，再经热处理形成氧化物或经掺杂处理而形成其他固体化合物的方法。宫杰[146]等采用溶胶-凝胶法制备出不同晶形的 $LiAlO_2$ 粉体，即将 LiOH 和 $Al(NO_3)_3$ 的水溶液按比例混合，用氨水溶液调节 pH 值得到溶胶，将溶胶于 80℃干燥得到干凝胶，再将干凝胶在空气气氛中不同温度下煅烧 24h 得到 $LiAlO_2$ 样品。此外，Oksuzomer[147]等利用 0.05mol 甲醇锂和 0.025mol 丁醇铝为原料制成了微米级的 γ-$LiAlO_2$ 粉体。

溶胶-凝胶法存在的缺点包括：制备过程复杂、成本高、产物的颗粒尺寸较大、比表面积有限，而且反应周期较长，反应后存在较多的副产物和一定含量的无定形成分，需经高温煅烧除去，对设备要求也较高。

C 水热法

水热法是指在特制的密闭反应器高压釜中，采用水溶液作为反应体系，通过对反应体系加热、加压或自生蒸汽压，创造一个相对高温、高压的反应环境，使得通常情况下难溶或不溶的物质溶解并且重结晶而进行无机合成与材料处理的方法。水热法简单易行，工艺简单，产率高，而且产物分散性良好，粒度分布窄。但水热法的工艺参数难以控制，所得产物需要经过热处理之后才能转变为 $LiAlO_2$。最近，Joshi[148] 使用 LiOH 与 20~50nm 的 Al_2O_3 粉末，在不加表面活性剂的条件下，用水热法制备了 β-$LiAlO_2$ 纳米棒。

D 醇盐水解法

醇盐水解法制备出纳米 $LiAlO_2$ 粉体的具体过程如下[149]：向 100mL 乙醇和 1mL 乙酰丙酮混合溶液中加 0.18g 锂片，采用金属阳极溶解法控制电流为 0.2A，电解铝片 6h 制得了纳米 $LiAlO_2$ 前驱体。将电解液的 pH 值控制在 9.0 时，前驱体直接水解形成凝胶，经洗涤、干燥后在 550℃ 煅烧 2h，最终制得平均粒径在 300nm 左右的纳米 $LiAlO_2$ 粉体。醇盐水解法同样存在溶胶-凝胶法所具备的缺点[150]。

E 自蔓延燃烧合成

自蔓延燃烧合成技术（SHS）是指反应物被点燃后引发化学反应，利用其放热产生的高温使得反应可以自行维持并以燃烧波的形式蔓延通过整个反应物，随着燃烧波的推移，反应物迅速地转变为最终产物。Li[151] 等以硝酸锂和水合硝酸铝为氧化剂，使用柠檬酸和尿素作为燃料，根据推进燃料化学理论计算原料的配比，采用自蔓延燃烧合成法快速合成出 $LiAlO_2$ 超细粉，颗粒呈无规则的片状，平均粒径大于 200nm。

高温自蔓延法制备 $LiAlO_2$ 粉体的缺点是产物的纯度较低，副产物较多，且产物的比表面积有限[152]。

F 模板湿化学法

模板湿化学方法用于制备大孔径的多孔铝酸锂粉体。Sokolov[216] 等利用模板湿化学的方法，即将模板剂 PMMA（聚甲基丙烯酸甲酯）、0.9mol/L $LiNO_3$ 与 $Al(NO_3)_3$ 混合，再加入氨水/甲醇混合溶液，过滤出沉淀物在室温下干燥 2h，然后在 300℃ 下煅烧 3h 和在 900℃ 下煅烧 3h，最终制得的 γ-$LiAlO_2$ 具有多孔结构，孔径平均大小在 275nm 左右，呈有序性阵列排列。BET 方法测得其比表面积约为 $56m^2/g$。

G 喷雾热解法

喷雾热解法是在高温进行喷雾，使液滴直接发生分解反应，生成最终粉体的方法。Xu[217] 以异丙醇铝、硝酸铝为起始反应物，使用超声喷雾热解法制备出 γ-$LiAlO_2$ 粉体，具体方法如下：将反应物超声混合成溶胶状，然后在 600~800℃ 反应器中以 8L/min 的气流速率将所得胶体喷成雾状，最终冷却至室温即为 γ-$LiAlO_2$ 粉体。所制备粉体呈 0.6~0.7μm 的球形颗粒，比表面积为 $45m^2/g$。

1.6 全电池 $LiMnPO_4/Li_4Ti_5O_{12}$ 的概述

现有的锂离子电池 $LiCoO_2/C$ 的安全性差，碳负极的嵌锂电位与锂电位较近，在充放电曲线上显示不出充电终端信号，正极的过充会释放 O_2[153,154]，引起电解液分解甚至爆炸，而 HEV/EV/PHEV 用锂离子电池的安全性要求较严，生产厂家开始考虑用新型的负极材料取代传统的碳负极材料。但是天然石墨的电化学性能差，需要对其改性来提高电化学性能。另外一些广泛研究的锂离子电池负极材料主要有合金负极材料、金属氧化物和金属氮化物等。例如 Al[155]、Sn[156,157]、Si[158,159] 及金属合金[160,161] 在充放电过程中能与 Li 反应生成合金，具有较高的比容量，然而在形成合金的过程中，体积变化较大，材料在充放电过程中逐渐粉化，导致循环性能较差。为了解决电池安全性问题，具有“零应变”的 $Li_4Ti_5O_{12}$ 备受研究者们的关注，这一材料可以与高电压正极材料组合应用，循环性较好[162]。$Li_4Ti_5O_{12}$ 负极材料理论比容量为 175mA·h/g，对锂电位约为 1.55V，被认为是最有前途的负极材料。图 1-10 为不同正极材料搭配 $Li_4Ti_5O_{12}$ 材料的工作电压。

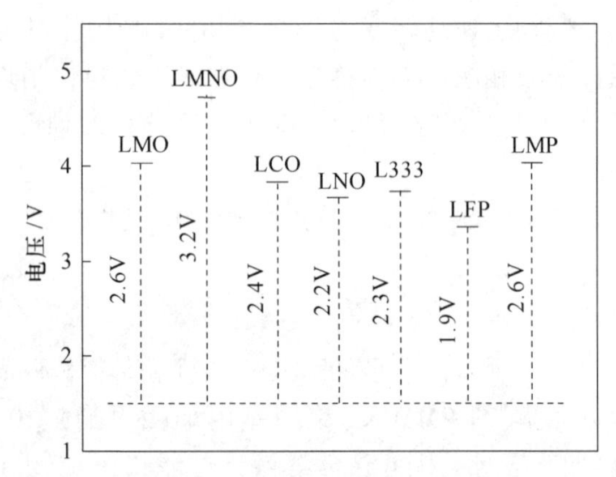

图 1-10 不同正极材料搭配尖晶石 $Li_4Ti_5O_{12}$ 的电压值

$LiMnPO_4/Li_4Ti_5O_{12}$ 的结构与普通锂离子电池一样，由正极、负极、隔膜和电解液四部分组成。电池的正极采用橄榄石型 $LiMnPO_4$ 材料，负极则采用尖晶石型 $Li_4Ti_5O_{12}$ 材料来替代传统石墨负极，电解液和隔膜与普通的锂离子电池通用。

从图 1-10 中可以看出，有很多的电极材料的组合可以替代现有的 $LiCoO_2/C$ 体系。例如：2V 工作电压的 $Li_4Ti_5O_{12}/LiCoO_2$[53]、$Li_4Ti_5O_{12}/Li_{1+x}(Ni_{1/3}CO_{1/3}\ Mn_{1/3})_{1-x}O_2$[163] 和 $Li_4Ti_5O_{12}/LiFePO_4$(LFP)[164,165]；2.5V 工作电压的 $Li_4Ti_5O_{12}/LiMn_2O_4$(LMO)[166~168]、$Li_4Ti_5O_{12}/LiMnPO_4$(LMP)[169,170]；3V 工作电压的 $Li_4Ti_5O_{12}/LiNi_{0.5}Mn_{1.5}O_4$[171~174]。

Martha[169] 等人报道了 $Li_4Ti_5O_{12}/LiMnPO_4$(LMP) 电池体系的性能，0.05C 倍

率下首次充放电达到 130mA · h/g，2C 倍率下充放电达到 95mA · h/g，0.5C 倍率下、300 次充放电循环后容量基本没有衰减，同时热重分析研究显示 $Li_4Ti_5O_{12}$ 和 $LiMnPO_4$ 材料有稳定且相似的失重。表现出了非常有前景的数据，值得在此基础上进行深入的研究和开发。Ramar[170] 等人仅研究了 $Li_4Ti_5O_{12}/LiMnPO_4$(LMP) 电池体系的首次充放电性能，1C 倍率下首次充放电只有 54mA · h/g，缺乏全面系统的电化学性能测试。

1.7 选题依据和研究内容

磷酸盐系（$LiFePO_4$、$LiMnPO_4$）具有安全性能突出、价格低廉、能量密度高、循环稳定性好、较高的电位平台等优点，成为最有前景的正极材料。尽管磷酸盐系（$LiFePO_4$、$LiMnPO_4$）作为正极材料具有诸多优点，然而极低的电导率和离子电导率严重限制了它的实际应用。减小晶粒尺寸和异类金属离子掺杂能够在本质上提高 $LiMnPO_4$ 的电子导电率，提高材料的充放电性能，是理想的改善 $LiMnPO_4$ 电化学性能的方法。提高 $LiFePO_4$ 电化学性能主要考察高倍率充放电性能和循环容量的衰减性这两个方面，它们都是受扩散性控制决定的特性，进一步是受 $LiFePO_4$ 晶体中离子和电子在电化学过程中输运特性决定的。

针对 $LiMnPO_4$ 的研究现状，本书兼顾基础研究和实际应用两方面，通过探索 $LiMnPO_4$ 高电压正极材料的水热合成、改性及搭配尖晶石型 $Li_4Ti_5O_{12}$ 负极材料组成全电池体系几方面出发，研究了 $LiMnPO_4/C$ 纳米复合材料的制备、改性及合成条件对材料电化学性能的影响；$LiMnPO_4/Li_4Ti_5O_{12}$ 电池体系的测试与分析，为促进两种材料的实用化和深入研究材料的结构和性能提供有益的探索。

为了改善 $LiFePO_4$ 材料的电学性能，特别是高倍率充放电性能，本书从制备工艺和形貌控制两个角度出发，采用溶胶-凝胶法合成纳米尺度磷酸铁锂材料，并且结合 AAO 模板制备出特殊形貌的介孔 $LiAlO_2$ 材料，然后在溶胶-凝胶法制备 $LiFePO_4$ 的过程中添加介孔 $LiAlO_2$。

本书的主要内容和方案如下：

(1) 水热法合成 $LiMnPO_4/C$ 正极材料工艺条件探索。以聚乙二醇 400 作为有机碳源，通过水热法制备 $LiMnPO_4$ 材料，对合成工艺进行优化，研究反应温度、反应时间、反应物浓度、聚乙二醇 400 与水的体积比等条件对材料形貌、物相及电化学性能的影响。

(2) $LiMnPO_4/C$ 的 Mn 位 Fe、Mg 掺杂研究。在 $LiMnPO_4/C$ 正极材料优化条件的基础上，采用相同的合成方法，Mn 位掺杂获得一系列 $LiMn_{1-x}M_xPO_4$(M = Fe、Mg) 固溶体材料，同时以第一性原理计算为理论依据，考察 Fe、Mg 不同元素对 $LiMnPO_4/C$ 材料的电化学性能影响。重点研究了掺杂量的变化对材料性能的影响。

（3）多孔结构 $LiAlO_2$ 快离子导体改性 $LiMnPO_4/C$ 正极材料。利用锂离子电导率差异很大的两种组成物质之间的相互作用原理、多孔微纳米结构复合技术，探索以铝基多孔阳极氧化铝为模板继承性制备多孔微纳结构 $LiAlO_2$，实现 $LiMnPO_4/C-LiAlO_2$ 的多重功能复合。研究不同的 $LiAlO_2$ 加入量对 $LiMnPO_4/C$ 材料的电化学性能的影响。

（4）多级多孔 $LiAlO_2$ 快离子导体改性 $LiFePO_4/C$ 正极材料。利用阳极氧化的方法制备有序多孔的 AAO 模板，以 AAO 模板为铝源，选择不同的锂源，水热反应将 AAO 模板转化为快离子导体铝酸锂 $LiAlO_2$。通过溶胶-凝胶法将水热反应得到的 $LiAlO_2$ 材料和 $LiFePO_4$ 正极材料复合，制备出 $LiFePO_4-LiAlO_2$ 复合正极材料。探索水热反应条件及前驱体煅烧温度对 $LiFePO_4-LiAlO_2$ 正极材料结晶性能、颗粒尺寸、结构形貌和电化学性能的影响。

（5）采用 PVP 燃烧法合成 $Li_4Ti_5O_{12}$ 负极材料，研究 PVP 燃烧过程、热处理工艺对材料电化学性能的影响；以尿素为配合剂合成 $Li_4Ti_5O_{12}$ 负极材料，研究热处理工艺对材料电化学性能的影响。

（6）以橄榄石型 $LiMn_{23/24}Mg_{1/24}PO_4/C$ 材料为正极，尖晶石型 $Li_4Ti_5O_{12}$ 为负极组成锂离子电池，重点考察电池体系的电化学性能。

2 实验原料及方法

2.1 实验原料与设备

本书中所用原料如表 2-1 所示。

表 2-1 主要实验原料

原料名称	化学式	级别	生产厂家
一水氢氧化锂	$LiOH \cdot H_2O$	分析纯	国药集团化学试剂有限公司
乙酸锂	$LiCH_3COO \cdot 2H_2O$	分析纯	国药集团化学试剂有限公司
硝酸锂	$LiNO_3$	分析纯	国药集团化学试剂有限公司
碳酸锂	Li_2CO_3	分析纯	新疆有色金属研究院
一水合硫酸锰	$MnSO_4 \cdot H_2O$	分析纯	国药集团化学试剂有限公司
磷酸	H_3PO_4	分析纯	天津凯通化学试剂有限公司
高氯酸	$HClO_4$	分析纯	天津凯通化学试剂有限公司
氢氧化钠	NaOH	分析纯	天津市科密欧化学试剂有限公司
七水合硫酸亚铁	$FeSO_4 \cdot 7H_2O$	分析纯	国药集团化学试剂有限公司
六水氯化镁	$MnCl_2 \cdot 6H_2O$	分析纯	国药集团化学试剂有限公司
抗坏血酸	$C_6H_8O_6$	分析纯	天津市科密欧化学试剂有限公司
聚乙二醇 400	$H(OCH_2CH_2)_nOH$	化学纯	国药集团化学试剂有限公司
聚乙烯吡咯烷酮（PVP）	$(C_6H_9NO)_n$	分析纯	阿拉丁
纳米二氧化钛	TiO_2	分析纯	阿拉丁
尿素	H_2NCONH_2	分析纯	国药集团化学试剂有限公司
硝酸	HNO_3	分析纯	天津凯通化学试剂有限公司
铝片	Al	≥99.9%	北京翠铂林有色金属技术开发中心
聚偏氟乙烯	PVDF	分析纯	厦门中物投进出口有限公司
1-甲基-2-吡咯烷酮	C_5H_9NO	分析纯	濮阳迈奇科技有限公司
电解液	$LiPF_6$/EC/DMC（1∶1∶1）	BLE-815	北京化学试剂研究所
锂片	Li	电池级	天津中能锂业
铝箔	Al	电池级	佛山市高科基础铝业有限公司
导电炭黑	Super P	电池级	焦作市和兴化工有限公司

续表 2-1

原料名称	化学式	级别	生产厂家
隔膜	—	2300	Celgard
草酸	$H_2C_2O_4 \cdot 2H_2O$	分析纯	国药集团化学试剂有限公司
氯化铁	$FeCl_3 \cdot 6H_2O$	分析纯	国药集团化学试剂有限公司

本书中所用主要设备如表 2-2 所示。

表 2-2 主要实验设备

设备名称	型号	生产厂家
电热恒温干燥箱	202-1AB	天津市泰斯特仪器有限公司
真空干燥箱	DZ-2BC	天津市泰斯特仪器有限公司
电子天平	AL104	梅特勒-托利多仪器（上海）有限公司
集热式恒温加热搅拌器	DF-101S	保定高新区阳光科教仪器厂
蠕动泵	BT100-2J	保定兰格恒流泵有限公司
超声清洗机	KQ-2200B	巩义市予华仪器有限责任公司
台式高速离心机	TG16-WS	湖南湘仪实验室仪器开发有限公司
均相反应器	04-092	烟台招远松岭仪器设备有限公司
循环水式多用真空泵	SHD-Ⅲ	保定高新区阳光科教仪器厂
行星球磨机	ND7-2	南京南大天尊电子有限公司
管式炉	YFK080104	上海意丰电炉有限公司
马弗炉	YFX7/120-GC	上海意丰电炉有限公司
电极片辊压机	DG-WZ100	深圳永兴精密机械模具有限公司
纽扣电池封口机	MSK-110	合肥科晶材料技术有限公司
手套箱	—	南京九门自控技术有限公司

本书中所需主要检测仪器如表 2-3 所示。

表 2-3 主要检测仪器

仪器名称	型号	生产厂家
X 射线衍射仪	DX2500	丹东方圆仪器公司
扫描电子显微镜	SUPRA55	德国 ZEISS
扫描电子显微镜	SSX-550	日本岛津
场发射透射电子显微镜	TECNAI G2 TF20	美国 FEI 公司
综合热分析仪	HCT-2	北京恒久科学仪器
激光粒度分布仪	BT-2003	丹东百特科技有限公司

续表 2-3

仪器名称	型号	生产厂家
孔隙比表面积分析仪	SSA-4300	北京彼奥德电子公司
电池测试系统	CT2001A	武汉金诺电子有限公司
电化学工作站	1260+1287	英国 Solartron 公司

2.2 材料的合成与制备

2.2.1 水热法合成 $LiMnPO_4/C$ 复合材料

采用水热法合成 $LiMnPO_4/C$ 复合材料，主要包括三个阶段：化学沉淀制备 Li_3PO_4、水热法合成 $LiMnPO_4$、高温煅烧制备 $LiMnPO_4/C$，如图 2-1 所示，具体步骤如下。

以 $LiOH \cdot H_2O$、H_3PO_4 为原料化学沉淀法制备 Li_3PO_4。分别配制不同浓度的 H_3PO_4 溶液 50mL 和 $LiOH \cdot H_2O$ 溶液 200mL，先将 $LiOH \cdot H_2O$ 溶液加热至一定温度，然后通过蠕动泵将 H_3PO_4 溶液滴加至碱溶液中。逐渐生成白色沉淀，滴加完毕，静置 1h，沉淀经洗涤、干燥、过筛，煅烧后得 Li_3PO_4 灰白色粉体。

Li_3PO_4、$MnSO_4 \cdot H_2O$ 为原料水热法制备 $LiMnPO_4$。将 Li_3PO_4 与 $MnSO_4 \cdot H_2O$ 以物质的量比为 1∶3 的比例溶于 36mL 的不同体积比的 PEG400-H_2O 混合溶液中，剧烈搅拌 15min，然后转移至聚四氟乙烯内衬的反应釜中，水热反应数小时后，冷却至室温，生成物经洗涤、干燥、过筛，得到 $LiMnPO_4$ 粉体。

将 $LiMnPO_4$ 与抗坏血酸以质量比为 1∶0.25 的比例在少许无水乙醇中充分混合，球磨、干燥、过筛，氩气保护下煅烧得到 $LiMnPO_4/C$ 复合材料。

2.2.2 $LiMnPO_4/C$ 的 Mn 位 Fe、Mg 掺杂改性研究

以第一性原理计算为理论依据，采用 2.2.1 节中优化的制备方法，Mn 位掺杂获得一系列 $LiMn_{1-x}M_xPO_4$(M= Fe、Mg) 固溶体材料，考察 Fe、Mg 不同掺杂量对 $LiMnPO_4/C$ 材料的电化学性能影响。将合成的 Li_3PO_4、$MnSO_4 \cdot H_2O$ 和 $FeSO_4 \cdot H_2O$ 或 $MgCl_2$ 以物质的量比为 1∶(1-x)∶x 的比例溶于 PEG400-H_2O 混合溶液中，剧烈搅拌。将所得的混合溶液转移至聚四氟乙烯内衬的反应釜中，水热反应数小时后，冷却至室温，生成物经洗涤、干燥、过筛，得到 $LiMn_{1-x}Fe_xPO_4$ 和 $LiMn_{1-x}Mg_xPO_4$ 粉体。将 $LiMn_{1-x}Fe_xPO_4$ 或 $LiMn_{1-x}Mg_xPO_4$ 与抗坏血酸以质量比为 1∶0.25 的比例在少许无水乙醇中分散，充分混合后，球磨、干燥、过筛，氩气保护下煅烧得到 $LiMn_{1-x}Fe_xPO_4/C$ 和 $LiMn_{1-x}Mg_xPO_4/C$ 复合材料。

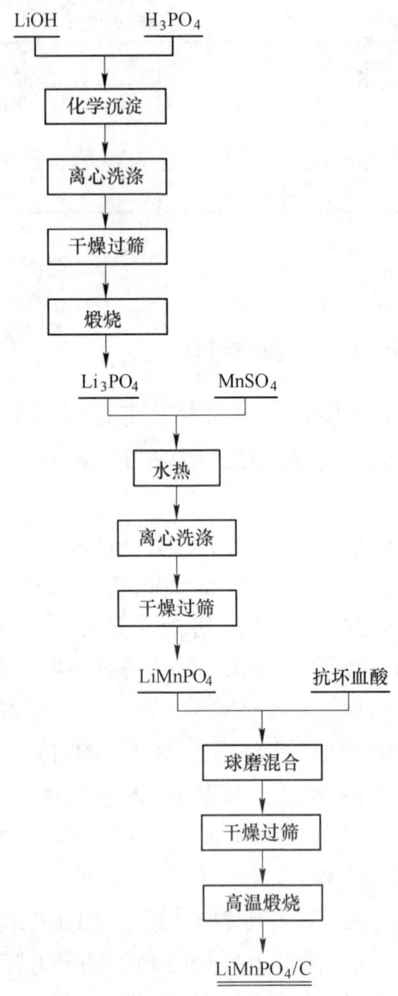

图 2-1 水热法合成 $LiMnPO_4/C$ 复合材料的工艺流程图

2.2.3 溶胶-凝胶法制备 $LiFePO_4$

采用溶胶-凝胶法，并设计了正交实验，具体制备过程为：将一定量的配合剂柠檬酸溶于水中，依次向柠檬酸溶液中滴加摩尔比为 1∶1 的氯化铁溶液和氯化锂溶液并保持搅拌状态，然后在 60℃ 下陈化配合一定时间。再向上述溶液中加入化学计量比的磷酸二氢铵，用氨水调节溶液 pH 值，加热并搅拌使其成为均匀的溶胶状态。将溶胶在 200~300℃ 温度范围内加热得到凝胶，继续加热得到干凝胶。将干凝胶研细，氩气保护下 280~470℃ 预烧 14h，得到磷酸铁锂预烧料。将预烧料以乙醇为介质球磨 4h，干燥后放入瓷舟中，氩气保护下 750℃ 煅烧 10h，得到磷酸铁锂材料。

2.2.4 快离子导体 $LiAlO_2$ 改性 $LiMnPO_4/C$ 正极材料

2.2.4.1 基于 AAO 模板水热制备 $LiAlO_2$

将一定规格的金属铝片于 500℃氮气保护作用下退火 3h，温度降至常温时取出；将退火后的铝片在去离子水中超声清洗 3~5min 取出，再依次放入乙醇、NaOH 溶液、丙酮中清洗 2min 后取出，再放入无水乙醇中清洗 3min，最后用去离子水冲洗；将处理好的铝片在高氯酸：乙醇=1：4 的溶液中电解抛光，抛光电压为 15V，温度为常温，时间为 2~3min，抛光至镜面，取出用去离子水冲洗数遍；将抛光好的铝片夹在电源的正极上作为阳极，用镍片作为阴极，在一定氧化电压、电解液浓度、电解温度和对电极面积的条件下电解一段时间，然后拿出被氧化的铝片用去离子水冲洗数遍，再放入 50℃烘箱烘 30min，得到的即为 AAO 模板。

称取一定物质的量比例的 AAO 模板，将不同锂源溶于去离子水中搅拌成均一的液体之后，加入 AAO 模板，将其移入聚四氟乙烯防腐衬里的高压反应釜中。水热反应数小时后，冷却至室温，产物经过滤、清洗、干燥，空气气氛下煅烧后得到白色蓬松分散的产物，即为二维纳米结构的铝酸锂介孔材料。

2.2.4.2 $LiAlO_2$ 与 $LiMnPO_4/C$ 的复合改性

$LiMnPO_4$ 粉体和 $LiAlO_2$ 与抗坏血酸以质量比为 1：0.25 的比例在少许无水乙醇中充分混合，球磨，干燥 12h，在氩气气氛保护下煅烧，得到 $LiAlO_2$-$LiMnPO_4/C$ 复合材料。

2.2.5 快离子导体 $LiAlO_2$ 改性 $LiFePO_4/C$ 正极材料

2.2.5.1 基于 AAO 模板水热制备 $LiAlO_2$

以阳极氧化法制备 AAO 模板，具体制备过程如下：（1）退火，将一定规格的金属铝箔在 500℃氮气保护作用下退火 3h，温度降至常温时取出；（2）去脂，将退火后的铝箔在去离子水中超声清洗 3~5min 取出，再放入丙酮中清洗 2min 后取出，再放入无水乙醇中清洗 3min，最后用去离子水冲洗；（3）抛光，将处理好的铝箔在高氯酸：乙醇=1：4 的溶液中电解抛光，抛光电压为 15V，温度为常温，时间为 2~3min，抛光至镜面，取出用去离子水冲洗数遍；（4）阳极氧化，将抛光好的铝箔夹在电源的正极作为阳极，用镍片作为阴极，在氧化电压为 40V，电解液浓度为 0.3mol/L，电解温度为 15℃，对电极面积比为 1：1 的条件下，阳极氧化至电流为零，然后拿出被氧化的铝箔用去离子水冲洗数遍，再放入 50℃烘箱烘 30min，得到的即为 AAO 模板。

称取一定物质的量比例的 AAO 模板，将不同锂源溶于去离子水中搅拌成均一的液体之后，加入 AAO 模板，将其移入聚四氟乙烯防腐衬里的高压反应釜中。水热反应数小时后，冷却至室温，产物经过滤、清洗、干燥，空气气氛下煅烧后得到白色蓬松分散的产物，即为二维纳米结构的铝酸锂介孔材料。

2.2.5.2 $LiAlO_2$ 与 $LiFePO_4$/C 的复合改性

$LiFePO_4$ 粉体和 $LiAlO_2$ 与抗坏血酸以质量比为 1∶0.25 的比例在少许无水乙醇中充分混合，球磨，干燥 12h，在氩气气氛保护下煅烧，得到 $LiAlO_2$-$LiFePO_4$/C 复合材料。

2.2.6 燃烧法合成 $Li_4Ti_5O_{12}$ 负极材料

PVP 凝胶燃烧法合成 $Li_4Ti_5O_{12}$ 负极材料：将 $LiCH_3COO \cdot 2H_2O$、TiO_2 和聚乙烯吡咯烷酮（PVP）置于烧杯中，加入适量去离子水并加入稀 HNO_3 调节 pH 值为 3。其中原料投料按照 $n(Li):n(Ti)=1.05$，PVP 单体和金属离子的物质的量比值为 2，以保证所有的金属离子都能被配合。油浴加热至黏稠得到湿凝胶，干燥后得到干凝胶。干凝胶取出研碎后装于敞口容器中置于万用电炉上于通风橱中加热引发燃烧反应得到黑色疏松泡沫状前驱体粉末。将前驱体粉末在玛瑙研钵中研磨、过筛、煅烧后得黑色 $Li_4Ti_5O_{12}$ 粉末。

$LiNO_3$-TiO_2-尿素体系燃烧法合成 $Li_4Ti_5O_{12}$ 负极材料：将 TiO_2、$LiNO_3$ 和尿素（其中原料投料按照 $n(Li):n(Ti)=1.05$）置于烧杯中，加入适量去离子水中并加入稀 HNO_3 调节 pH 值为 3，磁力搅拌下，水浴加热至凝固，干燥得白色前驱体，研磨、过筛、煅烧后得到 $Li_4Ti_5O_{12}$ 粉体。

2.2.7 电极制备及扣式电池组装

2.2.7.1 电极的制备

电极制备工艺主要包括称量、均浆、涂布、辊压和冲片几个步骤。具体操作如下。

（1）称量：按照质量比 80∶10∶10 称取活性材料、导电剂乙炔黑和黏结剂 PVDF。

（2）均浆：将上述称量好的材料一起放入研钵中研磨充分后，滴加适量的 NMP，继续研磨充分至料浆均匀。

（3）涂布：裁剪 6cm×8cm 大小的铝箔集流体，用无水乙醇将表面擦拭干净，用小药匙将匀好的浆液倒在集流体上，用刮膜器进行刮涂，膜面尽量平整，纹理尽量一致，随后将涂好的极片放入 120℃ 干燥箱干燥 8h。

（4）辊压：将涂有正极材料的铝箔在辊压机两滚轮下压片，以表面有光泽感为准。

（5）冲片：采用冲压模具将辊压后的极片冲裁成直径为10mm的圆片，保证极片边缘整齐，无物料脱落。

2.2.7.2 扣式电池的组装

本书采用CR2032型扣式电池来组装半电池，CR2016型扣式电池来组装全电池。电池组装在干燥的充满氩气的除水除氧手套箱中进行，通常手套箱中的露点一般要求不高于-47%。扣式电池组装如下：

（1）将称重后的电极片、电池壳、隔膜、密封膜等送入手套箱中；

（2）将正极片、电解液、隔膜、负极片依次加入电池底壳中（如图2-2所示），电解液的量以能使电极片和隔膜完全润湿为准；

（3）封装电池后在冲压机0.5MPa的压力密封；

（4）把电池移出手套箱，清除电池表面污染后，标号，静置10h进行电化学性能测试。

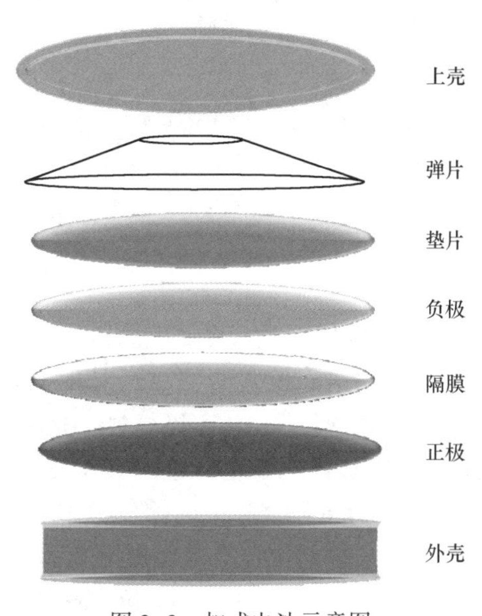

图2-2 扣式电池示意图

2.3 材料的表征方法与测试

本书采用丹东方圆仪器公司生产的DX-2500型X射线衍射仪对所合成材料的晶体结构进行研究，选取Cu靶，Kα射线，在管电压35kV、管电流40mA的条件下进行测试，扫描速度为0.04°/s，扫描范围为10°~90°。

采用德国 ZEISS 公司 SUPRA55 型扫描电子显微镜和日本岛津公司 SSX-550 对样品的晶粒大小和微观形貌进行分析。实验过程是将少量粉末样品黏附在导电碳胶布上，送进样品室，抽真空后，仔细观察材料的一次晶粒大小、晶粒表面的变化以及通过 EDS 对其进行成分分析和元素分布的研究等。

采用美国 FEI 公司生产的 TECNAI G^2 F20 场发射透射电子显微镜对合成材料的晶粒大小、包覆层，以及晶体结构进行观察表征。

采用北京恒久科学仪器生产的 HCT-Z 综合热分析仪进行热重-差热分析，确定材料的热处理制度，并用于反应机理的分析。

采用丹东百特科技有限公司生产的 BT-2003 型激光粒度分布仪，测试介质为水，对粉体材料的粒度分布进行测试。

采用北京彼奥德电子公司生产的 SSA-4300 型的氮气吸附仪对所合成的 Li_3PO_4、AAO 模板和 $LiAlO_2$ 材料进行比表面积测试，在液氮恒温下（77K）测试材料的 N_2 静态吸脱附等温线，通过对吸脱附平衡等温线的数据分析可得到所测样品材料的比表面积。

充放电测试试验可以用来检测二次锂离子电池电极材料的脱嵌锂比容量及循环性能，是电极材料性能研究中重要的实验方法。

理论质量比容量（mA · h/g）：

$$C_0 = 26.8 \times 1000 / M \tag{2-1}$$

实际质量比容量（mA · h/g）：

$$C = I \times T / W \tag{2-2}$$

式中，M 为分子量；I 为充放电电流，mA；T 为充放电时间，h；W 为活性物质质量，g。

电池组装完成后，静置 10h 以上进行充放电测试。本实验采用武汉金诺电子有限公司生产的 CT2001A 充放电系统进行测试。对于 $LiMnPO_4$ 高电正极材料，充放电电压范围选用 2.5~4.5V；$LiFePO_4$ 正极材料，充放电电压范围选用 2.5~4.2V；$Li_4Ti_5O_{12}$ 负极材料的充放电电压范围选用 0.8~3.0V；$LiMnPO_4/Li_4Ti_5O_{12}$ 全电池的充放电电压范围选用 0.8~3.6V 下进行。

循环伏安（CV）扫描技术是电化学中最常用的实验手段之一，其方法原理如下：选择未发生电极反应的某一电位为初始电位，控制研究电极的电位按指定的方向和速率随时间线性变化，当电极电位扫描到某一个电位后再以相同的速率逆向扫描到另一个电位，同时测量极化电流随电极电位的变化关系。循环伏安（CV）技术的主要参数是峰电流和峰电位，根据 CV 图中电流峰的情况，可以知道检测电位区间所发生的化学反应，反应中间产物的特点、稳定与否、电极反应的可逆性等[175,176]。采用 Solartron 公司生产的 1260+1287 电化学工作站测试电池体系的循环伏安曲线。测量条件为室温，扫描速度为 0.1mV/s，扫描电压区间

$LiMnPO_4$ 为 2.5～4.5V，$Li_4Ti_5O_{12}$ 为 0.8～3.0V，$LiMnPO_4/Li_4Ti_5O_{12}$ 全电池为 0.8～3.2V。

电化学阻抗谱（简称 EIS）是以小振幅的正弦交流波为激励信号，研究特定电流极化下，特别是平衡电势下，电化学体系的交流阻抗随频率变化关系的一种频率域的测量方法。通过电化学阻抗谱分析，可以探讨锂离子嵌脱过程相关的动力学参数，如电荷传递电阻、活性材料的电子电阻、扩散以及锂离子扩散迁移通过固体电解质相界面膜（SEI 膜）的电阻等[177,178]。采用英国 Solartron 公司生产的 1260+1287 电化学工作站对电池进行电化学阻抗谱测试，交流激励信号振幅为 ±10mV，频率范围为 100kHz～10MHz，以电池正极接工作电极，负极接辅助电极和参比电极，并采用 ZView 软件对测试结果进行拟合，计算出相应的电化学参数。

3 水热法合成碳复合 $LiMnPO_4$ 的工艺、结构与性能研究

3.1 引言

$LiMnPO_4$ 具有原料丰富、价格低廉、结构稳定、能量密度高、4.1V 的电位平台和循环稳定性好等优点，并且充放电平台位于现有电解液体系（基于碳酸酯溶剂）的电化学稳定窗口，因此 $LiMnPO_4$ 是一种非常有前景的正极材料[57,81]。$LiMnPO_4$ 的性能与材料的制备方法紧密相关，研究者采用的制备方法[179~189]有固相合成法、溶胶-凝胶法、共沉淀法等。水热法反应是在密闭容器中进行的，是人为的一个高温、高压环境，在显著低于固相法的反应温度下，可以制备出其他方法难以制备的超细粉体材料，通过简单的水热合成来制备 $LiMnPO_4$，此方法具有简便、耗时少、反应温和等优点，同时该反应物能够很好地分散在溶液中，物相的形成、晶粒的大小以及形貌易于控制，产物的分散性也很好。研究表明，不同原料的选择对材料的粒径、形貌及电化学性能的影响较大[191]。目前，Li_3PO_4 作为锂源来合成 $LiMnPO_4$ 得到大家的广泛关注，以 Li_3PO_4 为锂源可以通过离子交换、水热合成 $LiMnPO_4$，这种方法有助于抑制晶粒的长大，有利于 $LiMnPO_4/C$ 容量的发挥。然而，不同粒径和形貌的 Li_3PO_4 对材料的电化学性能的影响较大[192]。

本章通过水热法来合成 $LiMnPO_4/C$ 复合材料，为了抑制晶粒的长大和团聚，空心球形 Li_3PO_4 被用来取向诱导 $LiMnPO_4$ 的形貌和结构，探讨了不同参数下对 Li_3PO_4 晶粒大小和形貌的影响，以期得到最佳合成 Li_3PO_4 的工艺条件；探讨了不同参数下对 $LiMnPO_4/C$ 复合材料的形貌、结构和电化学性能的影响，以期得到最佳合成 $LiMnPO_4/C$ 复合材料的最佳条件。

3.2 沉淀法制备 Li_3PO_4 的工艺与材料特性

中和生成 Li_3PO_4 的关键是 $[Li^+]^3 \cdot [PO_4^{3-}]$ 的量要高于 $K_{sp}^{\ominus}(Li_3PO_4)$ (2.37×10^{-11})。由于 Li_3PO_4 溶于 H_3PO_4 中，因此要保证 H_3PO_4 一旦进入中和反应体系，就需要 $LiOH \cdot H_2O$ 将其完全中和，所以要将 H_3PO_4 溶液向 LiOH 溶液中缓慢滴加。由于 $LiOH \cdot H_2O$ 的过量，使得每个 H^+ 进入中和体系时被多个 OH^- 包围，在离子之间静电引力的作用下通过磁力搅拌，生成空心球状。

沉淀生成过程包括两个阶段：晶体的形核与生长，这两个阶段决定了磷酸盐晶粒的形貌特征。如果晶核形成速率很快，而晶体的生长速率很慢或接近停止，可得到较小的晶粒；如果晶核形成速率很慢，并有一定的晶体生长速率，便可得到较大的晶粒。其中 pH 值和酸碱的浓度决定了两步骤平衡移动的方向，进而影响了粒子长大速度和晶粒的成核速度。发生反应的方程式如下：

$$3Li^{+}(aq)+PO_4^{3-}(aq) \longrightarrow Li_3PO_4(s) \tag{3-1}$$

以分析纯 H_3PO_4 和 $LiOH \cdot H_2O$ 为原料（体积比 1：4）配成一定浓度溶液，研究了不同反应温度、$LiOH \cdot H_2O$ 浓度、H_3PO_4 浓度、酸入碱速度对 Li_3PO_4 晶粒大小和微观形貌的影响。

3.2.1 化学沉淀制备 Li_3PO_4 的正交实验

以 Li_3PO_4 的粒径大小为考察指标，表 3-1 为正交实验因素水平表。

表 3-1 沉淀法合成 Li_3PO_4 正交试验因素水平表

因素 水平	A	B	C	D
	温度/℃	磷酸浓度/mol · L^{-1}	氢氧化锂浓度/mol · L^{-1}	酸入碱速度/mol · L^{-1}
1	25	0.5	0.5	1.1
2	50	1.0	1.0	2.2
3	80	1.5	1.5	3.3

从表 3-1 和图 3-1 的结果可看出，在设置的四个工艺参数中，其极差的大小排列顺序为：$R_B>R_D>R_C>R_A$。从而得到影响因素的主次顺序为

主 → 次

H_3PO_4 浓度　酸入碱速度　$LiOH \cdot H_2O$ 浓度　反应温度

H_3PO_4 浓度是影响样品粒径大小最大的因素，随着 H_3PO_4 浓度的增加，样品的粒径大小先降低后升高；随着酸入碱速度的增加，样品粒径的大小逐渐增加；$LiOH \cdot H_2O$ 浓度增加，样品粒径大小逐渐降低，说明 pH 值越高越有利于减小 Li_3PO_4 的粒径；随着反应温度的升高，样品的粒径大小也是先降低后升高。综合以上分析，初步确定本实验的优化水平为：反应温度 50℃、H_3PO_4 浓度 1.0mol/L、$LiOH \cdot H_2O$ 浓度 1.5mol/L 和酸入碱速度 3.3mL/min。

九组 Li_3PO_4 样品的 SEM 对比如图 3-2 所示。样品大小、形貌各异，大体上都是球体，其中 L-6 和 L-8 号样品由 100nm 左右的晶粒组成，L-8 由均匀且分散晶粒组成，但是 L-6 团聚现象较明显；从 L-4、L-5 和 L-7 样品可以明显看出，Li_3PO_4 样品是由空心球组成的，L-5 号样品晶粒较 L-4 和 L-7 号样品的晶粒均匀些；L-1、L-2、L-3 和 L-9 号样品形貌相似度较高，均未见空心球状的 Li_3PO_4 晶粒出现。

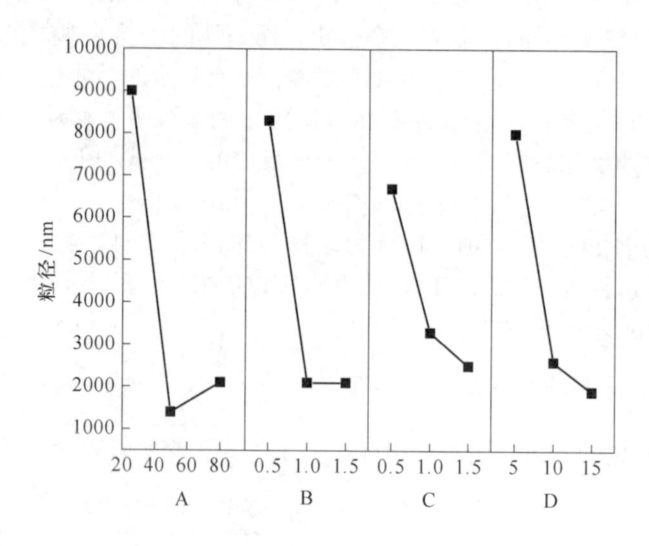

图 3-1　Li_3PO_4 粒径与因素水平关系图

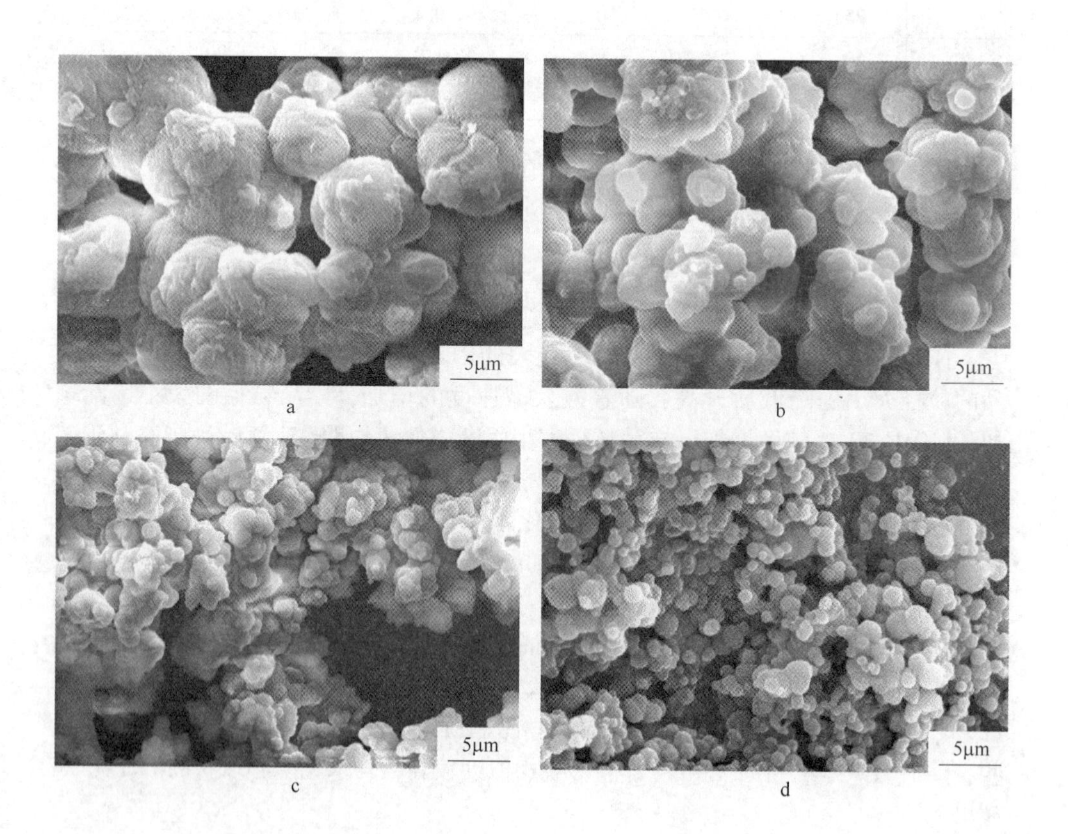

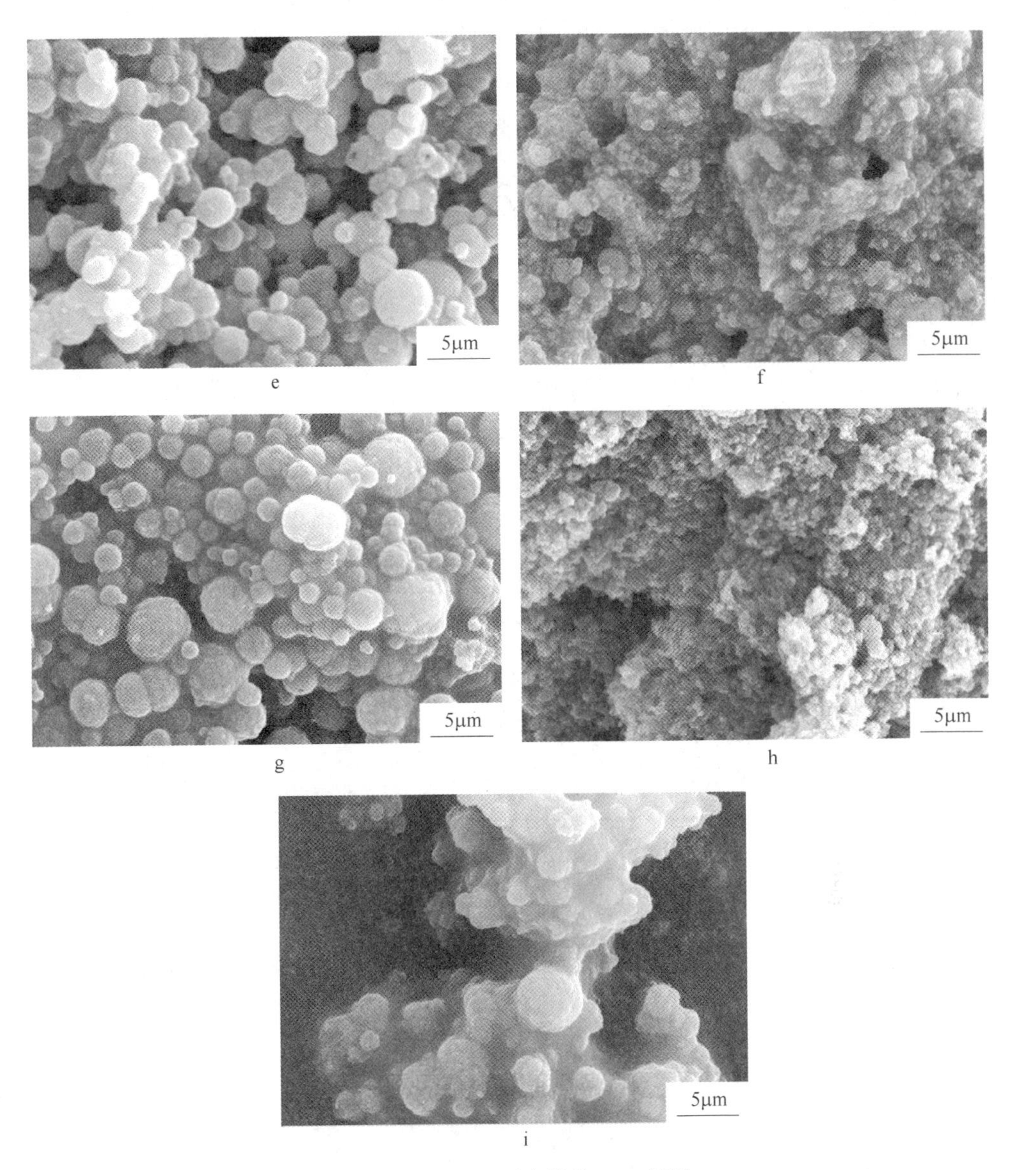

图 3-2 Li_3PO_4 正交样品 SEM 图片

a—L-1；b—L-2；c—L-3；d—L-4；e—L-5；f—L-6；g—L-7；h—L-8；i—L-9

3.2.2 H_3PO_4 浓度对 Li_3PO_4 形貌及晶粒大小的影响

在反应温度为 50℃、$LiOH \cdot H_2O$ 浓度为 1.5mol/L 和酸入碱速度为 3.3mL/min 情况下，考察 H_3PO_4 浓度为 0.8mol/L、1.0mol/L、1.2mol/L、1.7mol/L 和 2.0mol/L 对 Li_3PO_4 样品晶粒大小和微观形貌的影响规律。

H_3PO_4 浓度五组实验 Li_3PO_4 样品的激光粒度分布对比如图 3-3 和表 3-2 所示。在测试图中 H_3PO_4 浓度在 0. 8mol/L、1. 0mol/L、1. 2mol/L 和 2. 0mol/L 时的峰型基本相同，在测试图中出现了三个肩峰，H_3PO_4 浓度在 1. 7mol/L 时只有一个峰，说明材料的均一性较好。表 3-2 再一次说明随着 H_3PO_4 浓度的增加，样品的粒径大小先降低后升高。由图 3-3 结合表 3-2 看出，H_3PO_4 浓度为 1. 7mol/L 时得到的 Li_3PO_4 样品粒度分布较窄，粒径较小、大小均一。

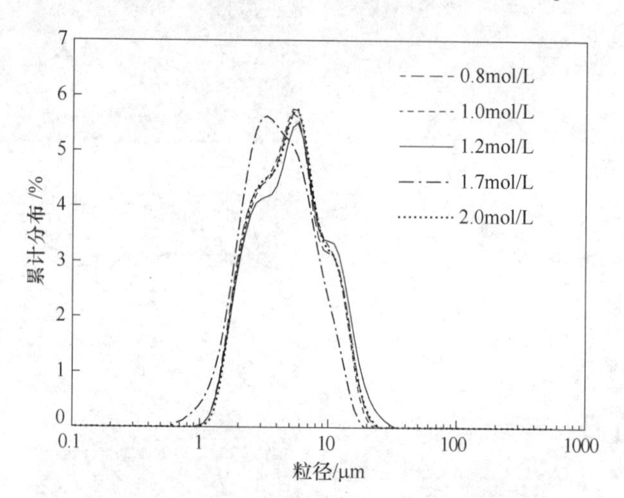

图 3-3　不同 H_3PO_4 浓度合成 Li_3PO_4 样品的粒度分布图

表 3-2　不同 H_3PO_4 浓度合成 Li_3PO_4 样品的粒度分布表

样品	峰个数	D_{10}/μm	D_{50}/μm	D_{90}/μm
0. 8mol/L	3	2. 23	5. 35	13. 12
1. 0mol/L	3	2. 17	5. 03	12. 01
1. 2mol/L	3	2. 21	5. 08	11. 67
1. 7mol/L	1	1. 93	4. 12	9. 39
2. 0mol/L	3	2. 23	5. 13	11. 96

H_3PO_4 浓度实验五组 Li_3PO_4 样品的 SEM 对比如图 3-4 所示。五组 Li_3PO_4 样品的晶粒尺寸不同，都是形貌相似的类球形，均有不同程度的团聚。其中 H_3PO_4 浓度为 0. 8mol/L 的 Li_3PO_4 样品晶粒较大，均匀性较好，但是出现了严重的团聚现象；H_3PO_4 浓度为 1. 0mol/L 的 Li_3PO_4 样品晶粒尺寸次之，也出现了严重的团聚现象；H_3PO_4 浓度为 1. 2mol/L 的 Li_3PO_4 样品晶粒团聚现象开始减弱，但是晶粒大小不均匀；H_3PO_4 浓度为 1. 7mol/L 的 Li_3PO_4 样品晶粒分散性良好且大小均匀；H_3PO_4 浓度为 2. 0mol/L 的 Li_3PO_4 样品晶粒又出现严重的团聚现象，同时晶粒均匀性较差。出现这种现象的原因是：H_3PO_4 浓度较小时，单位时间进入中和

反应体系的 PO_4^{3-} 较少，晶核形成速率很慢，伴有一定的晶体生长速率，得到了较大的晶粒；H_3PO_4 浓度较大时，单位时间进入中和反应体系的 PO_4^{3-} 较多，晶核形成速率很快，在一定的晶体生长速率下，得到了大小不均匀的晶粒。综上所述，结合粒度分布图和 SEM 图片分析得到 H_3PO_4 浓度为 1.7mol/L 时得到的 Li_3PO_4 样品粒径较小、大小均一。

图 3-4 不同 H_3PO_4 浓度合成 Li_3PO_4 样品的 SEM 图

a—0.8mol/L；b—1.0mol/L；c—1.2mol/L；d—1.7mol/L；e—2.0mol/L

3.2.3 酸入碱速度对 Li_3PO_4 形貌及晶粒大小的影响

在反应温度为50℃、$LiOH \cdot H_2O$ 浓度为1.5mol/L和 H_3PO_4 浓度为2.0mol/L情况下，考察酸入碱速度为3.3mL/min、5.5mL/min、7.7mL/min和11.1mL/min对 Li_3PO_4 样品晶粒大小和微观形貌的影响规律。

酸入碱速度的四组 Li_3PO_4 样品的激光粒度分布对比如图3-5和表3-3所示。从图3-5上可以看到，在测试图中酸入碱速度为5.5mL/min、7.7mL/min和11.1mL/min时出现了三个肩峰，表明材料均一性较差，酸入碱速度为3.3mL/min时，粒度分布图只有一个峰存在，说明 Li_3PO_4 材料晶粒分布均匀。表3-3再一次说明随着酸入碱速度的增加，样品的粒径大小逐渐升高。由图3-5结合表3-3看出，酸入碱的速度为3.3mL/min时得到的 Li_3PO_4 样品均一性较好。

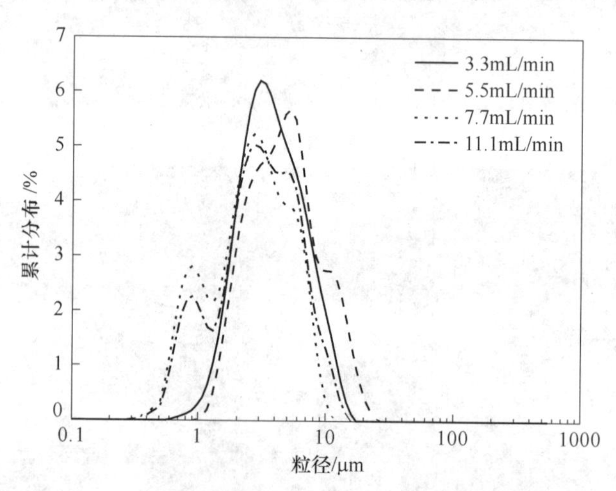

图3-5 不同酸入碱速度合成 Li_3PO_4 样品的粒度分布图

表3-3 不同酸入碱速度合成 Li_3PO_4 样品的粒度分布表

样品	峰个数	D_{10}/μm	D_{50}/μm	D_{90}/μm
3.3mL/min	1	1.68	3.81	8.60
5.5mL/min	3	0.90	2.78	6.53
7.7mL/min	3	0.98	3.17	7.43
11.1mL/min	3	2.15	4.81	12.10

不同酸入碱速度的四组 Li_3PO_4 样品的SEM对比如图3-6所示。四组 Li_3PO_4 样品的晶粒大小不一，都是形貌相似的类球形。酸入碱速度为3.3mL/min的 Li_3PO_4 样品未出现团聚现象，同时晶粒大小均一；酸入碱速度为5.5mL/min的 Li_3PO_4 样品也未出现团聚现象，晶粒也较均一，但是晶粒的尺寸较大；酸入碱速

度为 7.7mL/min 的 Li_3PO_4 样品开始出现团聚现象，晶粒大小不均匀；酸入碱速度为 11.1mL/min 的 Li_3PO_4 样品出现严重团聚现象，同时晶粒的尺寸较大。出现这种现象的原因是：随着酸入碱速度的增加，单位时间内泵入的 PO_4^{3-} 也逐渐增加，所以单位时间内生成的 Li_3PO_4 粒子的量也随之增加，同时 Li_3PO_4 粒子之间碰撞的概率也随之增加，导致了 Li_3PO_4 样品的团聚。

综上所述，3.3mL/min 是个临界值，酸入碱速度的增加使得 Li_3PO_4 样品的团聚现象逐渐严重且晶粒粒径分布较宽，根据粒度分布图和 SEM 图片分析得出，酸入碱速度 3.3mL/min 时得到的 Li_3PO_4 样品粒径较小、分散性好且均匀、无团聚现象。

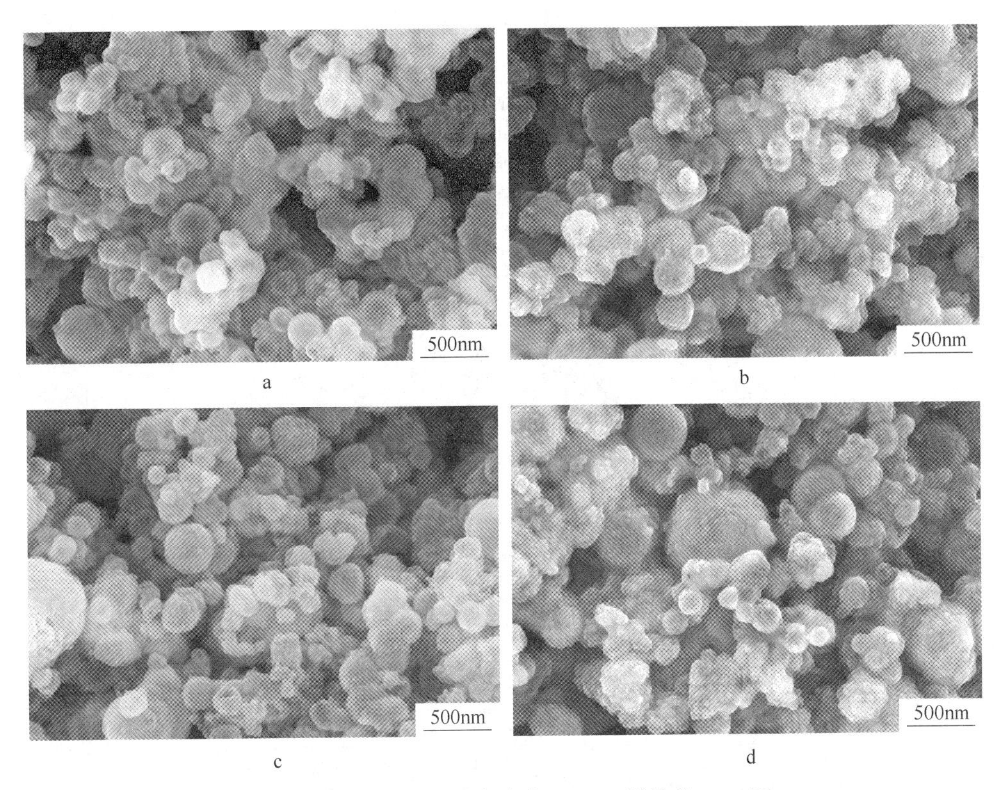

图 3-6 不同酸入碱速度合成 Li_3PO_4 样品的 SEM 图

a—3.3mL/min；b—5.5mL/min；c—7.7mL/min；d—11.1mL/min

3.2.4 LiOH · H_2O 浓度对 Li_3PO_4 形貌及晶粒大小的影响

在反应温度为 50℃、H_3PO_4 浓度为 1.7mol/L 和酸入碱速度为 3.3mL/min 情况下，考察 LiOH · H_2O 浓度为 1.3mol/L、1.5mol/L、1.7mol/L、2.0mol/L 和 2.2mol/L 对 Li_3PO_4 样品晶粒大小和微观形貌的影响规律。

不同 $LiOH\cdot H_2O$ 浓度的五组 Li_3PO_4 样品的激光粒度分布对比如图 3-7 和表 3-4 所示。从图 3-7 上可以看到，$LiOH\cdot H_2O$ 浓度在 1.3mol/L、1.5mol/L、1.7mol/L、2.0mol/L 和 2.2mol/L 时的峰型大不相同，$LiOH\cdot H_2O$ 浓度在 1.3mol/L 和 1.5mol/L 时，图中出现了三个肩峰；$LiOH\cdot H_2O$ 浓度在 1.7mol/L 和 2.2mol/L 时的峰型基本相同，在图中出现了两个肩峰；$LiOH\cdot H_2O$ 浓度为 2.0mol/L 时，粒度分布图中只有一个峰存在，说明 Li_3PO_4 材料晶粒分布均匀。表 3-4 说明，随着 $LiOH\cdot H_2O$ 浓度的增加，样品粒径大小逐渐降低。由图 3-7 结合表 3-4 看出，$LiOH\cdot H_2O$ 浓度为 2.0mol/L 时得到的 Li_3PO_4 样品粒径较小、大小均一。

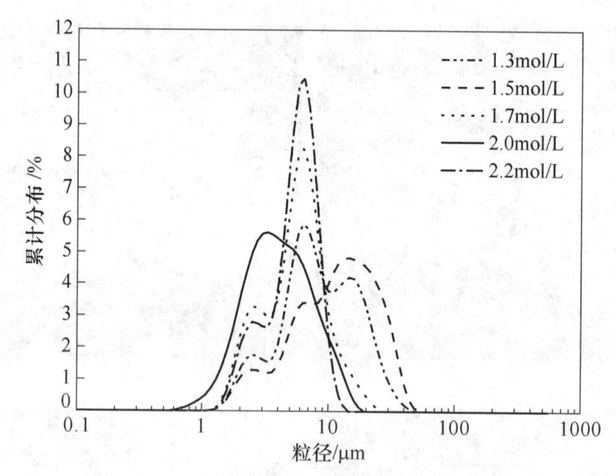

图 3-7 不同 $LiOH\cdot H_2O$ 浓度合成 Li_3PO_4 样品的粒度分布图

表 3-4 不同 $LiOH\cdot H_2O$ 浓度合成 Li_3PO_4 样品的粒度分布表

样品	峰个数	D_{10}/μm	D_{50}/μm	D_{90}/μm
1.3mol/L	3	3.14	8.35	21.25
1.5mol/L	3	3.73	12.53	28.67
1.7mol/L	2	2.59	5.88	8.88
2.0mol/L	1	2.43	5.47	12.84
2.2mol/L	2	2.47	5.96	11.09

不同 $LiOH\cdot H_2O$ 浓度的五组 Li_3PO_4 样品的 SEM 对比如图 3-8 所示。五组 Li_3PO_4 样品的晶粒大小不一，都是形貌相似的类球形。其中 $LiOH\cdot H_2O$ 浓度为 1.3mol/L 的 Li_3PO_4 样品晶粒有团聚现象出现，晶粒均匀性较差；$LiOH\cdot H_2O$ 浓度为 1.5mol/L 的 Li_3PO_4 样品晶粒尺寸较大，未出现团聚现象；$LiOH\cdot H_2O$ 浓度为 1.7mol/L 的 Li_3PO_4 样品晶粒有团聚现象出现，晶粒大小不一；$LiOH\cdot H_2O$ 浓度为 2.0mol/L 的 Li_3PO_4 样品晶粒分散性较好，大小均匀；$LiOH\cdot H_2O$ 浓度为

2.2mol/L 的 Li_3PO_4 样品晶粒分散性良好、大小不均匀。综上所述，根据粒度分布图和 SEM 图片分析确定 $LiOH \cdot H_2O$ 浓度为 2.0mol/L 为制备 Li_3PO_4 样品的优化条件。

图 3-8 不同 $LiOH \cdot H_2O$ 浓度合成 Li_3PO_4 样品的 SEM 图片

a—1.3mol/L；b—1.5mol/L；c—1.7mol/L；d—2.0mol/L；e—2.2mol/L

3.2.5 反应温度对 Li_3PO_4 形貌及晶粒大小的影响

在 H_3PO_4 浓度为 1.7mol/L、$LiOH \cdot H_2O$ 浓度为 2.0mol/L 和酸入碱速度

3.3mL/min 情况下，考察反应温度为 30℃、40℃、50℃、60℃和 70℃对 Li_3PO_4 样品晶粒大小和微观形貌的影响规律。

反应温度 Li_3PO_4 样品的激光粒度分布对比如图 3-9 和表 3-5 所示。从图 3-9 上可以看到，反应温度较低的 30℃和 40℃时峰型大致相同，测试图中出现了三个肩峰，反应温度在 50℃时在测试图中出现一个峰，说明 Li_3PO_4 材料晶粒分布均匀；反应温度在 30℃和 40℃时，在测试图中出现了三个肩峰。根据激光粒度分布图分析得到反应温度为 50℃时得到的 Li_3PO_4 样品较优。由表 3-5 可见，随着反应温度的升高，样品的粒径大小也是先降低后升高。

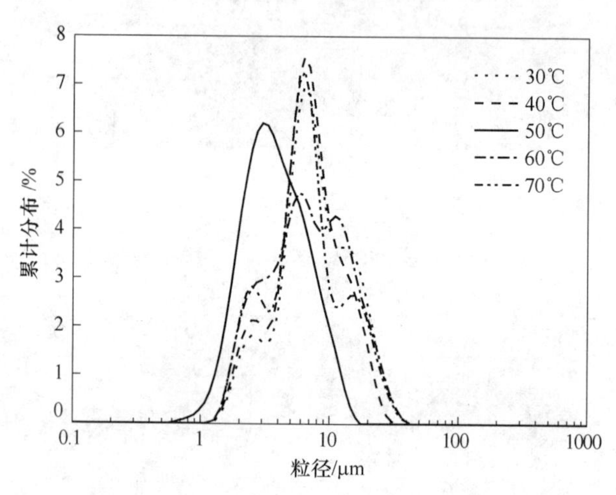

图 3-9 不同反应温度合成 Li_3PO_4 样品的粒度分布图

表 3-5 不同反应温度合成 Li_3PO_4 样品的粒度分布表

样品	峰个数	D_{10}/μm	D_{50}/μm	D_{90}/μm
30℃	3	2.56	6.59	17.78
40℃	2	2.87	6.99	15.57
50℃	1	2.59	6.36	12.63
60℃	3	2.57	7.07	18.41
70℃	3	4.11	8.57	19.71

不同反应温度的五组 Li_3PO_4 样品的 SEM 对比如图 3-10 所示。五组 Li_3PO_4 样品都是形貌相似的空心球形。其中反应温度为 30℃的 Li_3PO_4 样品晶粒有团聚现象出现，同时均匀性较差；反应温度为 40℃的 Li_3PO_4 样品晶粒有轻微的团聚现象；反应温度为 50℃的 Li_3PO_4 样品晶粒未出现团聚现象，大小均一；反应温度为 60℃的 Li_3PO_4 样品分散性较好，但是晶粒大小均匀；反应温度为 70℃的 Li_3PO_4 样品晶粒分散性良好且大小均匀，但是粒径较大。可见随着温度的升高 Li_3PO_4 样品团聚现象逐渐消失，分散性变好，但是随着反应温度升高晶粒尺寸也

逐渐增大，说明一定的加热温度有利于空心球的均匀性和分散性。综上所述，根据粒度分布图和 SEM 图片确定反应温度为 50℃为制备 Li_3PO_4 样品的反应温度。

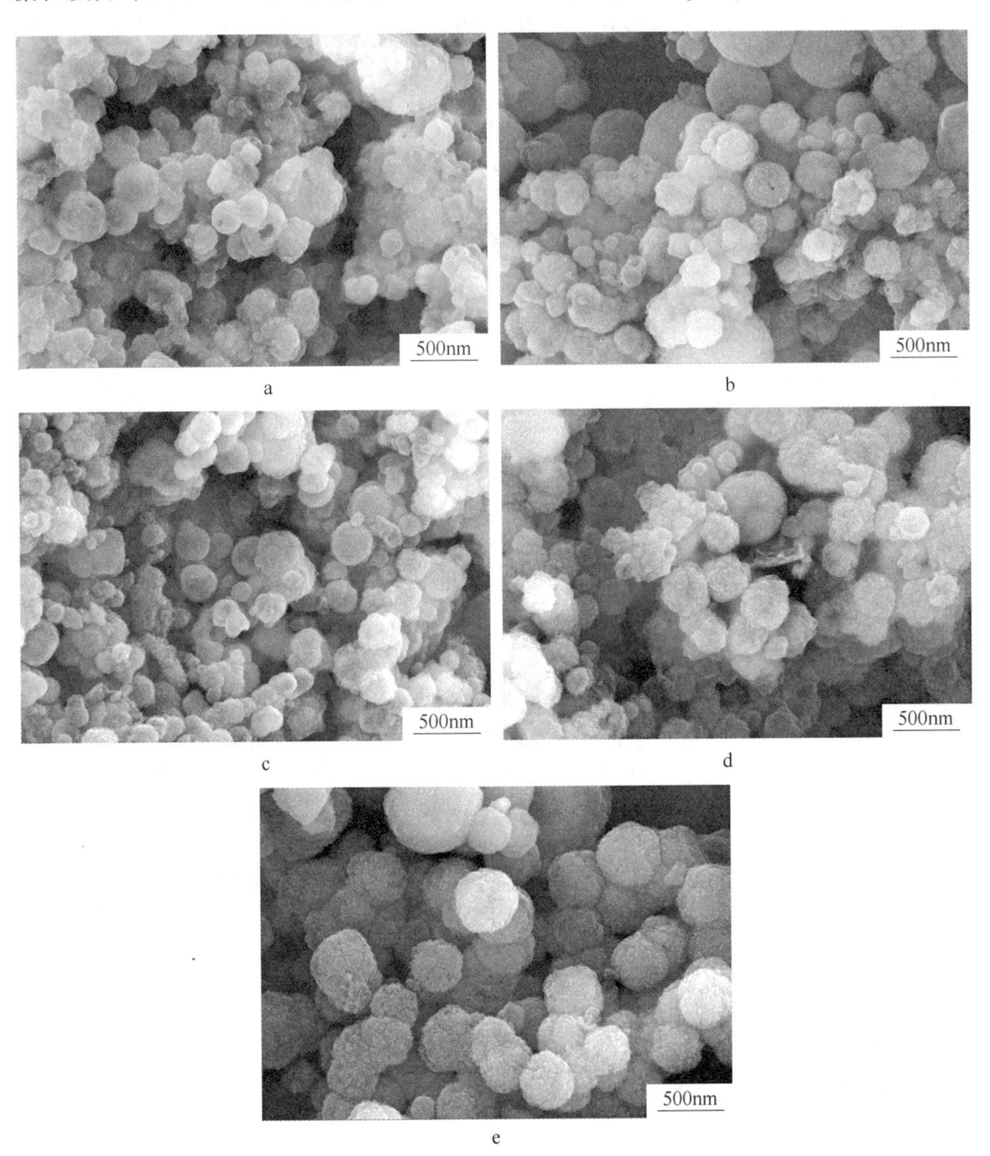

图 3-10 不同反应温度制备 Li_3PO_4 样品的 SEM 图片

a—30℃；b—40℃；c—50℃；d—60℃；e—70℃

从以上实验获得，化学沉淀法制备 Li_3PO_4 材料的最优化方案为：反应温度 50℃、H_3PO_4 浓度 1.7mol/L、$LiOH \cdot H_2O$ 浓度 2.0mol/L 和酸入碱速度 3.3mL/min。该条件下制备的 Li_3PO_4 粉体的粒径最小、大小均匀、分散性好。

3.2.6 化学沉淀法制备空心球形 Li_3PO_4 的热分析和物相分析

图 3-11 为 Li_3PO_4 前驱体的热分析曲线。100℃以下的 TG 曲线上的失重对应 Li_3PO_4 中水分的蒸发，DTA 曲线上显示 100℃有一个吸热峰；100~300℃之间对应 TG 曲线上急剧的失重约 6.5%。DTA 曲线显示 Li_3PO_4 在 450℃开始出现析晶，660℃处有放热峰表示析晶到最大程度，700℃结束析晶。本实验将 Li_3PO_4 前驱体煅烧 300℃后作为锂源来合成 $LiMnPO_4$，一是一定温度的煅烧可以增加 Li_3PO_4 的活性，DTA 曲线显示 Li_3PO_4 在 450℃开始析晶；二是保证 Li_3PO_4 中的水分能够挥发出去。

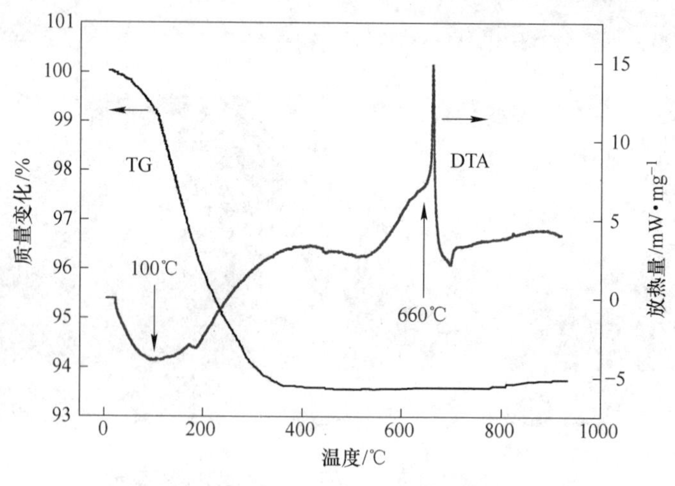

图 3-11 Li_3PO_4 的 TG 和 DTA 曲线

图 3-12 为 Li_3PO_4 未经热处理和经过 300℃热处理后的 XRD 图谱。由图可知，两个样品均与 JCPDF 标准卡片（PDF#25-1030）基本吻合，在 16.9°、22.4°、23.4°、25.5°、34.2° 和 38.8° 分别对应着（010）、（110）、（101）、（011）、（020）和（211）晶面衍射峰，说明两种 Li_3PO_4 样品具有 $Pmn2_1$ 空间点阵群，同时说明两种样品均没有明显杂峰，合成了较为纯净的 Li_3PO_4 样品。经过 300℃热处理后的 Li_3PO_4 特征峰较未热处理样品的更加尖锐，说明材料的结晶性得到了提高。

为了进一步研究 Li_3PO_4 的孔结构，对样品进行了 N_2 等温吸附、脱附研究，如图 3-13 所示。从图中可以看到曲线具有两个毛细凝聚阶段，说明产物在中孔及大孔区可能具有孔径双峰分布（根据国际应用化学协会的定义，孔径小于 2nm 的称为微孔，孔径大于 50nm 的称为大孔，孔径在 2~50nm 之间的称为中孔或介孔）。根据 BJH 方法计算得到的孔体积、平均孔径分别为 $0.91m^3/g$、36.05nm，BET 比表面积为 $79.19m^2/g$。这一表征结果说明采用化学沉淀法，制备了三维

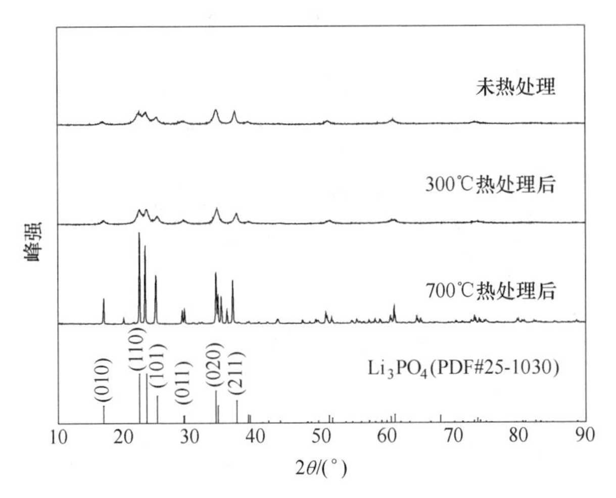

图 3-12 沉淀法合成 Li_3PO_4 的 XRD 图谱

Li_3PO_4 空心球。由于产物具有空心结构，并且组装成了三维微球，因此期望它将具有优异的合成纳米级 $LiMnPO_4$ 的前驱物。

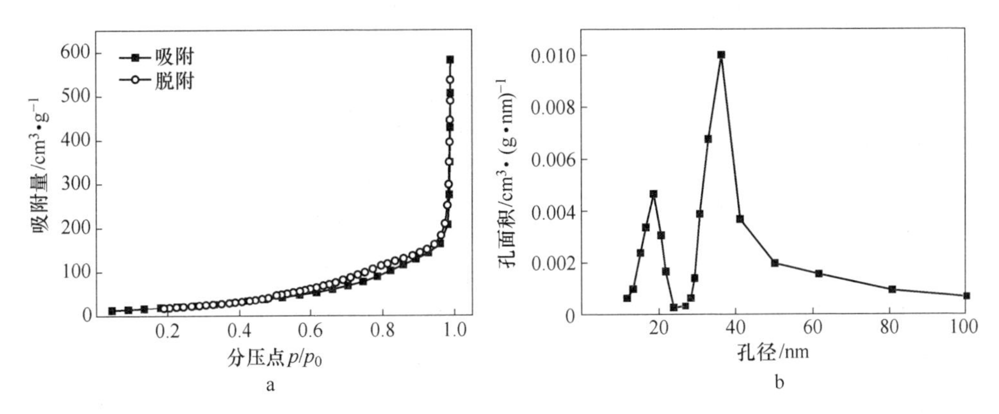

图 3-13 沉淀法合成 Li_3PO_4 的 N_2 吸附-脱附曲线（a）及孔径分布图（b）

3.3 水热法合成碳复合 $LiMnPO_4$ 的工艺、结构与电化学性能

3.3.1 水热法制备 $LiMnPO_4/C$ 的正交实验

本节实验按照 2.2.1 节水热法步骤，以分析纯 $MnSO_4 \cdot H_2O$ 和 3.2 节合成的 Li_3PO_4 为原料，研究了不同反应温度、反应时间、醇水体积比和反应物浓度对 $LiMnPO_4/C$ 材料的结构、形貌和电化学性能的影响。

以 $LiMnPO_4/C$ 在 0.05C 倍率充放电下首次放电比容量大小为考察指标，表 3-6 为正交实验因素水平表。

表 3-6 水热法合成 $LiMnPO_4$ 正交实验因素水平表

因素 水平	A 温度/℃	B 时间/h	C 醇水体积比	D 反应物浓度/mol · L^{-1}
1	150	8	1 : 1.5	0.6
2	175	10	1 : 2.0	0.8
3	200	12	1 : 2.5	1.0

水热法合成 $LiMnPO_4/C$ 时，影响样品放电比容量大小的四个因素的趋势图如图 3-14 所示。从图 3-14 中可以看出，反应时间是影响样品放电比容量最大的因素，随着反应时间的增加，样品的放电比容量逐渐降低，当反应时间为 8h 时，样品放电比容量最大；随着反应温度的升高，样品的放电比容量先降低后升高；随着醇水体积比的增加，样品放电比容量也是先降低后升高；随着反应物浓度的逐渐增加，样品的放电比容量先降低再升高。

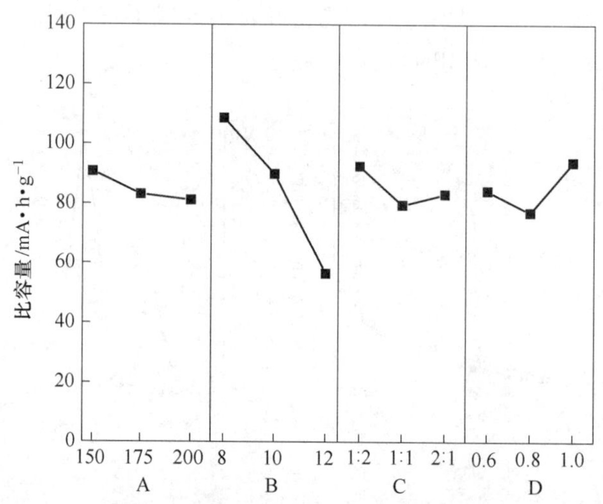

图 3-14 $LiMnPO_4/C$ 样品首次放电比容量与因素水平关系图

综合以上分析初步确定本实验的优化水平为：反应温度 150℃、反应时间 8h、醇水体积比 1 : 2 和反应物浓度 1.0mol/L，在设置的四个工艺参数中，其极差的大小排列顺序为：$R_B>R_D>R_C>R_A$。从而得到影响因素的主次顺序为：

主 → 次

反应时间 反应物浓度 醇水体积比 反应温度

图 3-15 和图 3-16 为 $LiMnPO_4/C$ 复合材料九组实验的 XRD 图谱，从图谱中可以看出，所有样品的主要特征峰都很尖锐，与 JCPDF 标准卡片（33-0803）密切吻合，其空间点群为 Pnma，晶相属于有序的正交晶系橄榄石结构，没有任何

杂质相，如 Li_3PO_4 或 $Mn_2P_2O_7$。此外，在 XRD 谱图中，并没有观察到碳的衍射峰。但是，所有样品在 37°附近出现最强特征峰，对应于（131）晶面，而 $LiMnPO_4$ 的 JCPDF 标准卡片（PDF#33-0803）在 27°附近出现最强特征峰，同时由局部放大图发现，M-3、M-4 和 M-6 号样品的衍射峰强度、半峰宽与 M-7 号样品有明显差异，说明水热法的反应条件对 $LiMnPO_4$/C 结晶度与粒径有所影响。

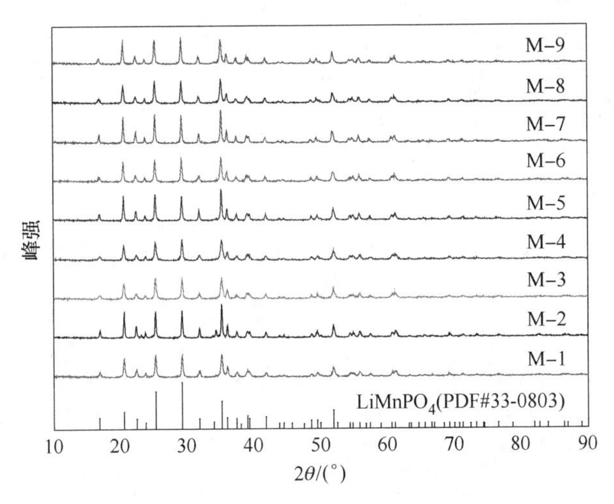

图 3-15　$LiMnPO_4$/C 正交实验样品 XRD 图谱

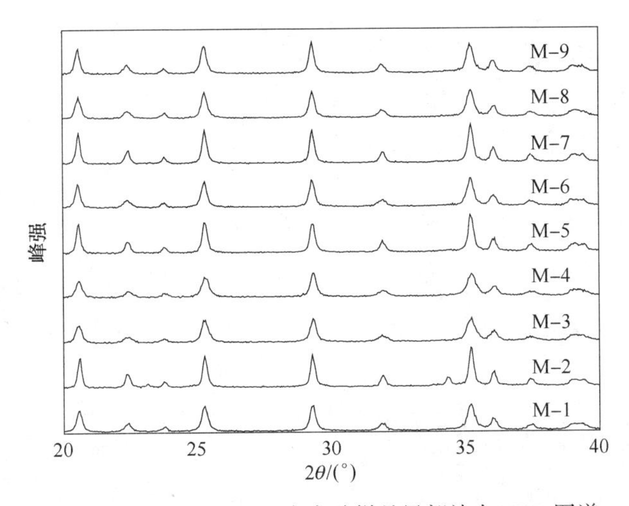

图 3-16　$LiMnPO_4$/C 正交实验样品局部放大 XRD 图谱

九组实验 $LiMnPO_4$/C 样品的 SEM 图如图 3-17 所示。从图中显示可以看出，九组样品的形貌相似，都是由类球形的晶粒组成，物相组成和晶体结构无明显变化，但是样品之间的晶粒大小有明显差异。M-3、M-4 和 M-6 号样品出现了明显的团聚现象，晶体发育较差，这与之前 XRD 分析相吻合。

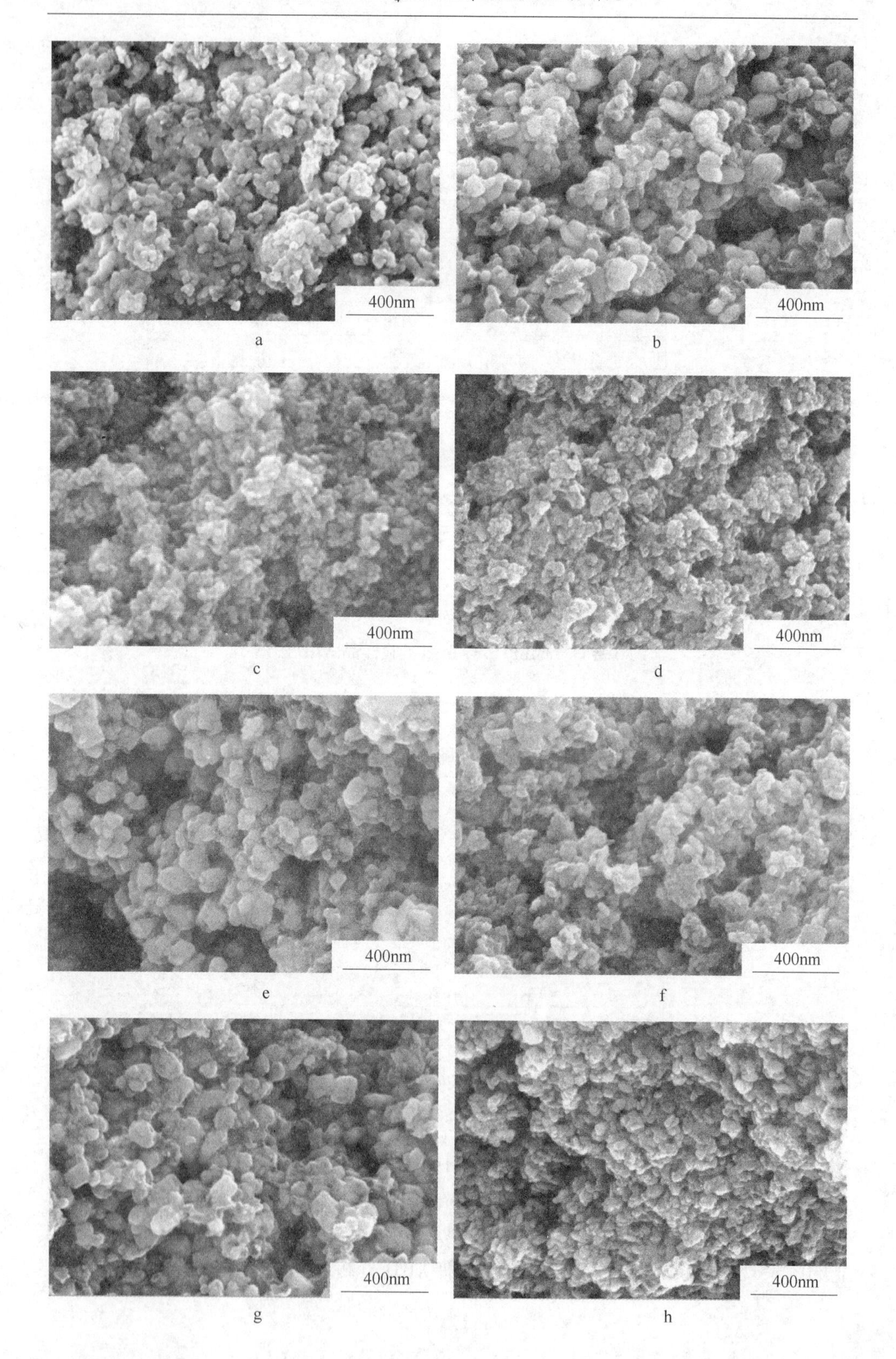

a
b
c
d
e
f
g
h

i

图 3-17　$LiMnPO_4$/C 正交实验样品 SEM 图片

a—M-1；b—M-2；c—M-3；d—M-4；e—M-5；f—M-6；g—M-7；h—M-8；i—M-9

3.3.2　水热时间对 $LiMnPO_4$/C 的结构及性能的影响

在反应温度 150℃、醇水体积比 1∶2、反应物浓度 1.0mol/L 和 550℃煅烧 3h 情况下，考察水热反应时间为 6h、7h、8h、9h 和 11h 对 $LiMnPO_4$/C 结构及性能的影响规律。

图 3-18 为不同水热反应时间条件下合成的 $LiMnPO_4$/C 复合材料的 XRD 图谱，从图谱中可以看出，所有样品的主要特征峰都很尖锐，与 JCPDF 标准卡片（PDF#33-0803）密切吻合，其空间点群为 Pnma，晶相属于有序的正交晶系橄榄石结构，没有任何杂质相。随着反应时间的增加，峰的强度逐渐增加，说明反应时间的不同对样品的结晶度有明显的影响。

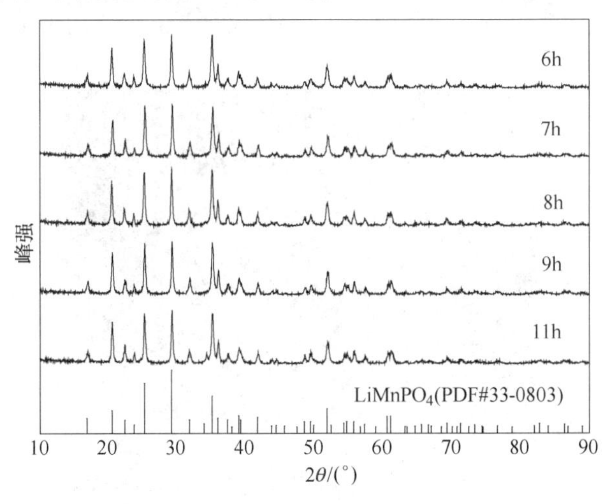

图 3-18　不同反应时间下合成 $LiMnPO_4$/C 样品的 XRD 图谱

图 3-19 为 $LiMnPO_4/C$ 复合材料五组反应时间样品的 SEM 图，由图 3-19 可以看出，五组样品形貌没有较大差异，由几十纳米的一次小晶粒组成，存在很多空隙。不同时间下合成的产物证明晶粒粒径随合成时间的增加而增大，但是合成时间较短会因粒径太小而发生团聚现象，不利于材料容量的发挥。9h 合成的产物形貌与均一性较好，合成产物团聚现象较低，优于其他时间的合成产物。

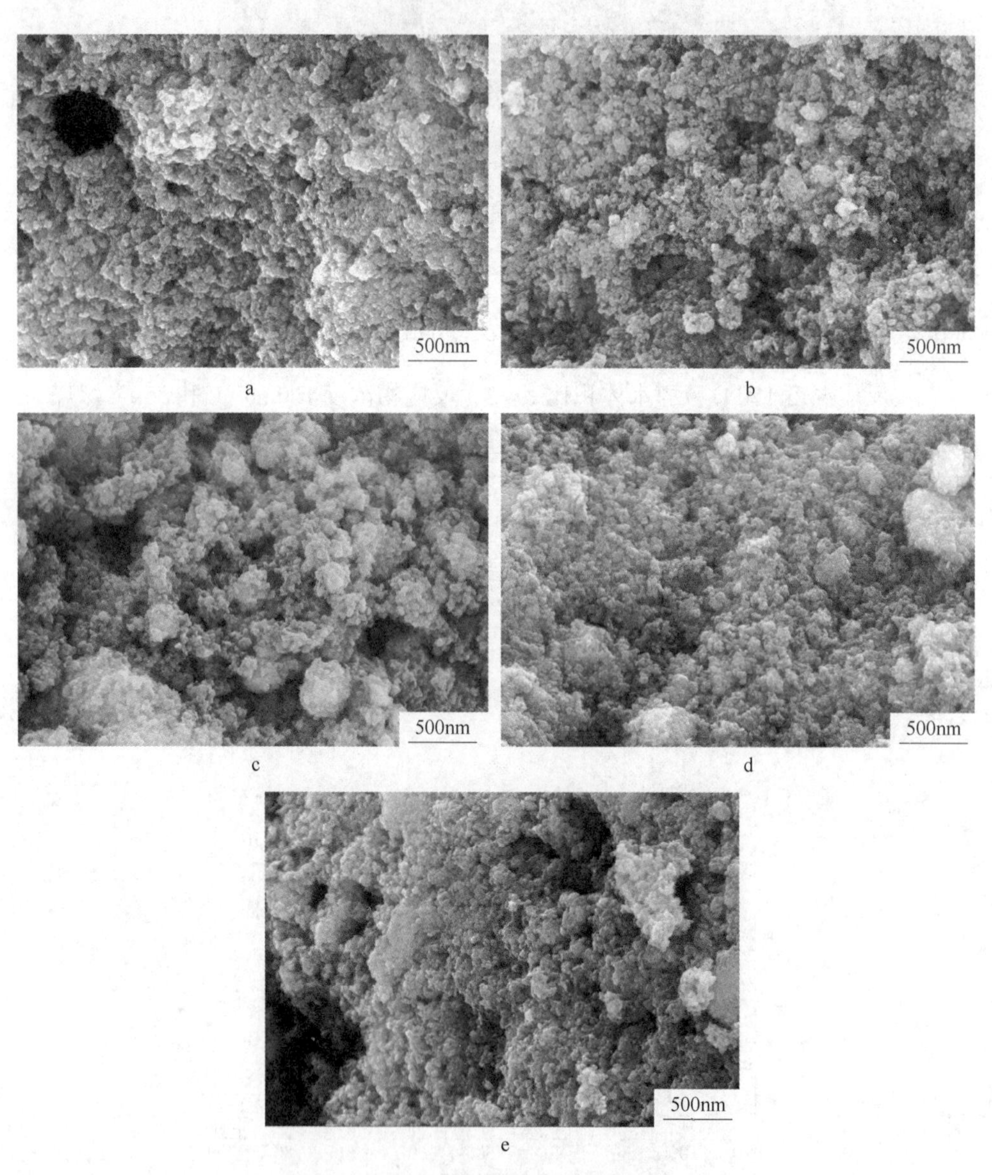

图 3-19 不同反应时间 $LiMnPO_4/C$ 样品的 SEM 图片

a—6h；b—7h；c—8h；d—9h；e—11h

图 3-20 为五组反应时间合成的 $LiMnPO_4/C$ 复合材料的首周充放电曲线，从图中可以看出，所有样品均在 4.1V 左右出现电压平台，对应于 Mn^{2+}/Mn^{3+} 的氧化还原过程。五组材料中，它们的首次放电比容量相差很大，分别为 68.8mA · h/g、79.4mA · h/g、85.1mA · h/g、101.1mA · h/g 和 91.8mA · h/g，说明不同反应时间对合成材料的电化学性能影响很大。当反应时间为 9h 时，合成的复合材料其充电电压是最低的，而放电电压最高，即其充放电电压差是最小的，并且具有明显的足够长的充放电电压平台，显示了该材料的电化学性能可逆性最好。当反应时间为 6h 时，电压平台很短，充放电曲线中斜线占据主导地位，说明该材料极化现象比较严重。随着反应时间的增大，复合材料的放电比容量先增加后又减小，可能是由于反应时间过短，不利于样品的分散，致使团聚严重，不利于 Li^+ 在晶粒间的扩散，反应时间过长，晶粒尺寸增加，也不利于 Li^+ 在晶粒间的扩散，当反应时间为 9h 时，复合材料电化学性能最好。

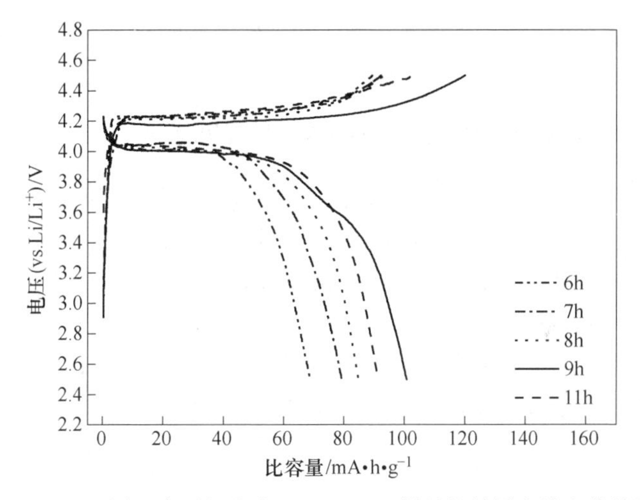

图 3-20 不同反应时间合成 $LiMnPO_4/C$ 样品的首周充放电曲线图

将电池在 0.05C 倍率下进行循环性能测试，不同水热时间的循环性能如图 3-21a 所示。所有反应时间的样品经过 20 周循环后，容量衰减较小。图 3-21b 为合成材料在 0.05C、0.1C、0.5C 和 1C 倍率充放电循环 5 次。水热时间 9h 样品在 0.05C 放电比容量为 101.0mA · h/g，1C 放电比容量为 89.9mA · h/g。相比而言，6h、7h、8h 和 11h 的初始容量分别为 68.8mA · h/g、79.4mA · h/g、85.1mA · h/g 和 91.8mA · h/g，分别为理论容量的 40.5%、46.7%、50.0%、54.0%，表明材料中活性物质利用率低，这是由材料的团聚严重，Li^+ 不能到达团聚颗粒中心部分引起的。如图 3-21b 所示，反应时间 9h 样品的倍率性能远远超过其他反应时间的倍率性能。

通过不同反应时间的对比研究发现，相对较短合成时间的能够减小晶粒尺

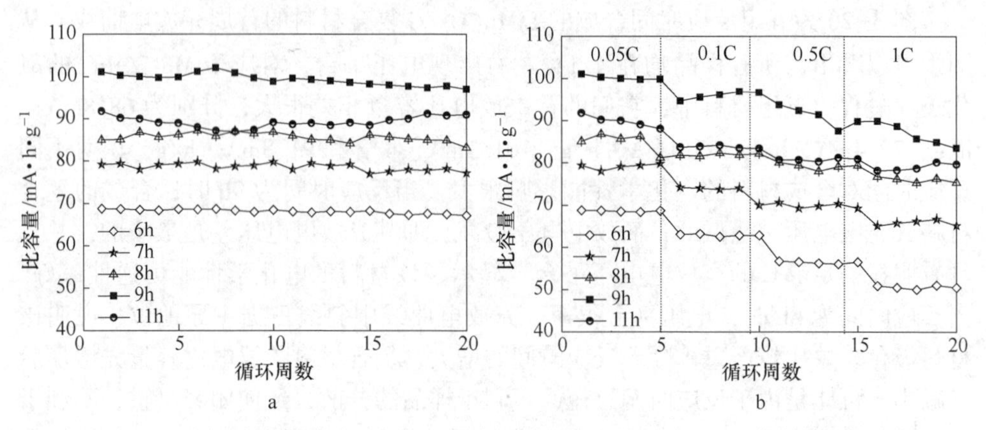

图 3-21 不同反应时间合成 $LiMnPO_4$/C 样品的循环性能图（a）和倍率性能图（b）

寸，增加产物晶粒的分散性和均一性，但合成时间过短会导致晶粒的团聚而导致材料的电化学性能的降低，因此选择 9h 作为水热法制备 $LiMnPO_4$/C 复合材料的反应时间。

3.3.3 反应物浓度对 $LiMnPO_4$/C 的结构与性能的影响

在反应温度为 150℃、醇水体积比为 1∶2、反应时间为 9h 和 550℃煅烧 3h 情况下，研究反应物浓度 0.9mol/L、1.0mol/L、1.1mol/L、1.2mol/L 和 1.3mol/L 对 $LiMnPO_4$/C 复合材料结构及性能的影响规律。

图 3-22 为不同反应物浓度条件下合成的 $LiMnPO_4$/C 复合材料的 XRD 图谱，从图谱中可以看出，所有样品的主要特征峰都很尖锐，与 JCPDF 标准卡片（PDF #33-0803）吻合，没有杂质相，同时所有样品的衍射图谱并没有太大差别，说

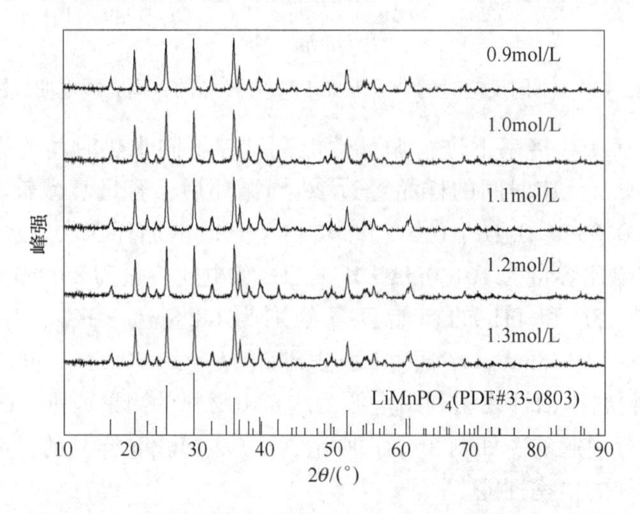

图 3-22 不同反应物浓度合成 $LiMnPO_4$/C 样品 XRD 图谱

明反应物浓度的不同对产物的物相组成和晶体结构无明显影响。

图 3-23 为 $LiMnPO_4/C$ 复合材料五组反应物浓度样品的 SEM 图，由图 3-23 可以看出，样品由几十纳米的小晶粒组成，存在中空结构可能是有机碳源 PEG 可以吸附在材料表面阻止了晶粒团聚长大。反应物浓度为 0.9mol/L、1.0mol/L 和 1.1mol/L 的三组样品出现团聚现象，并且随着反应物浓度的增加，团聚现象

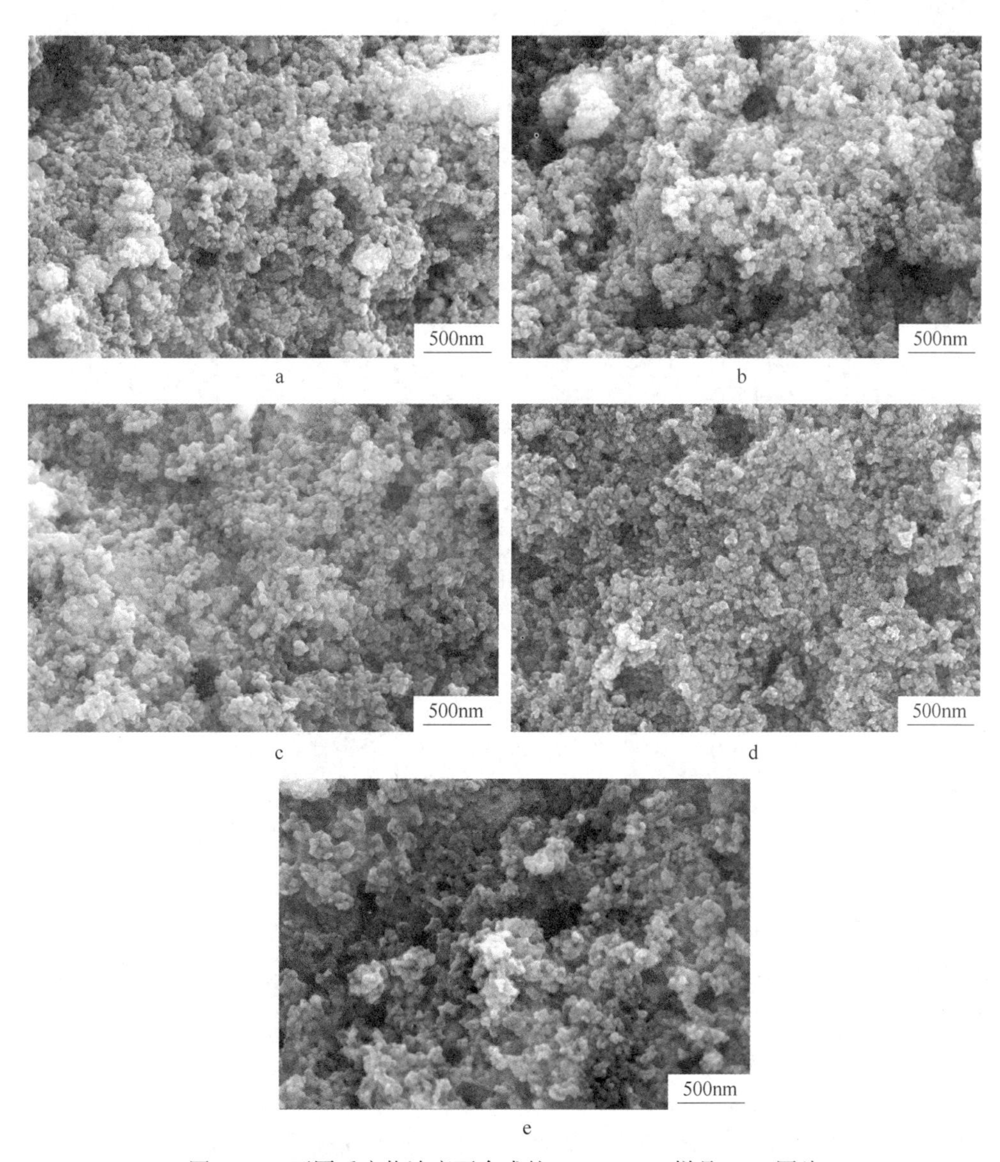

图 3-23 不同反应物浓度下合成的 $LiMnPO_4/C$ 样品 SEM 图片

a—0.9mol/L；b—1.0mol/L；c—1.1mol/L；d—1.2mol/L；e—1.3mol/L

也逐渐减轻；当反应物浓度为 1.2mol/L 时，$LiMnPO_4$/C 样品团聚现象消失，同时晶粒的分散性较好，大小均一；当反应物浓度升高到 1.3mol/L 时，$LiMnPO_4$/C 样品晶粒最大。实验说明，随反应物浓度不断增大，单位中形核数量增加，此时形核与生长相比占主导，导致合成产物粒径不断减小，当溶液浓度继续增大超过一定值时，单位中的形核数量不再增加，生长再次成为主导因素，导致产物粒径再次增大。

图 3-24 为不同反应物浓度样品的首次充放电曲线。五组样品中，它们的首次放电比容量相差很大，分别为 71.9mA · h/g、79.2mA · h/g、87.5mA · h/g、106.5mA · h/g 和 92.4mA · h/g，说明不同反应物浓度对合成材料的电化学性能影响很大。当反应物浓度为 1.2mol/L 时，合成的样品具有明显的足够长的充放电电压平台，显示了该材料的电化学性能可逆性最好。当反应物浓度为 0.8mol/L 时，电压平台很短，充放电曲线中斜线占据主导地位，说明该材料极化性比较严重。随着反应物浓度的增大，复合材料的放电比容量先增加后又减小。

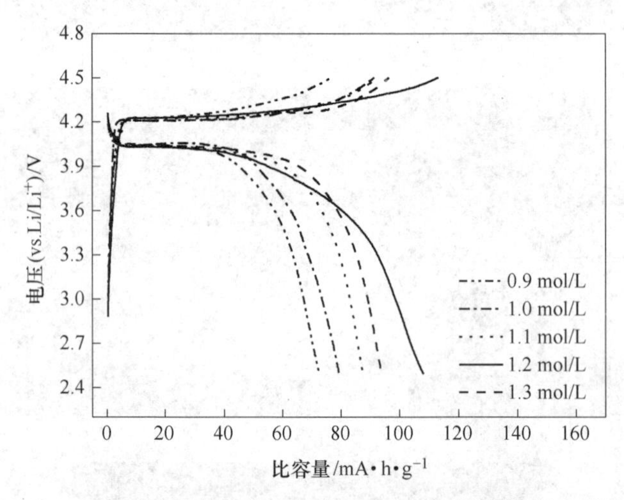

图 3-24 不同反应物浓度合成 $LiMnPO_4$/C 样品首周充放电曲线图

电池在 0.05C 倍率下进行循环性能测试，不同反应物浓度的循环性能如图 3-25a 所示。所有样品经过 20 周循环后，容量衰减较小。图 3-25b 为合成材料在 0.05C、0.1C、0.5C 和 1C 倍率充放电循环 5 次。如图 3-25b 所示，反应物浓度 1.2mol/L 样品的倍率性能远远超过其他反应物浓度的倍率性能。反应物浓度 1.2mol/L 样品在 0.05C 倍率下放电比容量为 106.5mA · h/g，1C 放电比容量为 89.9mA · h/g。相比而言，0.9mol/L、1.0mol/L、1.1mol/L 和 1.3mol/L 的初始容量分别为 71.9mA · h/g、79.2mA · h/g、87.5mA · h/g 和 92.4mA · h/g。

通过反应物浓度的对比研究发现，在反应物浓度为 1.2mol/L 时 $LiMnPO_4$ 样品晶粒的均一性最好，粒径相比最小且分散性较好，有利于 $LiMnPO_4$ 材料后期电

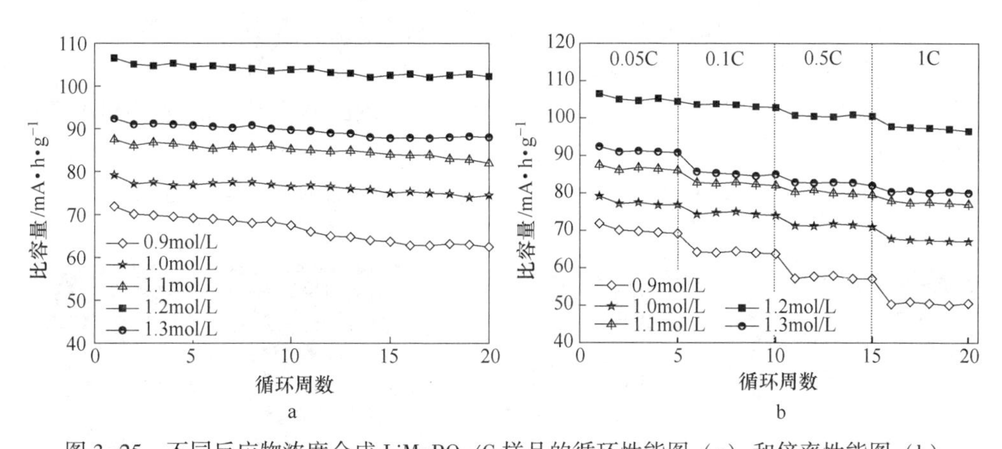

图 3-25　不同反应物浓度合成 $LiMnPO_4$/C 样品的循环性能图（a）和倍率性能图（b）

化学能的更好发挥，故认为反应物浓度为 1.2mol/L 为相对适合的水热法制备 $LiMnPO_4$/C 复合材料的反应物浓度。

3.3.4　醇水体积比对 $LiMnPO_4$/C 的结构与性能的影响

在反应温度为 150℃、反应时间为 9h、反应物浓度为 1.2mol/L 和 550℃煅烧 3h 的条件下，研究醇水体积比 1∶1.5、1∶2.0、1∶2.5、1∶3.0、1∶3.5 和空白对 $LiMnPO_4$/C 复合材料的结构及性能的影响规律。

图 3-26 为不同醇水体积比条件下合成的 $LiMnPO_4$/C 复合材料的 XRD 图谱，从图谱中可以看出，所有样品的主要特征峰都很尖锐，与 JCPDF 标准卡片（PDF #33-0803）吻合，没有杂质相。但是，值得注意的是，所有样品在 37°附近出现最强特征峰，对应于（131）晶面，而 $LiMnPO_4$ 的 JCPDF 标准卡片（PDF#33-

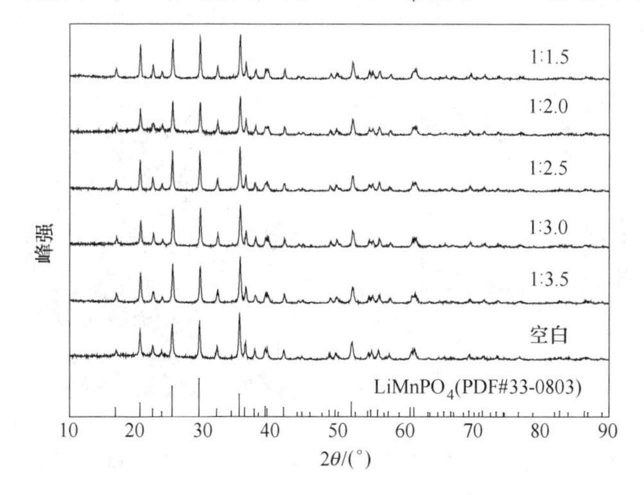

图 3-26　不同醇水体积比合成 $LiMnPO_4$/C 样品的 XRD 图谱

0803）在 27°附近出现最强特征峰，主要特征峰的位置发生了变化，这可能是由于在合成过程中受到聚乙二醇 400 的影响，使某些位置的衍射峰得到加强。同时所有样品的衍射图谱并没有太大差别，说明醇水比例的不同对产物的物相组成无明显影响。

不同醇水体积比合成的 $LiMnPO_4/C$ 复合材料的形貌如图 3-27 所示，五组加

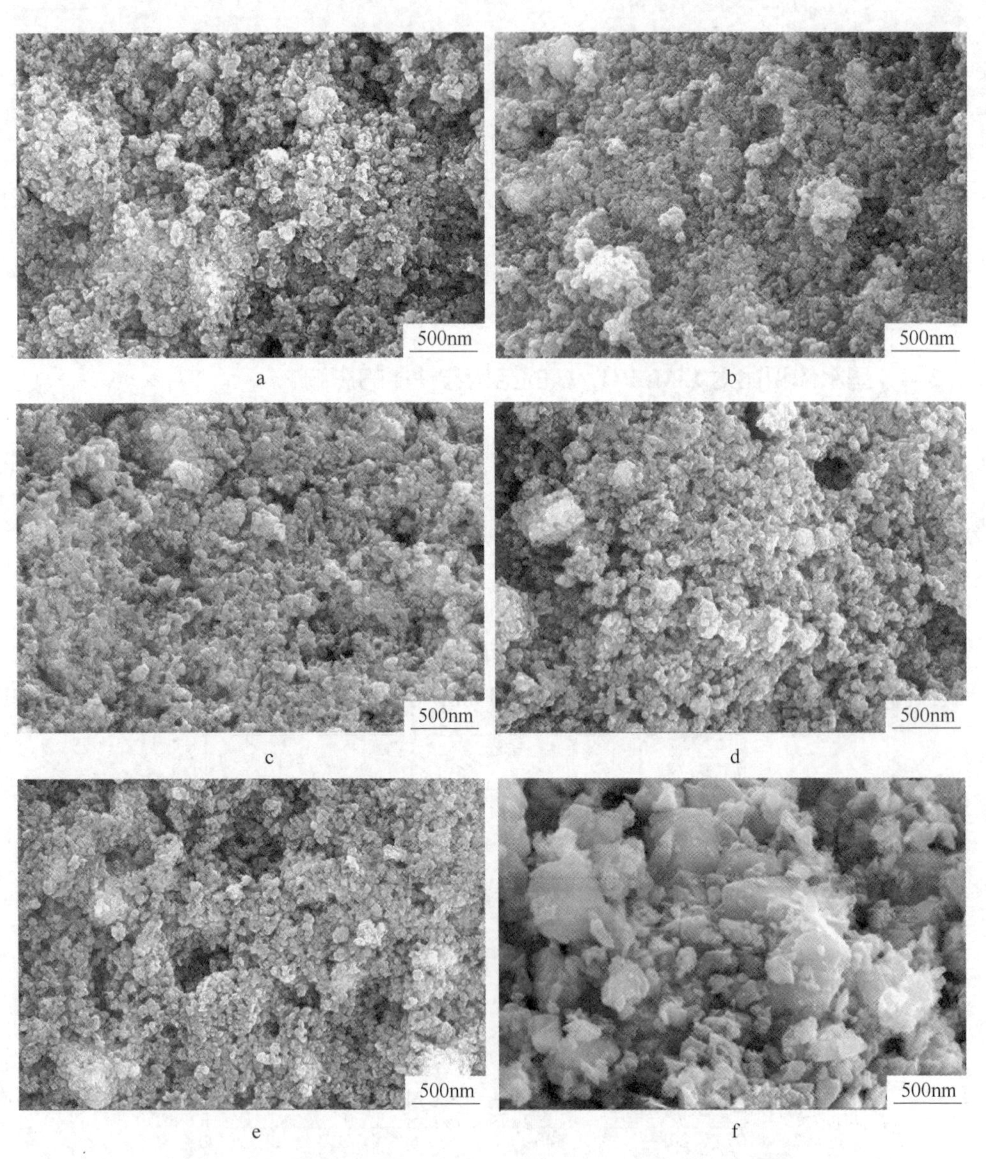

图 3-27 不同醇水体积比合成 $LiMnPO_4/C$ 样品 SEM 图片

a—1∶1.5；b—1∶2.0；c—1∶2.5；d—1∶3.0；e—1∶3.5；f—空白

入不同体积 PEG 样品均由几十纳米的小晶粒组成，且随着醇水体积比的降低，晶粒尺寸逐渐增大，这是由于在水热过程中，PEG 通过包覆于晶粒表面产生的空间位阻效应可以防止晶粒间团聚并能有效抑制晶粒进一步长大。未加入 PEG 的 $LiMnPO_4$ 样品是由形貌不规则且大小不一的晶粒组成。

从图 3-28 可以看出，首次放电比容量相差很大，分别为 92.4mA · h/g、113.7mA · h/g、101.2mA · h/g、89.8mA · h/g 和 81.5mA · h/g，说明不同醇水体积比对合成材料的电化学性能影响很大。当醇水体积比为 1：2 时，合成的复合材料具有明显的足够长的充放电电压平台，显示了该材料的电化学性能可逆性最好。当醇水体积比为 1：3.5 时，电压平台很短，充放电曲线中斜线占据主导地位，说明该材料极化性比较严重。而未加入 PEG 样品的放电比容量仅为 41.7mA · h/g。实验证明，随着醇水体积比的减小，复合材料的放电比容量先增大后又减小，而未加入 PEG 样品的放电比容量仅为醇水体积比 1：2.0 时的 36.7%。这是因为 PEG 是一种非离子型表面活性剂，能够在反应过程中吸附在晶粒表面，增大晶粒与反应粒子之间所接触的空间位阻，有效抑制晶粒的进一步长大；同时降低了晶粒的表面吉布斯自由能，防止晶粒的团聚。随着醇水体积比的减小，空间位阻和表面吉布斯自由能逐渐降低，晶粒粒径逐渐增加，Li^+ 扩散路径加长，致使电化学性能随之降低。

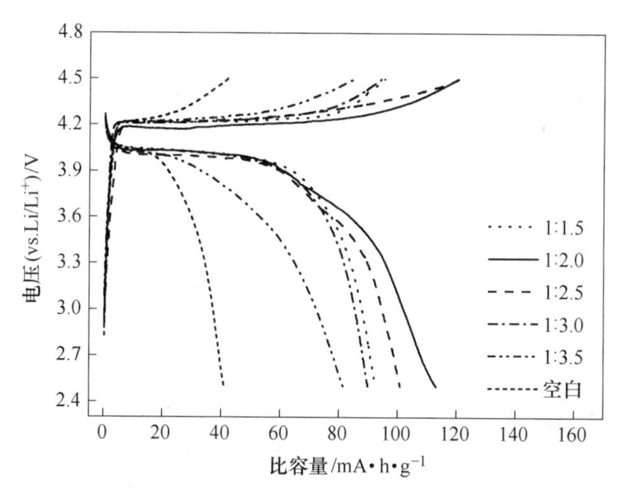

图 3-28 不同醇水体积比合成 $LiMnPO_4/C$ 样品的首次充放电曲线图

电池在 0.05C 倍率下进行循环性能测试，不同醇水体积比的循环性能如图 3-29a 所示。所有加入 PEG 的 $LiMnPO_4$ 的样品经过 20 周循环后，容量衰减较小，未加入 PEG 的 $LiMnPO_4$ 样品衰减最大。图 3-29b 为合成材料在 0.05C、0.1C、0.5C 和 1C 倍率充放电循环 5 次。如图 3-29b 所示，醇水体积比 1：2 样品的倍率性能远远超过其他不同醇水体积比的倍率性能。醇水体积比 1：2 样品在 0.05C 放电比容量为 113.7mA · h/g，1C 放电比容量为 106.3mA · h/g，而未加入 PEG 的 $LiMnPO_4$ 样品在 0.05C 放电比容量仅为 41.7mA · h/g，1C 倍率下几乎没有容量。

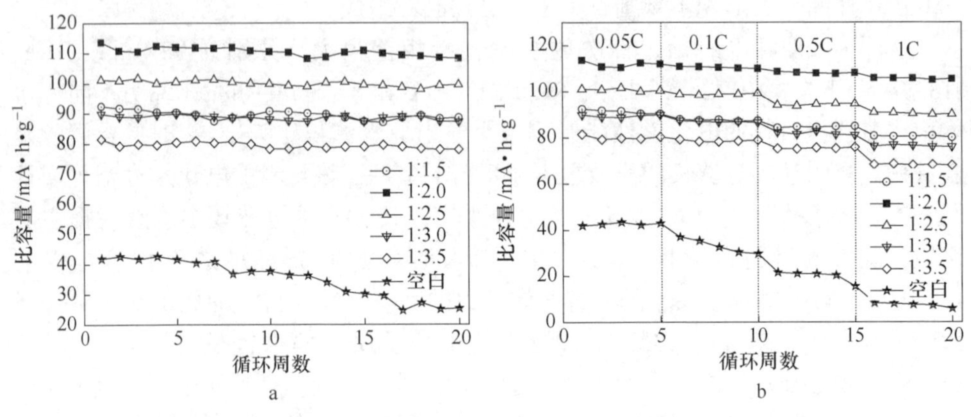

图 3-29 不同醇水体积比合成 $LiMnPO_4$/C 样品的循环性能图（a）和倍率性能图（b）

通过不同醇水体积比的对比研究发现，在醇水体积比 1∶2 时产物均一性最好，粒径相比最小且分散性较好，有利于 $LiMnPO_4$ 材料后期电化学能的更好发挥，故认为醇水体积比 1∶2 为相对适合的水热法制备 $LiMnPO_4$/C 复合材料的水热反应醇水体积比。

3.3.5 水热温度对 $LiMnPO_4$/C 的结构与性能的影响

在反应时间为 9h、醇水体积比为 1∶2、反应物浓度为 1.2mol/L 及 550℃煅烧 3h 条件下，研究水热反应温度 130℃、140℃、150℃、160℃ 和 190℃ 对 $LiMnPO_4$/C 复合材料的结构及性能的影响规律。

图 3-30 为不同水热反应温度下合成的 $LiMnPO_4$/C 复合材料的 XRD 图谱，从图谱中可以看出，所有样品的主要特征峰都与 JCPDF 标准卡片（PDF#33-0803）吻合，没有杂质相。对比五组不同温度下合成的样品的 XRD 发现，随着合成温度的升高，样品的特征峰逐渐增加，在相同的条件下，较低水热温度下合成样品的结晶性较差。对比五组样品的晶胞参数发现 160℃合成的样品更接近标准值。

图 3-31 为 $LiMnPO_4$/C 复合材料五组样品的 SEM 图，由图 3-31 可以看出，五组反应温度的样品形貌没有较大差异，由几十纳米的小晶粒组成。160℃合成的产物形貌与均一性较好，优于其他时间的合成产物。Li_3PO_4 在室温下的溶解度为 0.034g（100g H_2O）。Li_3PO_4 与 $MnSO_4 \cdot H_2O$ 的反应为液固反应，是 Li_3PO_4 不断溶解于液相，$LiMnPO_4$ 自液相不断成核、生长的过程。反应温度低，反应过程中 Li_3PO_4 溶解慢，$LiMnPO_4$ 成核速率小，体系中由于成核过程消耗的溶质少，生长过程提供的溶质相对增多，$LiMnPO_4$ 晶核生长速率相对增大，引起晶粒长

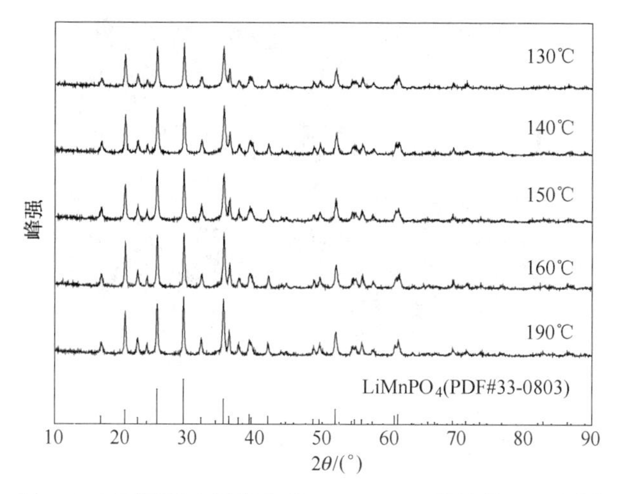

图 3-30 不同反应温度合成 $LiMnPO_4/C$ 样品的 XRD 图谱

大；随着反应温度的升高，Li_3PO_4 的溶解速率加快，$LiMnPO_4$ 成核速率大大提高，由于成核过程溶质大量消耗，晶核生长过程所提供的溶质相对减少，$LiMnPO_4$ 晶核生长速率相对减小，使最终产物晶粒粒度减小。因此，以 Li_3PO_4 为原料制备的 $LiMnPO_4$ 水热反应，升高反应温度有利于得到粒径小的 $LiMnPO_4$。

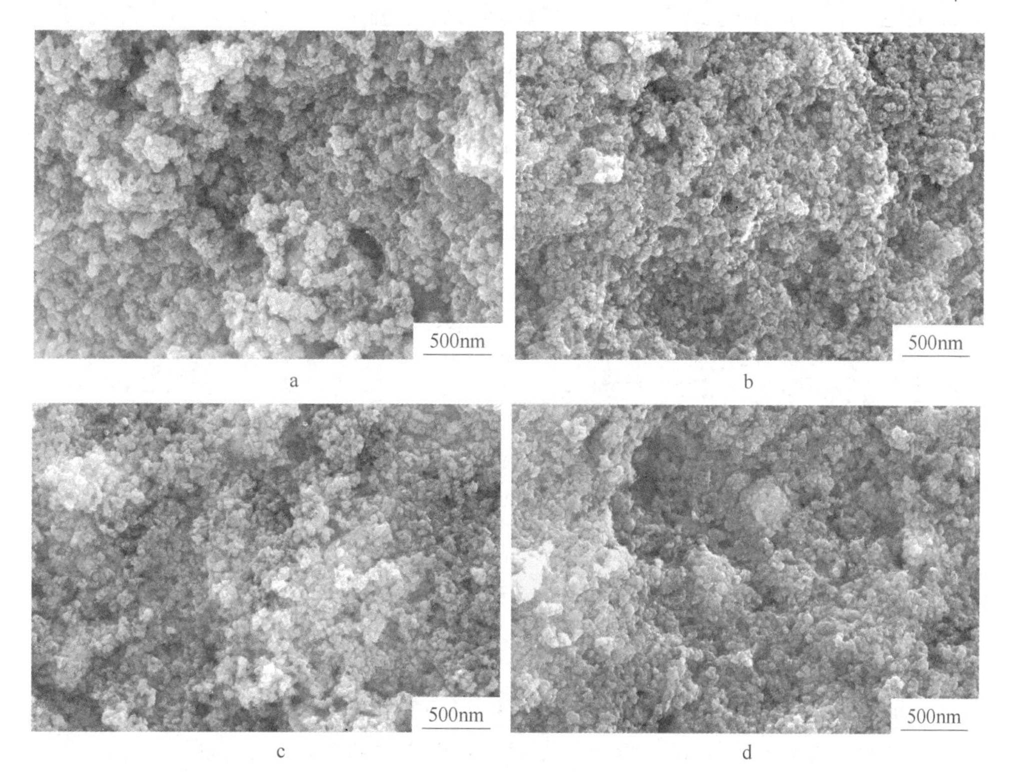

e

图 3-31 不同反应温度下合成 $LiMnPO_4/C$ 的 SEM 图片

a—130℃；b—140℃；c—150℃；d—160℃；e—190℃

图 3-32 为不同水热温度下合成的 $LiMnPO_4/C$ 复合材料的首次充放电曲线，从图中可以看出，所有样品均在 4.1V 左右出现电压平台，对应于 Mn^{2+}/Mn^{3+} 的氧化还原过程。五组材料中，它们的首次放电比容量相差很大，分别为 85.2mA · h/g、93.8mA · h/g、118.8mA · h/g、123.7mA · h/g 和 108.5mA · h/g，说明不同水热温度对合成材料的电化学性能影响较大。当水热温度为 160℃时，充放电电压差是最小的，显示了该材料的电化学性能可逆性最好。当水热温度为 130℃时，电压平台很短，充放电曲线中斜线占据主导地位，说明该材料极化现象比较严重。随着反应温度的增大，复合材料的放电比容量先增加后又减小，可能是由于水热温度过低，不利于样品的结晶，致使团聚严重，不利于 Li^+ 在晶粒间的扩散，水热温度过高，晶粒尺寸增加，也不利于 Li^+ 在晶粒间的扩散，当水热温度为 160℃时，复合材料电化学性能最好。

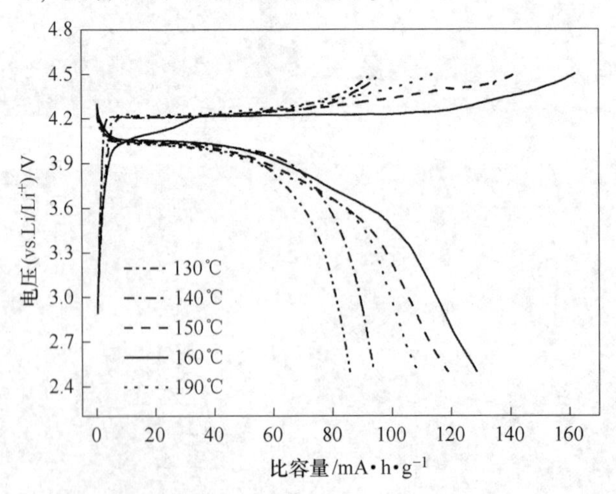

图 3-32 不同反应温度合成 $LiMnPO_4/C$ 样品的首次放电曲线图

电池在 0.05C 倍率下进行循环性能测试，不同反应温度的循环性能如图 3-33a 所示。所有反应温度的样品经过 20 周循环后，容量衰减较小。图 3-33b 为合成材料在 0.05C、0.1C、0.5C 和 1C 倍率充放电循环 5 次。如图 3-33b 所示，水热反应温度为 160℃样品的倍率性能远远超过其他反应温度的倍率性能，在 0.05C 放电比容量为 123.7mA · h/g，1C 放电比容量为 116.8mA · h/g。

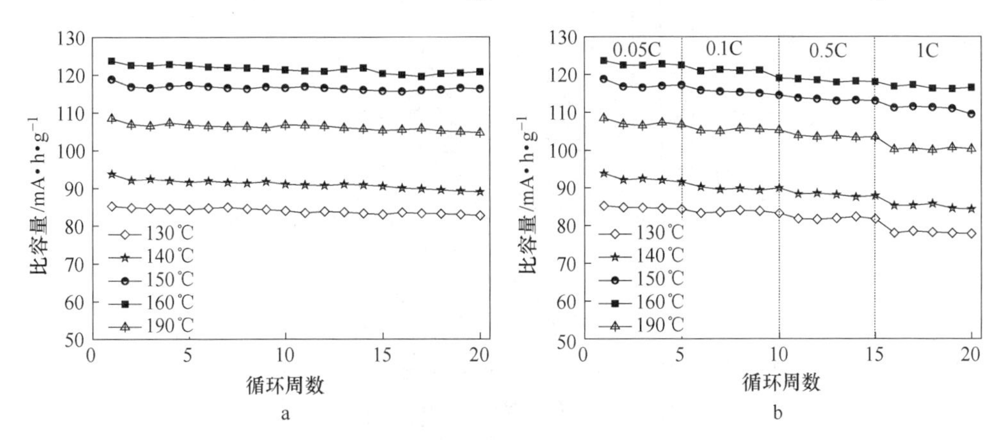

图 3-33 不同反应温度合成 $LiMnPO_4/C$ 样品的循环性能图（a）和倍率性能图（b）

通过水热反应温度的对比研究发现，在反应温度为 160℃时产物均一性较好，晶粒分散性较好，有利于 $LiMnPO_4$ 材料后期电化学能的更好发挥，故认为反应温度为 160℃为相对适合的水热法制备 $LiMnPO_4/C$ 复合材料的反应温度。

3.3.6 高电压正极材料 $LiMnPO_4/C$ 的物相及性能研究

在沉淀温度 50℃、H_3PO_4 浓度 1.7mol/L、$LiOH \cdot H_2O$ 浓度 2.0mol/L 和酸入碱速度 3.3mL/min 下合成的 Li_3PO_4 为高电压正极材料 $LiMnPO_4/C$ 的锂源；在水热反应时间 9h、醇水体积比 1∶2、反应物浓度 1.2mol/L 和反应温度 160℃下，经过 550℃煅烧 3h 后得到最终 $LiMnPO_4/C$ 样品，进行结构、形貌、物化参数和电化学性能的表征。

3.3.6.1 高电压正极材料 $LiMnPO_4/C$ 的结构分析

图 3-34 为 $LiMnPO_4/C$ 复合材料的 XRD 图谱。如图 3-34 所示，样品的所有衍射峰图形均表现出橄榄石结构，正交晶系，Pnma 空间群，样品表现出较强的衍射峰，表明结晶度良好，且图中未观察到 Li_3PO_4 等的衍射峰，说明形成了纯相的高电压 $LiMnPO_4/C$ 正极材料。

3.3.6.2 高电压正极材料 $LiMnPO_4/C$ 的形貌和物化参数

图 3-35 为 $LiMnPO_4/C$ 的 SEM 图。如图 3-35 所示，样品为 40~60nm 的一次

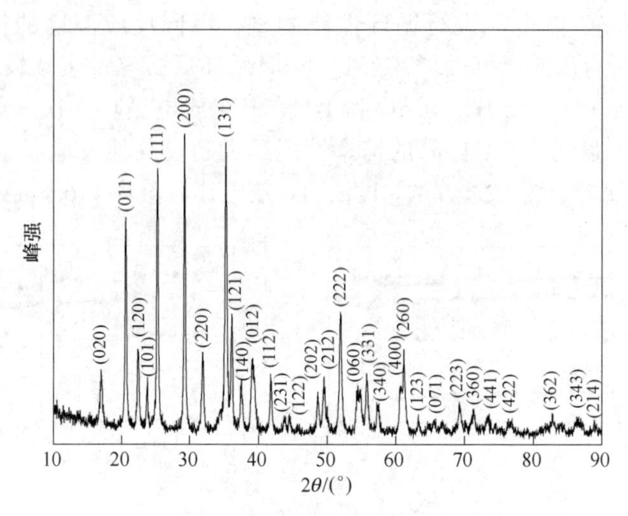

图 3-34 $LiMnPO_4$/C 样品的 XRD 图谱

粒子团聚而成的微米级二次粒子。一次粒子之间存在空隙，有利于电解液的浸润，纳米级一次粒子 Li^+扩散路径短，有助于提高材料的循环性和倍率性能，而微米级的二次晶粒，能使材料具有更高的振实密度，更好的流动性和分散性，利于电极加工。对 $LiMnPO_4$/C 进行 TEM 观察，如图 3-36 所示，再次验证样品一次晶粒为 40~60nm。从图 3-36b 可以看到明显的晶格条纹，晶格间距为 0. 44nm，对应正交晶系的（200）晶面，与 XRD 分析结果一致。

图 3-35 $LiMnPO_4$/C 的 SEM 图

a—5000 倍；b—5 万倍

图 3-37 为合成 $LiMnPO_4$/C 的粒度分布图。煅烧后样品粒径为 $D_{10}=15.7\mu m$，$D_{50}=34.95\mu m$，$D_{90}=59.01\mu m$，晶粒分布成正态分布，从晶粒分布图中看出有一小部分的小晶粒存在，可能是由于水热反应时一部分小晶粒还没有团聚成大晶粒反应就结束了，而少量小晶粒的存在对后期电极加工性能是有利的，通过小晶粒

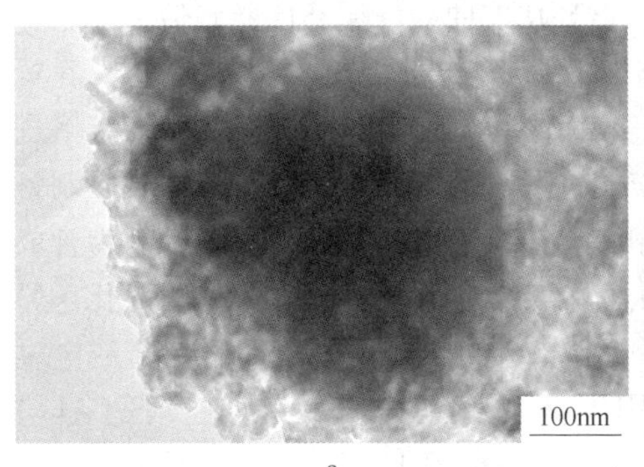

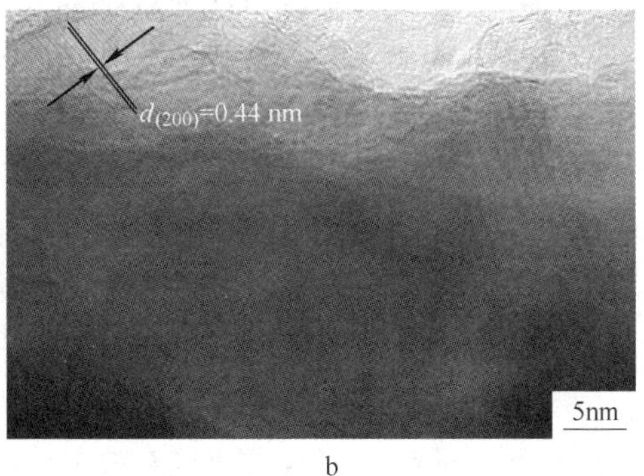

a　　　　　　　　b

图 3-36　$LiMnPO_4$/C 的 SEM 和 TEM 图

a—10 万倍；b—5000 万倍

填充极片空隙能够得到更高的压实密度。另外，电池中的电极反应首先是发生在电极表面与电解液界面上的，而电极/电解液界面的性质，决定着电极材料释放出容量的能力。从动力学角度来看，电极的表面应尽可能大些来降低电极的极化，从而提高电池的倍率性能。但是，电极表面积太大则会增大电极与电解液之间的接触面积，能够加剧电解液在电极表面的副反应，导致电池的循环性能下降。因此，材料的比表面积在研究电极/电解液界面时，是一个很重要的参数。经过测试，合成 $LiMnPO_4$/C 材料比表面积是 6.339m^2/g，表明此工艺条件下可以合成具有比表面积适中的高电压 $LiMnPO_4$/C 正极材料。

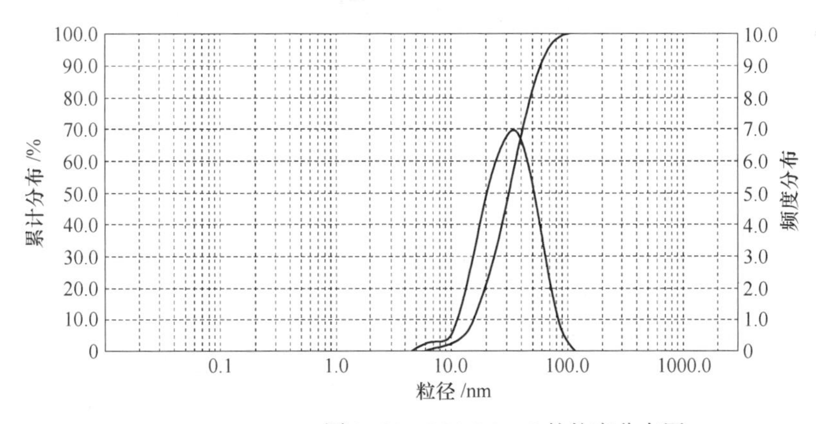

粒径 /μm	含量 /%
0.300	0.00
0.800	0.00
2.000	0.00
10.000	2.31
20.000	20.28
35.000	57.33
40.000	67.24
42.000	70.66
45.000	75.39
50.000	81.84

图 3-37　$LiMnPO_4$/C 的粒度分布图

3.3.6.3　高电压正极材料 $LiMnPO_4$/C 的电化学性能

为探究合成高电压 $LiMnPO_4$/C 正极材料的电化学性能，将其作为正极材料，按照 2.2.6 节步骤组装成扣式电池对其进行电化学性能的测试。图 3-38 分别为

$LiMnPO_4/C$ 正极材料的首次充放电曲线、循环伏安曲线、循环性能和倍率性能。

扣式电池组装完成后，为了保证电解液能够与正极材料充分浸润，静置 10h，将电池在 2.5~4.5V 电压范围内，以 0.05C（1C = 170mA · h/g）倍率下进行首次充放电，由图 3-38a 可知，首次放电容量为 123.7mA · h/g，本实验制备的高电压 $LiMnPO_4/C$ 正极材料充电曲线由一个 4.1V 平台组成。图 3-38b 为合成材料前 3 周的循环伏安曲线，首次循环伏安在 3.91V/4.37V 出现了一对氧化还原峰，对应 Mn^{2+}/Mn^{3+} 氧化还原电对，氧化还原峰良好的对称性表明材料充放电过程中具有很好的可逆性。第 2 周和第 3 周的电位差逐渐增加，可逆性降低。这与充放电测试的结论一致，而从充放电曲线看出，每次循环都有部分容量损失，对应循环伏安曲线中峰形的变化和峰电流减小。

图 3-38c 显示了材料在 0.05C 倍率下的循环性能，该材料经 100 周循环后，容量略有下降。图 3-38d 为合成材料的倍率性能，分别在 0.05C、0.1C、0.5C、1C 倍率充放电循环 5 次。如图 3-38d 所示，该材料表现出了优越的倍率性能，在 0.05C、0.1C、0.5C 和 1C 倍率下的放电容量分别为 123.7mA · h/g、120.9mA · h/g、119.0mA · h/g 和 116.8mA · h/g。

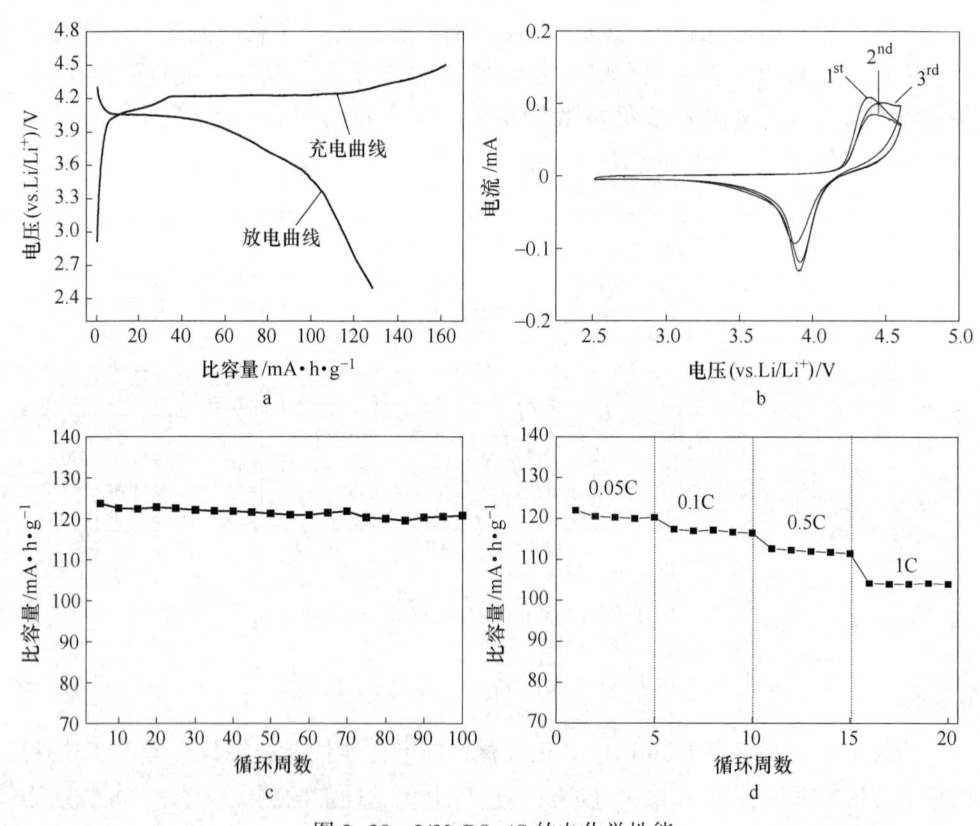

图 3-38 $LiMnPO_4/C$ 的电化学性能

3.4 小结

本章以化学沉淀合成的 Li_3PO_4 为锂源、$MnSO_4 \cdot H_2O$ 为锰源、聚乙二醇（PEG）为有机碳源，采用水热法合成了高电压 $LiMnPO_4$/C 正极材料。通过实验，得出以下结论：

（1）$LiOH \cdot H_2O$ 和 H_3PO_4 为原料，以晶粒尺寸为标准，探索了化学沉淀制备 Li_3PO_4 的合成工艺得出本实验合成 Li_3PO_4 的优化水平为：H_3PO_4 浓度 1.7mol/L，酸入碱速度 3.3mL/min，$LiOH \cdot H_2O$ 浓度 2.0mol/L，反应温度 50℃；制备得到晶粒尺寸在 200nm 左右、具有空心球形形貌的 Li_3PO_4。

（2）以 Li_3PO_4 和 $MnSO_4 \cdot H_2O$ 为原料，聚乙二醇（PEG）为有机碳源，以充放电性能为标准，探索了水热法制备 $LiMnPO_4$/C 的合成工艺，得出本实验水热法的优化水平为：反应时间 9h，反应物浓度 1.2mol/L，醇水体积比 1∶2，反应温度 160℃。以 Li_3PO_4 为锂源可以通过离子交换、水热合成 $LiMnPO_4$，这种方法有助于抑制晶粒的长大，有利于 $LiMnPO_4$/C 容量的发挥。PEG 是一种非离子型表面活性剂，在反应过程中能够吸附在颗粒表面，增大晶粒与反应粒子之间所接触的空间位阻，进一步抑制晶粒的长大；同时降低了晶粒的表面吉布斯自由能，防止晶粒的团聚。

（3）全面研究了高电压 $LiMnPO_4$/C 正极材料的电化学性能，发现 $LiMnPO_4$/C 正极材料表现出了良好的电化学性能，材料的首次放电比容量为 123.7mA · h/g，在 0.05C、0.1C、0.5C、1C 倍率下的放电容量分别为 123.7mA · h/g、120.9mA · h/g、119.0mA · h/g、116.8mA · h/g，同时保持了优越的循环性能。

4 $LiMnPO_4$/C 的 Mn 位 Fe、Mg 掺杂改性研究

4.1 引言

为了提高 $LiMnPO_4$ 正极材料的电子传导性能和内部的质子传导性，除了减小晶粒尺寸和碳包覆外，异类金属阳离子掺杂也可以有效地改善材料的电化学性能，能够提高其储锂性能。金属阳离子掺杂不仅可以提高晶格的无序化程度，而且能够增强材料的结构稳定性。选择合适的掺杂元素和掺杂位置能够提高材料晶格的电导率，Chung 等[193] 通过在锂位（M1）掺杂高价元素将 $LiMnPO_4$ 的晶格电导率提高 8 个数量级以上。但是，锂位掺杂容易阻碍橄榄石结构中锂离子的扩散通道，因此实验中多将掺杂位置选在锰位（M2），锰位掺杂主要能够起到稳定材料晶体离子构型的作用。此外，掺杂量的选择对于改性的效果有着至关重要的作用，如果掺杂量过小，则对材料性能的影响不显著，而掺杂量过大，则容易造成材料能量密度下降或者比容量降低等问题，因此优化掺杂量是离子掺杂改性中一项重要的任务。

$LiMnPO_4$ 和 $LiFePO_4$ 具有相同的橄榄石型结构，Fe 和 Mn 能够以任意比互溶形成固溶体；采用部分 Fe 替换 Mn 一方面可以稳定材料的结构，另一方面可以改进材料的反应动力学，所以 $LiMn_{1-x}Fe_xPO_4$ 材料引起了人们的关注。Padhi 等[36] 最早制备的纯 $LiMnPO_4$ 无法释放出容量，采用部分 Fe 替换 Mn 得到固溶体，其相传输动力学和电子电导率都显著提高。Mn^{2+}/Mn^{3+} 氧化还原电势相对 Li/Li^+ 的电位为 4.1V，而 Fe^{2+}/Fe^{3+} 为 3.4V，所以 $LiMn_{1-x}Fe_xPO_4$ 固溶体中 Mn 含量越高，越能获得稳定的 4.1V 平台，同时又尽量降低 Fe 含量是 $LiMnPO_4$ 材料的研究热点之一。

Mg^{2+} 的掺杂或取代已被多个课题组报道[194~201]，对电化学性能有很好的改善作用。$LiMgPO_4$ 也有橄榄石结构，Mg 替换 Mn 可以形成橄榄石型固溶体[202,203]。由于 Mg^{2+} 的半径比 Mn^{2+} 的半径（嵌锂或放电状态）小，但又比 Mn^{3+} 的半径（脱锂或充电状态）大[204]，锂离子在嵌入和脱出过程中，Mg 的离子半径保持不变，晶体结构稳定，抑制了脱锂阶段晶格体积的收缩，使锂离子在 $LiMnPO_4$ 和 $MnPO_4$ 两相之间更好地传输[194,200]，Mg 的加入可以改善材料的热力学性能，提高氧化还原反应的热稳定性，能够有效缩短 Li^+ 的扩散路径，并且有利于晶体的

发育，减弱了 Jahn-Teller 效应，从而增强了材料的结构稳定性。

第一性原理计算对解决锂离子电池在实际应用中遇到的各种问题（诸如安全性、电子电导率、锂离子嵌脱动力学等）有着重要的指导意义。

本章在上一章的研究基础上，以第一性原理计算方法为理论依据，水热法合成 $LiMn_{1-x}M_xPO_4$(M=Fe、Mg)，探索了该合成方法下 Fe 和 Mg 掺杂量对材料电化学性能的影响。

4.2 $LiMn_{1-x}Fe_xPO_4$ 的第一性原理计算

4.2.1 计算模型

图 4-1 为橄榄石型 $LiMnPO_4$ 的计算模型。$LiMnPO_4$ 的空间群为 Pnma，Li 原子和 Mn 原子分别占据八面体的 4a 和 4c 位，P 原子占据四面体的 4c 位。Mn 与 Li 各自处于氧原子八面体中心位置，形成 MnO_6 八面体和 LiO_6 八面体。P 处于氧原子四面体中心位置，形成 PO_4 四面体。交替排列的 MnO_6 八面体、LiO_6 八面体和 PO_4 四面体形成层状脚手架结构，使得锂离子能形成二维扩散运动。

本书计算均选用 Materials studio 程序中的 CASTEP 模块进行，模拟计算时，通过对晶胞中的 Mn 用 Fe 或 Mg 进行置换，得到 $LiMn_{1-x}M_xPO_4$(M=Fe、Mg)。在掺杂过程中，将图 4-1 所示晶胞中的一个 Fe 原子或者 Mg 原子用一个 Mn 原子进行替位取代，从而构成一个新的体系，之后对掺杂的 $LiMnPO_4$ 晶格进行几何优化，得到能级最低时的晶格结构，再对优化后的结构进行能带和态密度（DOS）的计算。

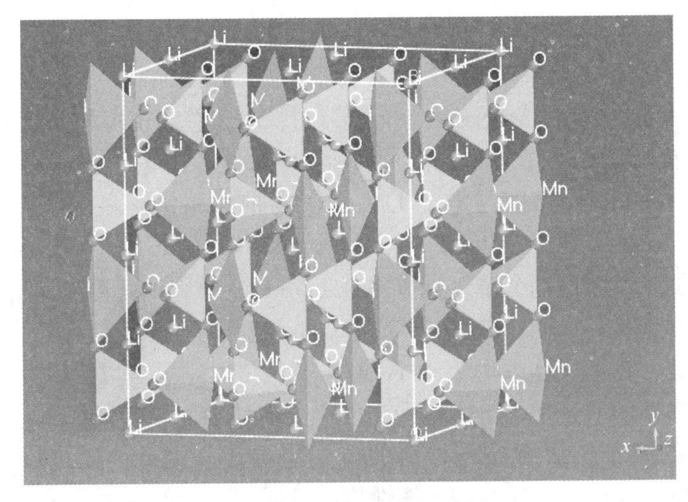

图 4-1 橄榄石型 $LiMnPO_4$ 计算模型

4.2.2 $LiMn_{1-x}Fe_xPO_4$ 电子结构和态密度

为了对 $LiMnPO_4$ 及其掺杂体系的电子结构做一个定性的说明，计算了材料的能带结构和总态密度（以下均简称为 DOS）。

图 4-2 为不同 Fe 掺杂量的总态密度图，由图中可以看出，Fe 掺杂后，总态密度均向低能方向移动。图 4-2 显示了掺杂后费米能级附近的 DOS，从图中可以看出掺杂后费米能级附近的状态数增多，掺杂体系费米能级处能带曲线呈连续性分布，有利于电子从价带激发到导带，即从一定程度上提高了材料的电子电导率。随着 Fe 掺杂量的提高，在费米面附近的 DOS 均逐渐提高（具体表现为该处能带下所围面积），并在掺杂量 $x=1/4$ 时达到最大。

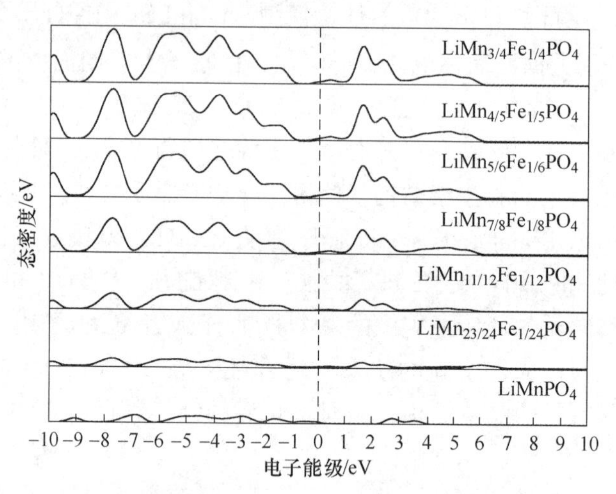

图 4-2 $LiMn_{1-x}Fe_xPO_4$/C 样品的总态密度图

（x=0、1/24、1/12、1/8、1/6、1/5、1/4）

图 4-3 为不同 Fe 掺杂量的费米面能带图，由于总态密度均向低能方向移动，导带底穿越费米面，导带数增加。Fe（x=0、1/24、1/12、1/8、1/6、1/5、1/4）掺杂后的 $LiMnPO_4$ 带隙与本征 $LiMnPO_4$ 的带隙相比明显变窄，带隙分别为 2.532eV、0.463eV、0.375eV、0.364eV、0.363eV、0.361eV 和 0.360eV，随 Fe 掺杂量的增加，带隙逐渐变窄。计算本征 $LiMnPO_4$ 材料的带隙约为 2.543eV，为典型的绝缘体型材料，而掺杂 Fe 体系的 $LiMnPO_4$ 带隙相对本征体系而言大大地降低了。因此，在本征体系中掺入 Fe 原子替代 Mn 原子可以提高材料的电子电导率。由于掺杂的原子使得价带往费米能级方向移动而导带则往下移动，这样就导致了带隙的减小，从而提高材料的电子电导率。因此，通过以上讨论推断 $LiMn_{3/4}Fe_{1/4}PO_4$ 将具有最好的电化学性能，具体性能的好坏将在下面电化学性能测试中进行论证。

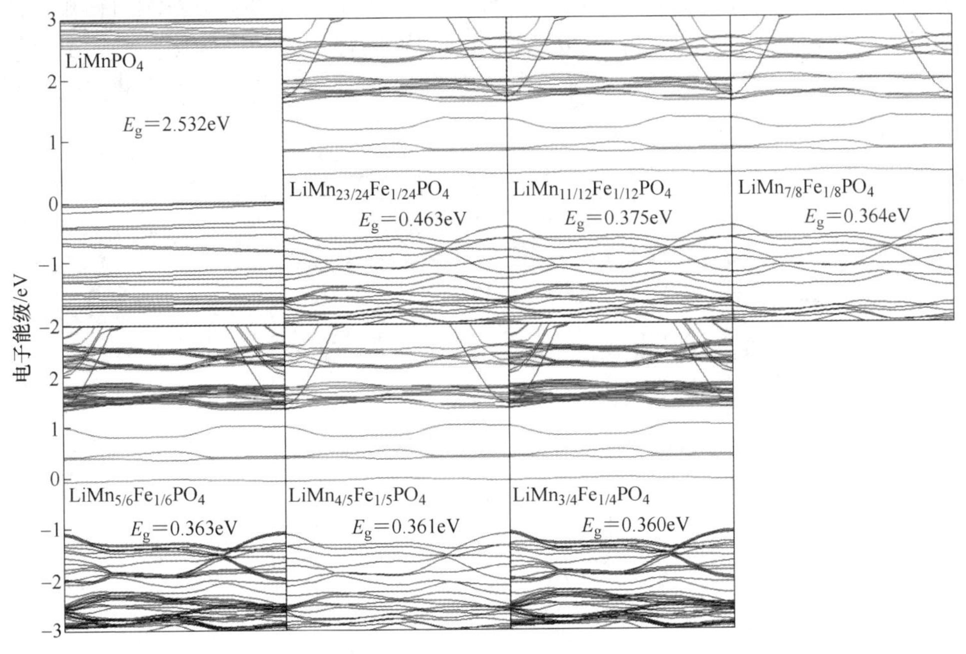

图 4-3 $LiMn_{1-x}Fe_xPO_4$/C 样品的费米面能带图
(x=0、1/24、1/12、1/8、1/6、1/5、1/4)

4.3 $LiMn_{1-x}Fe_xPO_4$ 的合成及性能研究

实验基本步骤按照 2.2.2 节所示，将合成的 Li_3PO_4、$MnSO_4 \cdot H_2O$ 和 $FeSO_4 \cdot H_2O$ 以物质的量比为 1∶(1-x)∶x 的比例溶于 36mL 的、体积比为 1∶2 的 PEG400-H_2O 混合溶液中，剧烈搅拌 15min。将所得的混合溶液转移至 50mL 的聚四氟乙烯内衬的反应釜中，在均相反应器中 160℃反应 9h，冷却至室温，生成物经洗涤、真空干燥、过筛，得到 $LiMn_{1-x}Fe_xPO_4$ 材料。将 $LiMn_{1-x}Fe_xPO_4$ 与抗坏血酸以质量比为 1∶0.25 的比例在少许无水乙醇中分散，充分混合后，球磨 3h，50℃下真空干燥 12h。将混合粉末置于管式炉中，以 5℃/min 的升温速率，在氩气保护下，550℃煅烧 3h，炉冷后得到 $LiMn_{1-x}Fe_xPO_4$/C 复合材料。考虑到能量密度的问题，本节仅研究了低铁含量的情况，即 x=1/24、1/12、1/8、1/6、1/5 和 1/4。

4.3.1 $LiMn_{1-x}Fe_xPO_4$ 的物相和微观形貌分析

掺 Fe 量对材料结构的影响如图 4-4 所示。由图 4-4 可以看出，参照纯相橄榄石型 $LiMnPO_4$ 的 JCPDF 标准卡片（PDF#33-0803），相同水热反应条件下，Fe 掺杂 $LiMn_{1-x}Fe_xPO_4$ 与 $LiMnPO_4$ 具有几乎相同的谱图，且能与纯相 $LiMnPO_4$ 的

XRD 标准卡片很好地吻合。说明 Fe 的掺杂改变没有 $LiMnPO_4$ 的晶体的物相，但随着 Fe 掺杂量的增大，材料的 2θ 依次向高角度偏移。为显著起见，放大所有样品的三强峰，如图 4-4b 所示，随着铁掺杂量的增加，衍射峰向高角度方向偏移趋势越来越明显。

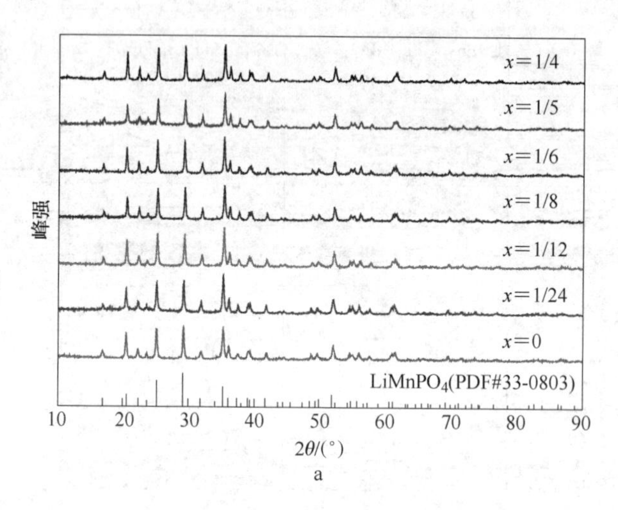

a

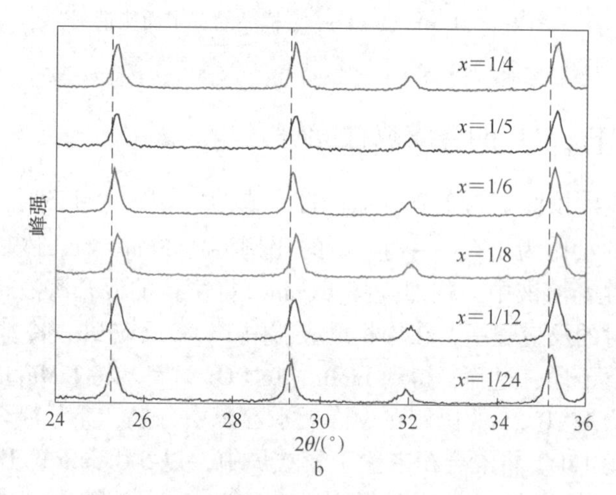

b

图 4-4 $LiMn_{1-x}Fe_xPO_4$/C 样品的 XRD 图谱

（x=0、1/24、1/12、1/8、1/6、1/5、1/4）

由布拉格方程 $2d\sin\theta=n\lambda$ 可知，d 有逐渐减小的趋势，说明掺杂 Fe 进入橄榄石型 $LiMnPO_4$/C 的 Mn 位，形成了良好的 $LiMn_{1-x}Fe_xPO_4$/C 固溶体，这一变化规律与文献报道一致[205~207]。因为 Fe^{2+} 的离子半径比 Mn^{2+} 的离子半径小，所以导致晶面间距 d 的减小。

图 4-5 显示了不同锰铁比例 $LiMn_{1-x}Fe_xPO_4$/C 材料的 SEM 图。由图中可以看

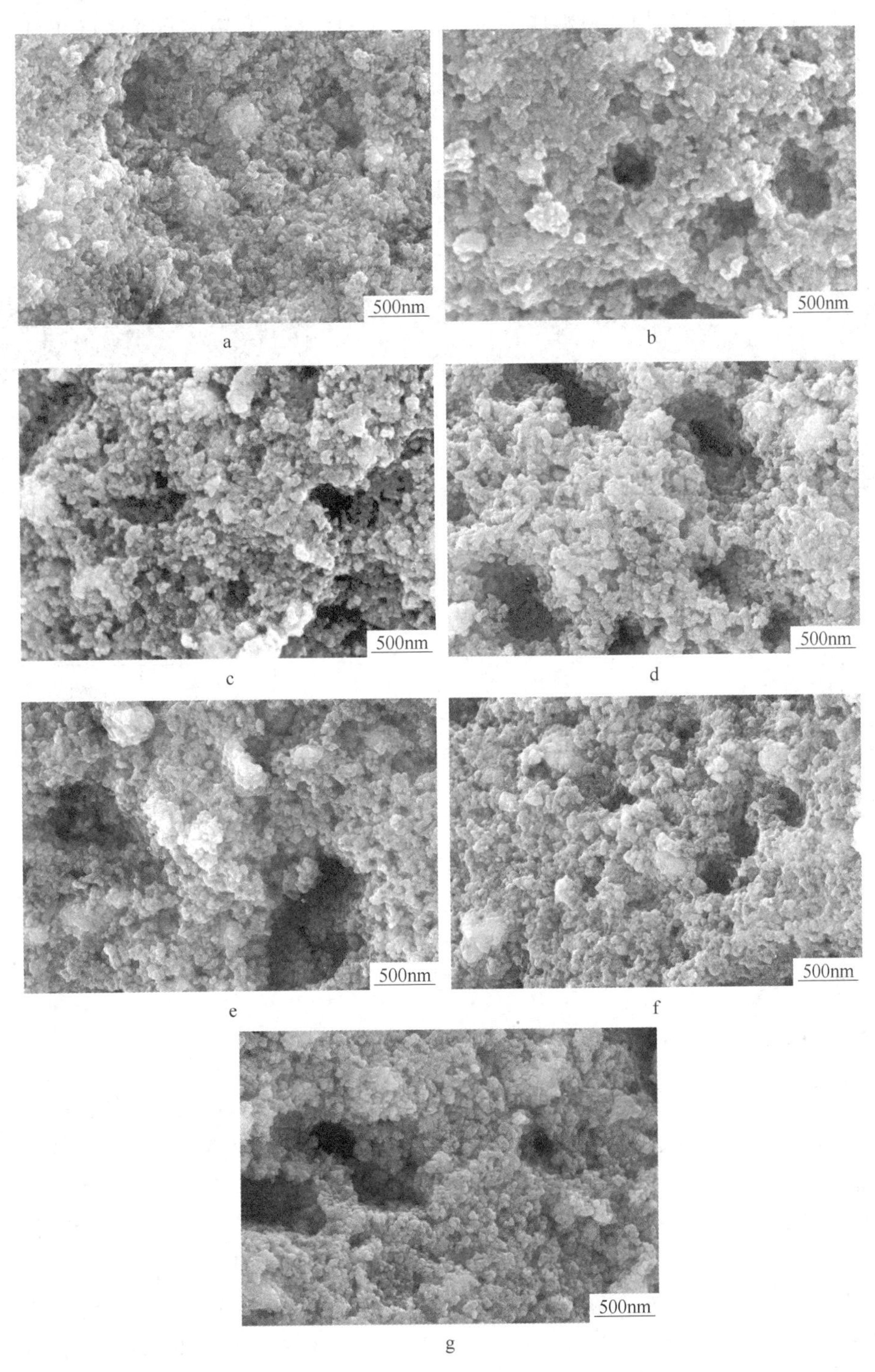

图 4-5 $LiMn_{1-x}Fe_xPO_4/C$ 样品的 SEM 图片

a—$x=0$；b—$x=1/24$；c—$x=1/12$；d—$x=1/8$；e—$x=1/6$；f—$x=1/5$；g—$x=1/4$

出，随着铁含量的增加，材料的形貌没有太大的差别，$LiMn_{1-x}Fe_xPO_4/C$ 的粒径分布在 50~100nm 之间。选取 Fe 掺杂量时，要实现在材料晶粒变化不大的情况下最大限度地提高材料的电子和离子电导率。

图 4-6 显示 $LiMn_{3/4}Fe_{1/4}PO_4/C$ 的面扫能谱图，由图可见，Mn、Fe 的分布与材料晶粒的形貌一致，尤其是 Fe 元素分布完全符合 $LiMn_{3/4}Fe_{1/4}PO_4/C$ 的晶粒形貌，再一次证明 Fe 元素已均匀地掺入到了 $LiMnPO_4/C$ 材料中。

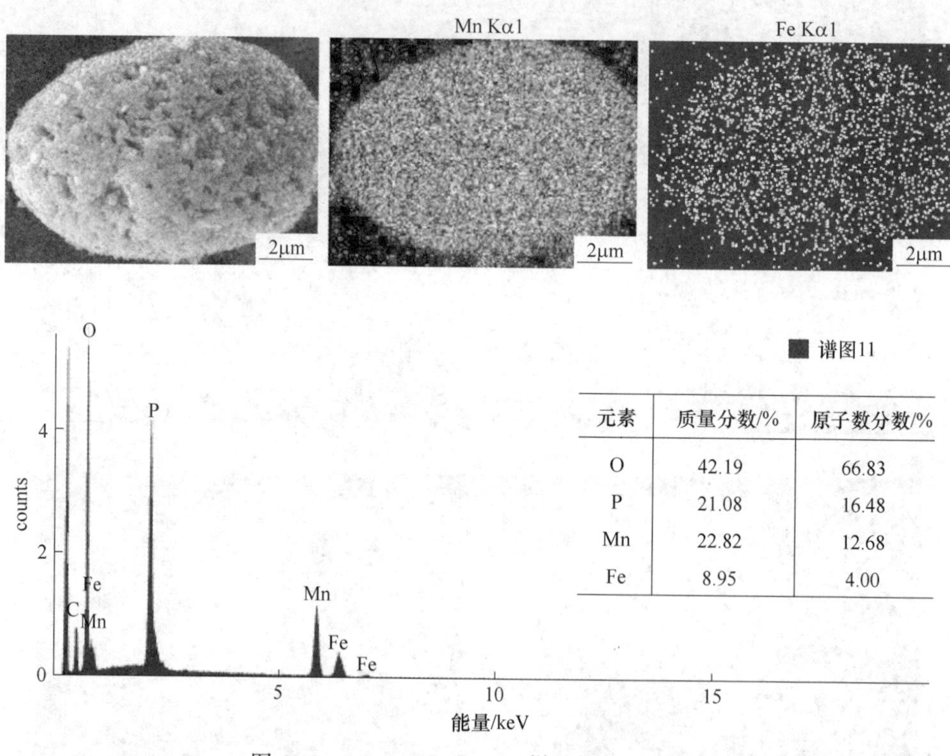

元素	质量分数/%	原子数分数/%
O	42.19	66.83
P	21.08	16.48
Mn	22.82	12.68
Fe	8.95	4.00

图 4-6 $LiMn_{3/4}Fe_{1/4}PO_4/C$ 样品的 EDS 图谱

4.3.2 $LiMn_{1-x}Fe_xPO_4/C$ 的电化学性能

图 4-7 是不同锰铁比例 $LiMn_{1-x}Fe_xPO_4/C$ 固溶体的首次充放电曲线，电池以 0.05C 倍率、室温下测试。由图可见，所有掺杂的样品出现两个放电平台分别对应 Mn^{2+}/Mn^{3+} 和 Fe^{2+}/Fe^{3+} 的氧化还原电势[208]，同时掺杂样品的放电性能都高于未掺杂样品。当掺杂量为 1/24、1/12、1/8、1/6、1/5 时，3.5V 平台不明显，说明 Fe^{2+} 的氧化反应不明显。当掺杂量由 1/6 增加到 1/5 时，材料出现了明显的 3.5V 平台，同时发现虽然锰的比例减小了，但是材料在 4.0V 的放电平台并没有缩短，表明材料中 $LiMnPO_4$ 的容量得到了更大程度的发挥。Molenda 等通过对 $LiMn_{1-x}Fe_xPO_4$ 固溶体材料的 XRD 原位衍射研究发现，充放电过程中，Fe^{2+}/Fe^{3+}

转变时的晶格常数变化比 Mn^{2+}/Mn^{3+}转变时的明显得多，表明该材料具有更好的电化学活性和可逆性[207]。从以上分析看，$LiMn_{3/4}Fe_{1/4}PO_4/C$ 具有最好的充放电性能，放电比容量为 142.5mA · h/g。

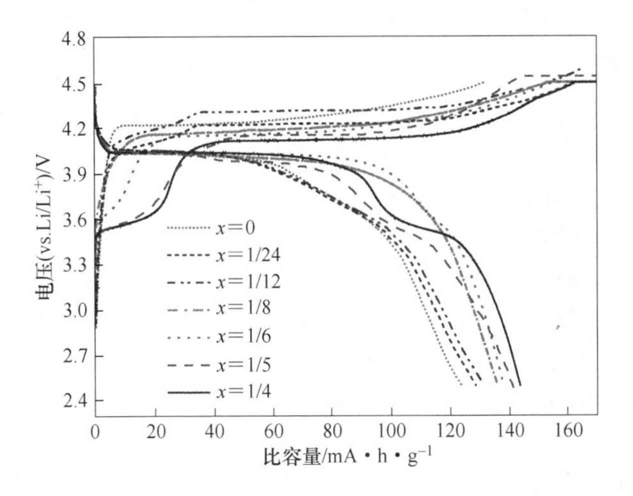

图 4-7 $LiMn_{1-x}Fe_xPO_4/C$ 样品首次充放电曲线图

(x=0、1/24、1/12、1/8、1/6、1/5、1/4)

图 4-8a 是不同铁锰比例样品在 0.05C 倍率的循环性能，各材料经 20 周循环后，容量略有下降。由图可见，在 0.05C 倍率下，循环 20 圈后容量保持率为 81.1%、92.3%、92.6%、93.3%、93.6% 和 93.9%，$LiMn_{3/4}Fe_{1/4}PO_4/C$ 的循环性能最稳定。循环性能的改善主要是由于铁掺杂提高了材料晶体结构的稳定性，减小了循环过程中 Jahn-Teller 效应所引起的结构变化。

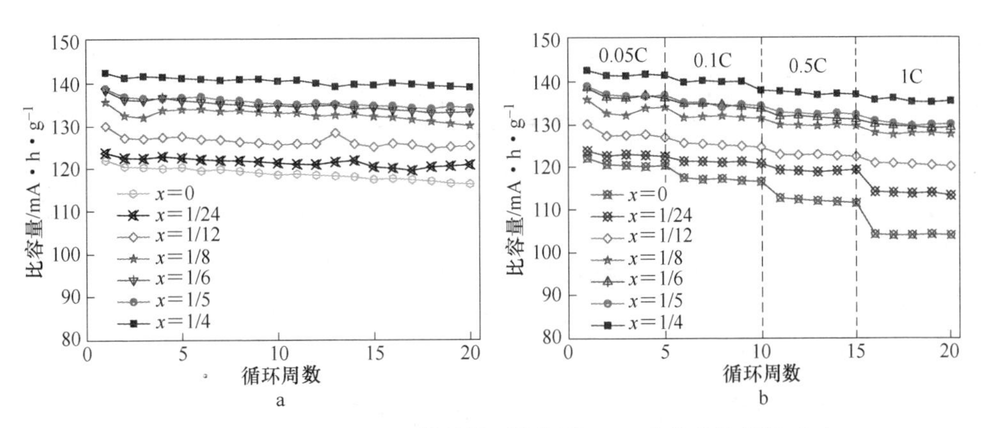

图 4-8 $LiMn_{1-x}Fe_xPO_4/C$ 样品循环性能图 (a) 和倍率性能图 (b)

(x=0、1/24、1/12、1/8、1/6、1/5、1/4)

图 4-8b 是不同铁锰比例样品在不同倍率下的放电比容量，由图可见，$LiMn_{3/4}Fe_{1/4}PO_4$/C 表现出相对较好的倍率性能，0.05C 倍率的初始放电容量为 142.5mA · h/g，1C 倍率容量为 132.9mA · h/g；$LiMn_{4/5}Fe_{1/5}PO_4$/C 和 $LiMn_{5/6}Fe_{1/6}PO_4$/C 的倍率性能相差很小，略低于 $LiMn_{3/4}Fe_{1/4}PO_4$/C 的倍率性能；而 $LiMnPO_4$/C 的倍率性能最差，这可能是在该体系中，当 Fe 含量较少时，不足以对材料形成有效的改性。与第 3 章未掺杂的 $LiMnPO_4$/C 相比，$LiMn_{3/4}Fe_{1/4}PO_4$/C 的性能有所提高，这是因为 Fe 的掺杂使得材料晶体结构更加稳定，从而提高了材料的电导率；同时根据第一性原理计算结果 $LiMn_{3/4}Fe_{1/4}PO_4$/C 具有较窄的费米面能带，进一步说明在低掺杂 Fe 量时，$LiMn_{3/4}Fe_{1/4}PO_4$/C 具有较好的电化学性能。

图 4-9 为 $LiMn_{1-x}Fe_xPO_4$/C 材料的阻抗图，电化学阻抗谱的频率范围为 100kHz~10MHz，振幅为±10mV。从图中可以看出，$LiMn_{1-x}Fe_xPO_4$/C 样品的 EIS 图主要包括两个区域：高频部分的半圆区和低频部分的斜线区，高频区半圆代表电荷传递阻抗（R_{ct}），由图可得，各样品的 R_{ct} 大小分别为 99.74Ω、96.24Ω、92.12Ω、75.65Ω、69.94Ω 和 66.37Ω，$LiMn_{3/4}Fe_{1/4}PO_4$/C 的 R_{ct} 最小，电子和离子在活性物质和电解液界面上传输速率快。此外，从低频区斜线的斜率可以发现，$LiMn_{3/4}Fe_{1/4}PO_4$/C 的 Warburg 阻抗部分最小，材料内部锂离子扩散速率最快，与前面充放电测试结果一致，同时与第一性原理计算结果相互印证。

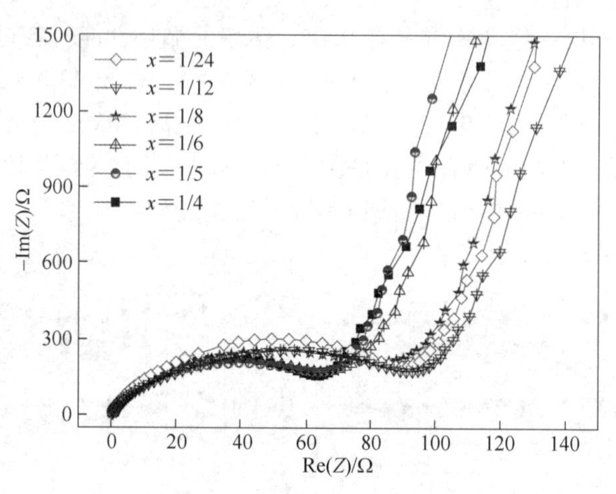

图 4-9 $LiMn_{1-x}Fe_xPO_4$/C 样品的 EIS 阻抗谱
（x=1/24、1/12、1/8、1/6、1/5、1/4）

据文献报道[166]，表面膜的形成对锂离子电池的电化学性能可以起到决定性的作用。在反复的充放电过程中，电极会与电解液发生副反应而形成 SEI 层，随着副反应的不断发生，SEI 层逐渐积累变厚使得电极/电解液界面之间的膜阻抗越来越大，电极与电解液间的传递过程越来越困难，因而电荷转移动力学受到了影响，锂离子的脱嵌过程受到严重阻碍，而整个电池内阻显著增大，从而导致容量的快速衰减。然而对于 $LiMn_{3/4}Fe_{1/4}PO_4/C$ 样品，表现出最低的电池阻抗和较好的循环性能。

图 4-10 为 $LiMn_{3/4}Fe_{1/4}PO_4/C$ 样品的循环伏安曲线，样品以 0.1mV 的速度扫描，范围从 2.5V 到 4.6V。首次循环的 CV 曲线在 4.32V 和 3.94V 出现一对强的氧化-还原峰，分别为 Mn^{2+}/Mn^{3+} 相对 Li/Li^+ 的电极电位；第二次循环时，这对氧化-还原峰向中间偏移，电位分别为 4.23V 和 3.92V，表明电极还在活化过程中，并且极化越来越小。CV 曲线在 3.72V 左右出现的反应峰为 Fe^{2+} 的氧化峰，而 Fe^{3+} 的还原峰几乎淹没在 Mn^{3+} 的还原峰中，难以辨别。第二次和第三次循环伏安曲线重合性较好，说明后续电化学反应具有较好的可逆性。

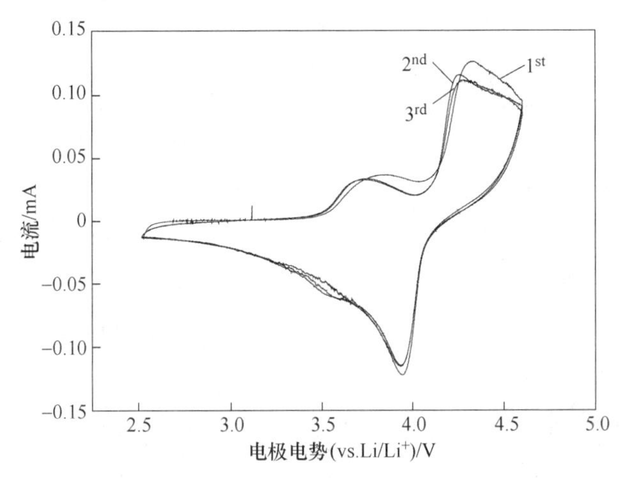

图 4-10 $LiMn_{3/4}Fe_{1/4}PO_4/C$ 样品循环伏安曲线

4.4 $LiMn_{1-x}Mg_xPO_4$ 的第一性原理计算

4.4.1 $LiMnPO_4$ 计算模型

同掺铁计算模型相同。

4.4.2 $LiMn_{1-x}Mg_xPO_4$ 电子结构和态密度

图 4-11 显示了 Mg 掺杂后费米能级附近的 DOS，从图中可以看出掺杂后费米能级附近的状态数增多，掺杂体系费米能级处能带曲线呈连续性分布，有利于电子从价带激发到导带，即从一定程度上提高了材料的电子电导率，掺杂浓度为 1/24 的在费米面附近的 DOS 较高。

图 4-12 为 Mg 掺杂的费米面能带图，从图中也可以看出，Mg 掺杂后材料导带能级数明显增多，带隙变窄，这也说明掺杂元素 Mg 提高了材料的导电性，Mg（$x=0$、1/24、1/12、1/8、1/6、1/5）掺杂后的 $LiMnPO_4$ 带隙与本征 $LiMnPO_4$

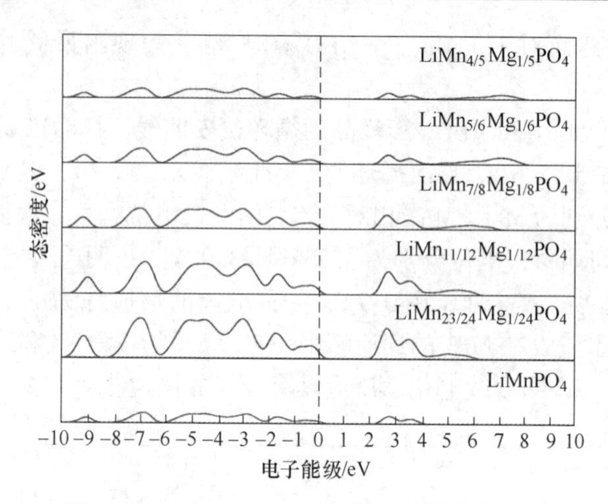

图 4-11　$LiMn_{1-x}Mg_xPO_4/C$ 样品的总态密度图

（x=0、1/24、1/12、1/8、1/6、1/5）

的带隙相比明显变窄，带隙分别为 2.532eV、2.296eV、2.336eV、2.359eV、2.360eV 和 2.366eV。从掺杂量看，掺杂量为 1/24，计算材料的带隙最窄，而较小的带隙宽度可以有效减小电子跃迁势垒，根据导体与绝缘体的划分标准，带隙越窄，材料导电性越好，1/24 为最佳掺杂量。在 4.5 节将理论与实践结合，讨论 $LiMn_{23/24}Mg_{1/24}PO_4/C$ 的电化学性能的好坏。

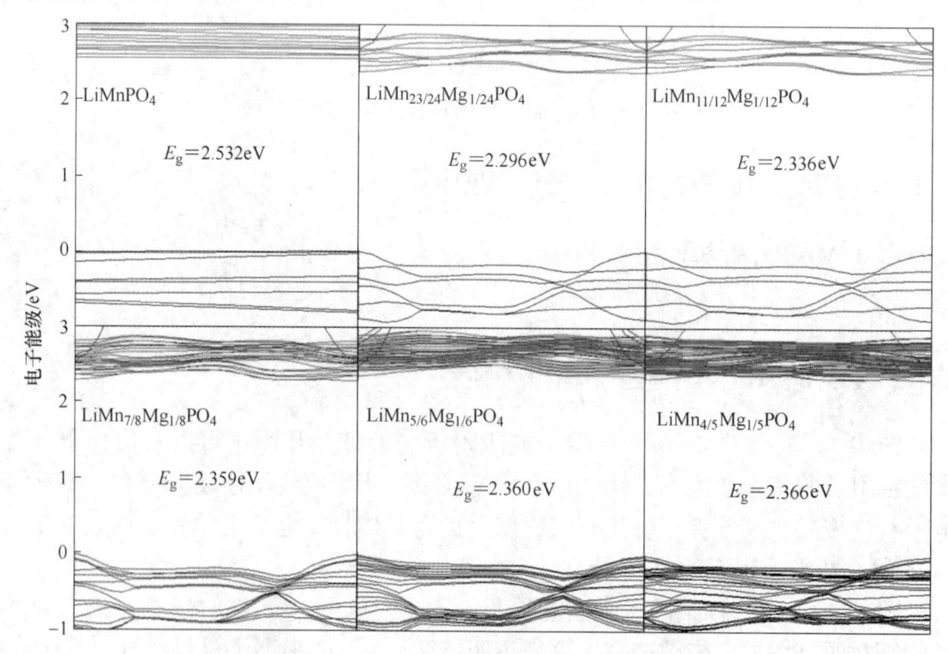

图 4-12　$LiMn_{1-x}Mg_xPO_4/C$ 样品的费米面能带图

（x=0、1/24、1/12、1/8、1/6、1/5）

4.5 $LiMn_{1-x}Mg_xPO_4/C$ 的合成与性能研究

实验基本步骤按照 2.2.2 节所示，将合成的 Li_3PO_4、$MnSO_4 \cdot H_2O$ 和 $MnCl_2 \cdot 6H_2O$ 以物质的量比为 1∶(1-x)∶x 的比例溶于 36mL 的、体积比为 1∶2 的 PEG400-H_2O 混合溶液中，剧烈搅拌 15min。将所得的混合溶液转移至 50mL 的聚四氟乙烯反应釜中，在均相反应器中 160℃ 反应 9h，冷却至室温，生成物用去离子水和无水乙醇各离心 3 次，并真空干燥、过筛，得到 $LiMn_{1-x}Mg_xPO_4$ 材料。将 $LiMn_{1-x}Mg_xPO_4$ 与抗坏血酸以质量比为 1∶0.25 的比例在少许无水乙醇中分散，充分混合，球磨 3h，50℃ 下真空干燥 12h。将混合粉末置于管式炉中，以 5℃/min 的升温速率，在氩气保护下，550℃ 煅烧 3h，炉冷后得到 $LiMn_{1-x}Mg_xPO_4/C$ 复合材料。考虑到能量密度的问题，本文仅研究了低镁含量的情况，即 x=1/24、1/12、1/8、1/6 和 1/5。

4.5.1 $LiMn_{1-x}Mg_xPO_4/C$ 的物相和微观形貌分析

掺 Mg 量对材料结构的影响如图 4-13 所示。由图 4-13 可以看出，参照纯相橄榄石型 $LiMnPO_4$ 的 JCPDF 标准卡片（PDF#33-0803），相同水热反应条件下，$LiMn_{1-x}Mg_xPO_4$ 与 $LiMnPO_4$ 具有几乎相同的谱图，且能与纯相 $LiMnPO_4$ 的 XRD 标准卡片很好地吻合。说明 Mg 的掺杂改变没有 $LiMnPO_4$ 的晶体的物相，但随着 Mg 掺杂量的增大，衍射峰向高角度方向微小地偏移，如图 4-13b 所示。

图 4-14 为 $LiMn_{1-x}Mg_xPO_4/C$ 材料的 SEM 图谱。由图中可以看出，微量的 Mg 掺杂对 $LiMnPO_4$ 材料的形貌改变不明显。

图 4-15 为 $LiMn_{23/24}Mg_{1/24}PO_4/C$ 的面扫能谱图。由图 4-15 可见，Mn、Mg 的分布与正极材料晶粒的形貌一致，尤其是 Mg 元素分布完全符合 $LiMn_{23/24}Mg_{1/24}PO_4/C$ 的晶粒形貌，进一步证明 Mg 元素均匀地掺入到 $LiMnPO_4/C$ 中。

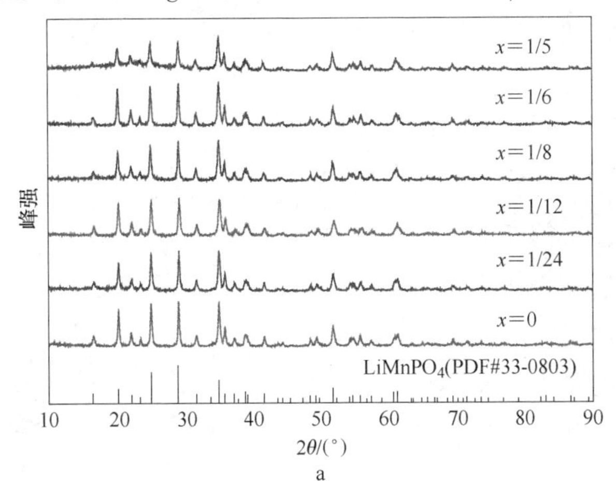

a

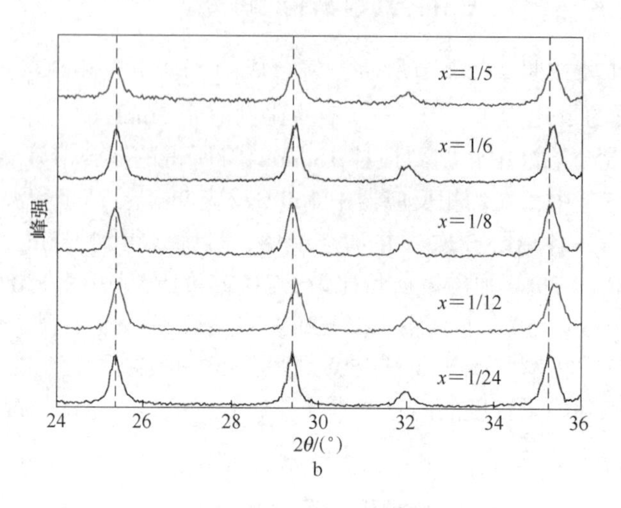

图 4-13 $LiMn_{1-x}Mg_xPO_4/C$ 样品的 XRD 图谱

（x=0、1/24、1/12、1/8、1/6、1/5）

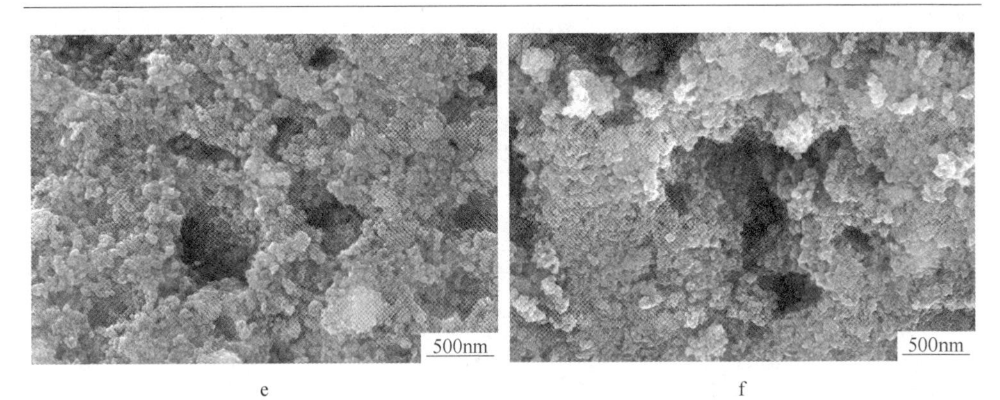

e　　　　f

图 4-14　$LiMn_{1-x}Mg_xPO_4/C$ 样品的 SEM 图片

a—$x=0$；b—$x=1/24$；c—$x=1/12$；d—$x=1/8$；e—$x=1/6$；f—$x=1/5$

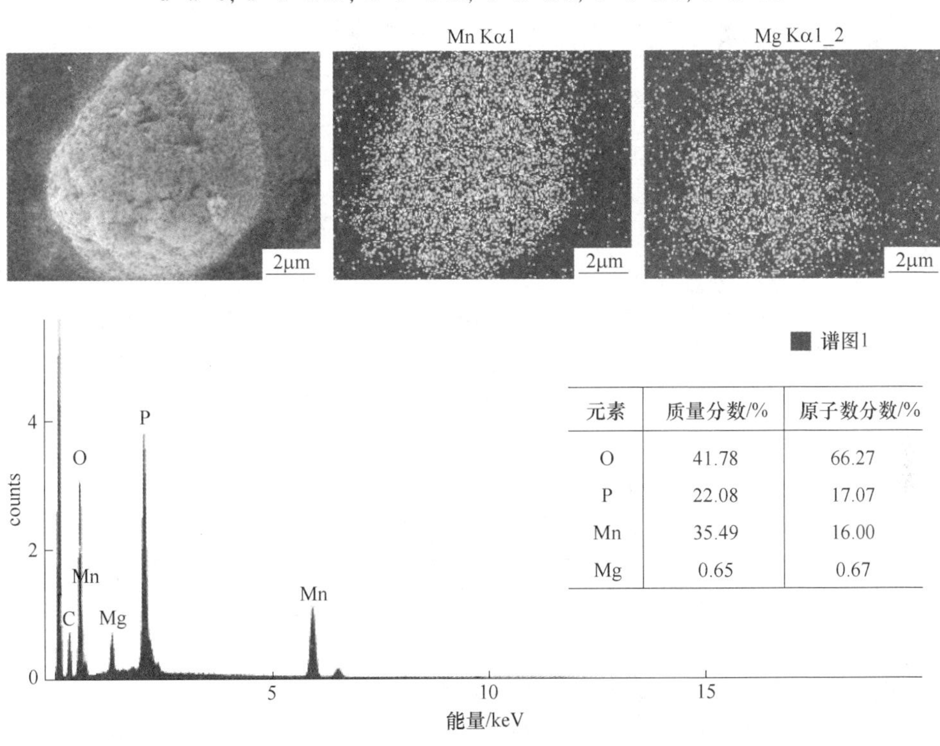

元素	质量分数/%	原子数分数/%
O	41.78	66.27
P	22.08	17.07
Mn	35.49	16.00
Mg	0.65	0.67

图 4-15　$LiMn_{23/24}Mg_{1/24}PO_4/C$ 样品的 EDS 图谱

4.5.2　$LiMn_{1-x}Mg_xPO_4$ 的电化学性能

图 4-16 为 $LiMn_{1-x}Mg_xPO_4/C$ 的首次充放电曲线，电池以 0.05C 倍率、室温下测试。由图 4-16 可知，所有样品的充放电曲线在 4.1V 左右都有电压平台，对应 Mn^{2+}/Mn^{3+} 的氧化还原电势，并且随着掺镁量的增加，平台容量逐渐减小，主要是因为 Mg^{2+} 本身并不具有电化学活性，只起到调节晶体电子结构、晶格结构和

增强导电性的作用。当 $x=1/24$ 时样品表现出的平台及可逆容量最好，从图 4-16 中可见 $x=1/24$ 时充放电平台比较明显，充电平台在 4.2V 左右，放电平台在 4.1V 左右，且充放电平台间电位差最小，表明该材料作为电极时极化现象最小，氧化还原反应的可逆性好。

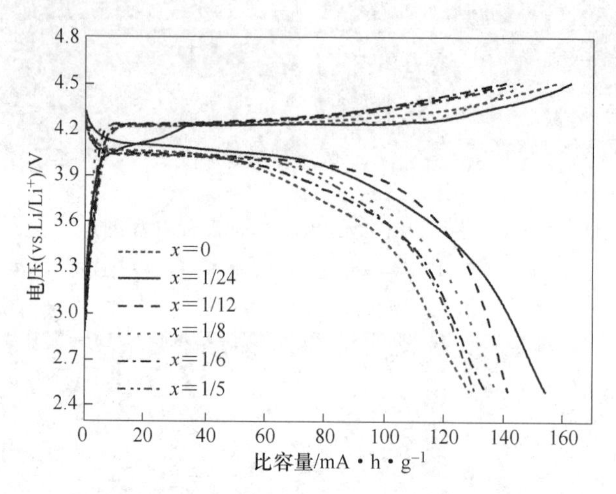

图 4-16 $LiMn_{1-x}Mg_xPO_4/C$ 样品首次充放电曲线图

（$x=0$、1/24、1/12、1/8、1/6、1/5）

图 4-17a 是不同镁锰比例样品在 0.05C 倍率下的循环性能，各样品经 20 周循环后，容量略有下降。由图可见，随着 Mg 掺入量的增加，材料的放电比容量逐渐减小，当掺杂量分别为 0、1/24、1/12、1/8、1/6 和 1/5 时，0.05C 循环时的放电容量分别约为 123.5mA · h/g、153.8mA · h/g、141.4mA · h/g、137mA · h/g、134.1mA · h/g 和 130.4mA · h/g，$x=1/24$ 的 $LiMn_{23/24}Mg_{1/24}PO_4/C$ 样品具有最高的放电容量，循环 20 次后放电容量仍保持在 152.2mA · h/g 且容量衰减较小，表明少量 Mg 的掺入确实有效提高了材料的电化学性能，使样品具有优良的循环性能和高的可逆容量。循环性能的改善主要是由于掺杂 Mg 后，能够改善材料的导电性，从而改善其循环性能。

图 4-17b 是 $LiMn_{1-x}Mg_xPO_4/C$ 材料在不同倍率下的放电比容量，由图可见，随着放电倍率的逐渐增大，所有 $LiMn_{1-x}Mg_xPO_4/C$ 样品的放电比容量都呈阶梯状衰减，这是由于在大倍率放电条件下，Li^+ 要在电极材料中快速脱嵌，而橄榄石型 $LiMn_{1-x}Mg_xPO_4/C$（与 $LiMnPO_4$ 结构类似）属于一维隧道结构，限制了 Li^+ 在材料内部的扩散。$LiMn_{23/24}Mg_{1/24}PO_4/C$ 表现出相对较好的倍率性能，0.05C 倍率的初始放电容量为 153.8mA · h/g，1C 倍率下容量为 145.2mA · h/g，而 $LiMn_{4/5}Mg_{1/5}PO_4/C$ 的倍率性能最差。因此，可以确定最佳的掺 Mg 量为 1/24。

以上结果表明，$LiMnPO_4$ 材料电化学性能的提高来自于三方面的协同作用。一是水热反应产物是纳米级晶粒，在一定程度上缩短电子传导和 Li^+ 扩散的路径，

提高电子和 Li^+ 扩散速率；二是碳包覆改善了粒子间的导电性；三是 Mg^{2+} 掺杂提高了粒子内部的导电性和 Li^+ 扩散系数。

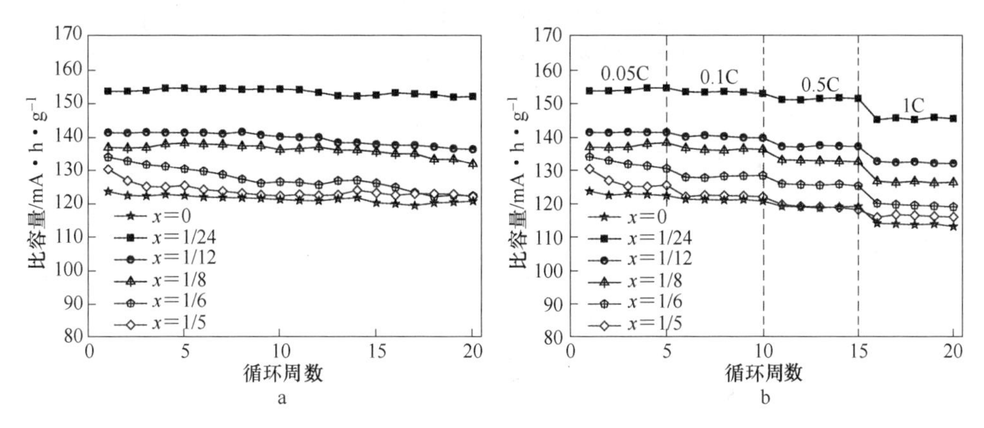

图 4-17 $LiMn_{1-x}Mg_xPO_4/C$ 样品循环性能图（a）和倍率性能图（b）

（x=0、1/24、1/12、1/8、1/6、1/5）

图 4-18 为 $LiMn_{1-x}Mg_xPO_4/C$ 材料的阻抗图，电化学阻抗谱的频率范围为 100kHz~10MHz，振幅为±10mV。从图中可以看出，各样品的 R_{ct} 大小分别为 68.53Ω、74.74Ω、99.45Ω、144.54Ω 和 222.91Ω，当 Mg 掺杂量较低时 $LiMnPO_4/C$ 材料电极的传递电荷的阻抗值较小，说明此时电极反应容易发生；当 Mg 掺杂量较高时，$LiMnPO_4/C$ 材料电极的传递电荷的阻抗值大，说明此时电极材料的电化学活性差。$LiMn_{23/24}Mg_{1/24}PO_4/C$ 的 R_{ct} 最小，电子和离子在活性物质和电解液界面上传输速率快。实验证明，$LiMn_{23/24}Mg_{1/24}PO_4/C$ 的综合性能最好，同时再一次与第一性原理计算结果相互印证。

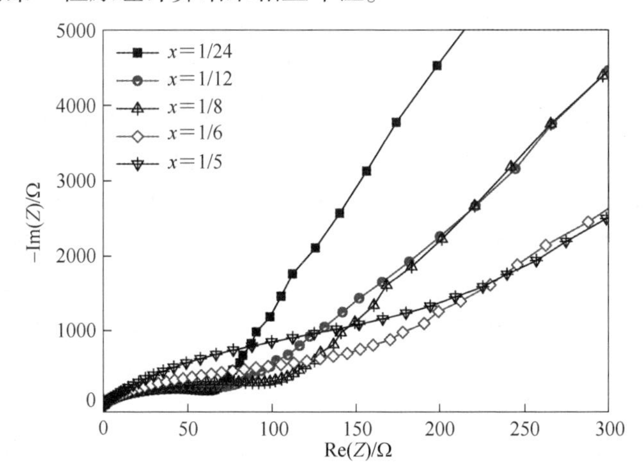

图 4-18 $LiMn_{1-x}Mg_xPO_4/C$ 样品的 EIS 阻抗谱

（x=1/24、1/12、1/8、1/6、1/5）

图 4-19 为 $LiMn_{23/24}Mg_{1/24}PO_4/C$ 样品的循环伏安曲线，样品以 0.1mV 的速度扫描，范围从 2.5V 到 4.6V。首次循环的 CV 曲线在 4.44V 和 3.92V 出现一对强的氧化-还原峰，分别为 Mn^{2+}/Mn^{3+} 相对 Li/Li^+ 的电极电位，电位差为 0.52V；第二次和第三次循环时，这对氧化-还原峰向中间偏移，电位差分别为 0.54V 和 0.72V，表明极化越来越大。

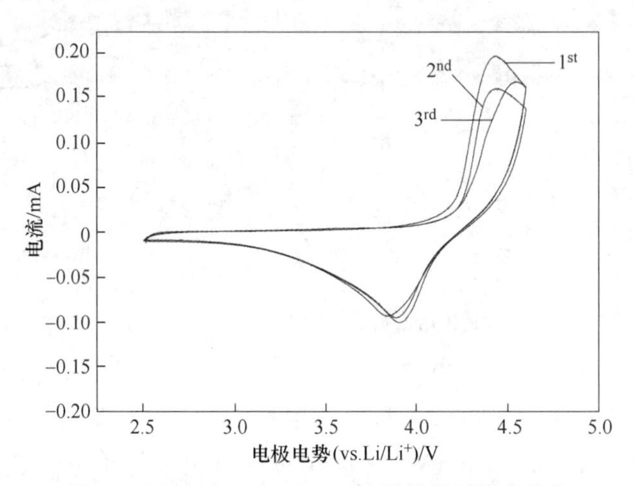

图 4-19 $LiMn_{23/24}Mg_{1/24}PO_4/C$ 样品循环伏安曲线

4.6 小结

本章在第 3 章的基础上，通过第一性原理计算及实验研究了 Fe 和 Mg 不同掺杂量对 $LiMnPO_4/C$ 复合材料的结构、形貌及电化学性能的影响。理论计算和实验结果均表明，通过掺杂适量的 Fe 和 Mg 元素，可以有效提高材料的电子电导率及锂离子扩散速率，进而提高材料的电化学性能，小结如下：

（1）第一性原理表明掺杂后费米能级附近的状态数增多，掺杂体系费米能级处能带曲线呈连续性分布，提高了材料的电子电导率。随着 Fe 掺杂量的提高，总态密度 DOS 均逐渐提高并在掺杂量 $x=1/4$ 时达到最大；随 Fe 掺杂量的增加，带隙逐渐变窄，从 $LiMnPO_4$ 的 2.532eV 至 $LiMn_{3/4}Fe_{1/4}PO_4$ 的 0.360eV。随着 Mg 掺杂量的提高，DOS 均逐渐降低，掺杂量 $x=1/24$ 时达到最大，$LiMnPO_4$ 的 2.532eV 至 $LiMn_{23/24}Mg_{1/24}PO_4$ 的 2.296eV。

（2）水热法合成了不同铁锰比例的 $LiMn_{1-x}Fe_xPO_4/C$（$x=0$、1/24、1/12、1/8、1/6、1/5、1/4），铁掺杂能在一定程度上提高材料的电化学性能。通过 XRD 结果显示，Fe 的掺杂并没有破坏复合材料的物相，Fe 成功进入了晶格且形成了 $LiMn_{1-x}Fe_xPO_4/C$ 固溶体。电化学测试表明，$LiMn_{3/4}Fe_{1/4}PO_4/C$ 表现出最佳的电化学性能，0.05C 初始容量为 142.5mA · h/g，在 0.05C 倍率下循环 20 圈容量保持率为 94.6%；EIS 及 CV 分析显示，适当的掺铁量，有利于促进磷酸锰锂的可逆性，减小电化学极化，提高材料的电子和离子导电能力，使材料的电化学性能得到大幅度提升。

（3）水热法合成了不同镁锰比例的 $LiMn_{1-x}Mg_xPO_4/C$（$x=0$、1/24、1/12、1/8、1/6、1/5），Mg 掺杂能在一定程度上提高材料的电化学性能。通过 XRD 结果显示掺杂 Mg 没有破坏材料的物相，且随着 Mg 掺杂量的增加，晶胞参数减小，说明 Mg 元素已经成功掺杂进了 $LiMnPO_4$ 晶格中；SEM 和 EDS 结果表明 Mg 掺杂对材料的形貌和尺寸没有明显的影响；EIS 和 CV 测试结果表明掺杂适量的 Mg 元素能够有效降低材料的阻抗，并能有效缓解 $LiMnPO_4$ 电极材料的极化现象，加快 Li^+扩散速率，电池更容易获得高容量，电化学测试表明，$LiMn_{23/24}Mg_{1/24}PO_4/C$ 表现出最佳的电化学性能，0.05C 初始容量为 153.8mA·h/g，0.05C 倍率循环 20 圈容量保持率为 97.5%。

理论计算与实验结果非常符合，这表明基于第一性原理的理论计算在锂离子电池研发领域是非常有效的手段，可以为解释一些实验现象以及实验实际和后续改进提供较为可靠的理论依据。

5　多级多孔 $LiAlO_2$ 复合 $LiMnPO_4/C$ 的结构与性能

5.1　引言

目前 $LiMnPO_4$ 的改性研究主要集中在碳包覆与离子掺杂方面，但除此之外，快离子导体包覆也是改进材料电化学性能的有效途径。张晓萍等[209] 将快离子导体 $Li_3V_2(PO_4)_3$ 包覆在 $LiFePO_4$ 表面，包覆后的 $LiFePO_4$ 的倍率性能及循环性能都得到显著改善，首次放电容量较包覆前分别提高了 34.09%和 78.97%。

铝酸锂（$LiAlO_2$）是一种在工业上获得广泛应用的材料，主要有 α、β、γ 三种晶形。其中 $\alpha-LiAlO_2$ 的结构与 $LiCoO_2$ 的结构类似，为层状六方晶格[210~219]。Masayuki[220] 等研究了 $LiAlO_2$ 作为添加材料用于 $PEO-PMA-LiClO_4$ 基的全固态锂离子聚合物电解质中，掺入 10μm 的 $\alpha-LiAlO_2$，发现当掺入量为 3%时，其电导率达到了 3.5×10^{-3}S/cm，复合后的电解质对金属锂的稳定性显著增加，充放电循环效率达到 99%，对改善电解质的电导率和力学性能都起到很好的作用。$LiAlO_2$ 在锂离子电池中的应用，主要是作为一种提高聚合物电解质电导率的有效添加剂，将微米或纳米级的铝酸锂颗粒添加到聚合物电解质中，能提高聚合物电导率和电解质/电极的界面相容性。胡林峰[221] 等以水热模板法制备了具有高比表面积和独特的孔道结构二维多孔纳米层片铝酸锂多孔纳米结构（MLA），并以此作为无机填料用于聚合物电解质基体 $PEO-LiClO_4$ 中，当 MLA 粉体加入量为 15%时，此微孔型电解质 $PEO-LiClO_4-15\%$（质量分数）MLA 聚合物电解质的结晶度从 55%降至 26%，室温离子电导率达到 2.24×10^{-3}S/cm，较基体提高了将近 100 多倍。利用此聚合物电解质组装成全固态锂离子电池，在 60℃下，全固态电池的电化学窗口超过了 5.0V，0.1C 倍率下放电容量达到 140mA·h/g，循环次数超过 150 次。$LiAlO_2$ 在锂离子电池中的应用表明，$LiAlO_2$ 的引入能够有效提高基体材料的锂离子导电率和综合电化学性能。并且第二相的加入使普通离子导体电导率提高是一个普遍的现象。由于锂离子电池材料系统本质属于固体电解质范畴，所以，利用 $LiMnPO_4$ 与其他相复合后的相互作用获得显著增强的 Li^+离子电导率是可能的。

为了提高 $LiMnPO_4/C$ 较低的导电性和综合电化学性能，本文利用 AAO 模版的多孔结构，与水热法合成的 $LiMnPO_4/C$ 复合，最终生成 $LiAlO_2-LiMnPO_4/C$ 复合材料。

5.2 阳极氧化法制备 AAO 模板及水热法制备 $LiAlO_2$ 的工艺研究（磷酸电解液）

以磷酸溶液为电解液一次阳极氧化法制备 AAO 模板，研究电解液磷酸浓度、氧化电压、电解温度及电解时间对制备 AAO 模板的影响。以此条件下制得的 AAO 模板为铝源，Li_2CO_3 为锂源制备多级多孔 $LiAlO_2$ 材料，分析其结构以及微观形貌。

5.2.1 AAO 模板的制备

5.2.1.1 磷酸为电解液制备 AAO 模板的正交结果及分析

以制备出的 AAO 模板有无有序孔洞作为主要考察量，表 5-1 为 AAO 正交因素水平表。

表 5-1 O 正交实验因素水平表

因素 / 水平	A	B	C	D
	温度/℃	磷酸浓度/mol · L^{-1}	氧化电压/V	电解时间/h
1	15	0.3	40	1
2	20	0.4	60	2
3	25	0.5	80	3

以磷酸溶液为电解液一次阳极氧化法制备 AAO 模板时，影响样品孔洞有序度的四个因素的趋势图如图 5-1 所示。从图 5-1 中可以看出，改变反应时间对 AAO 模板的影响最明显，其次是氧化电压、磷酸浓度、电解温度。同时通过分

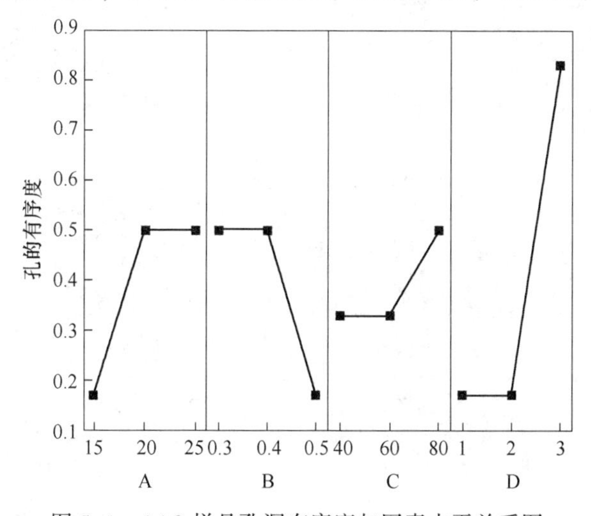

图 5-1 AAO 样品孔洞有序度与因素水平关系图

析也确定了本实验体系的优化水平，即氧化电压为 80V，磷酸浓度为 0.3mol/L，电解温度为 25℃，电解时间为 3h。

5.2.1.2 正交组 AAO 模板形貌分析

从图 5-2 可以看出通过阳极氧化法制备出了多孔的 AAO 模板，随着反应时间的增长模板的有序性变强，反应时间为 3h 时制备出的 AAO 模板孔径较大且有序性很高。通过对所制备的 AAO 模板结构和形貌分析得出制备 AAO 模板的最佳实验条件为：氧化电压 80V，磷酸浓度 0.3mol/L，氧化温度 25℃，反应时间 3h。

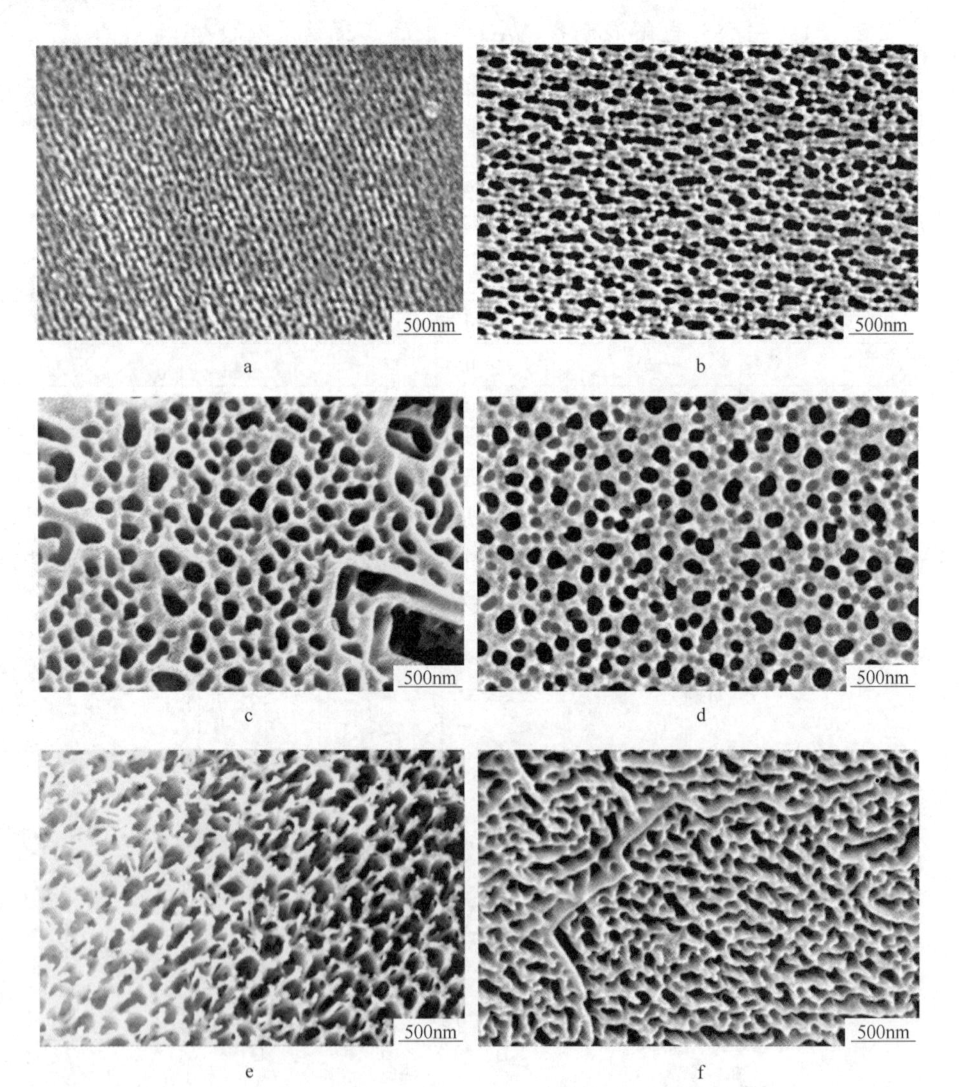

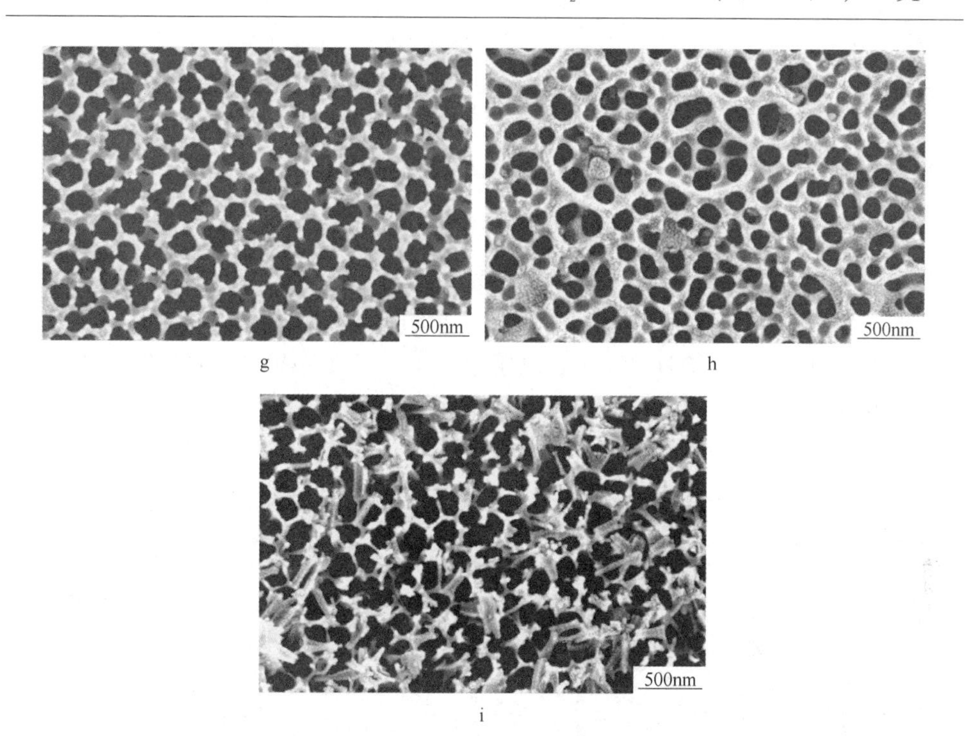

g h i

图 5-2 正交实验条件下制备 AAO 模板的 SEM 图片

a—Z-1；b—Z-2；c—Z-3；d—Z-4；e—Z-5；f—Z-6；g—Z-7；h—Z-8；i—Z-9

5.2.1.3 优化组 AAO 模板的形貌分析

由于电解时间之外的因素对结果影响没有多大显著区别，又参考形貌最优的 Z-7，围绕这些因素进行了进一步的探索，来确定优化水平，分别为温度（Y-1～Y-3），浓度（Y-10～Y-12），电压（Y-7～Y-9），时间（Y-4～Y-6）四种单因素对于产物的影响，优化实验如表 5-2 所示。

表 5-2 磷酸为电解液制备 AAO 模板优化实验表

编号	温度/℃	浓度/mol·L^{-1}	电压/V	时间/h
Y-1	15	0.3	60	3
Y-2	20	0.3	60	3
Y-3	25	0.3	60	3
Y-4	25	0.3	60	1
Y-5	25	0.3	60	2
Y-6	25	0.3	60	3
Y-7	25	0.3	40	3
Y-8	25	0.3	60	3
Y-9	25	0.3	80	3
Y-10	25	0.3	60	3

续表 5-2

编号	温度/℃	浓度/mol · L^{-1}	电压/V	时间/h
Y-11	25	0.4	60	3
Y-12	25	0.5	60	3

图5-3为12组优化条件下制备AAO的SEM图谱，其中Y-3、Y-6、Y-8、Y-10与Z-7样品制备条件一致，形貌具有重复一致性。由图5-4可以看出，随着温度升高（Y-1~Y-3），孔洞半径逐渐增大；随着反应时间增长（Y-4~Y-6），孔洞半径增大，间隔变小，有序度增加；电压增大（Y-7~Y-9），空洞半径及有序度增加；浓度越大（Y-10~Y-12），孔洞形貌无序性越大；其中Y-9样品形貌具有最佳优势，对应反应条件可以看出，此条件与正交实验结果所得优化水平一致。

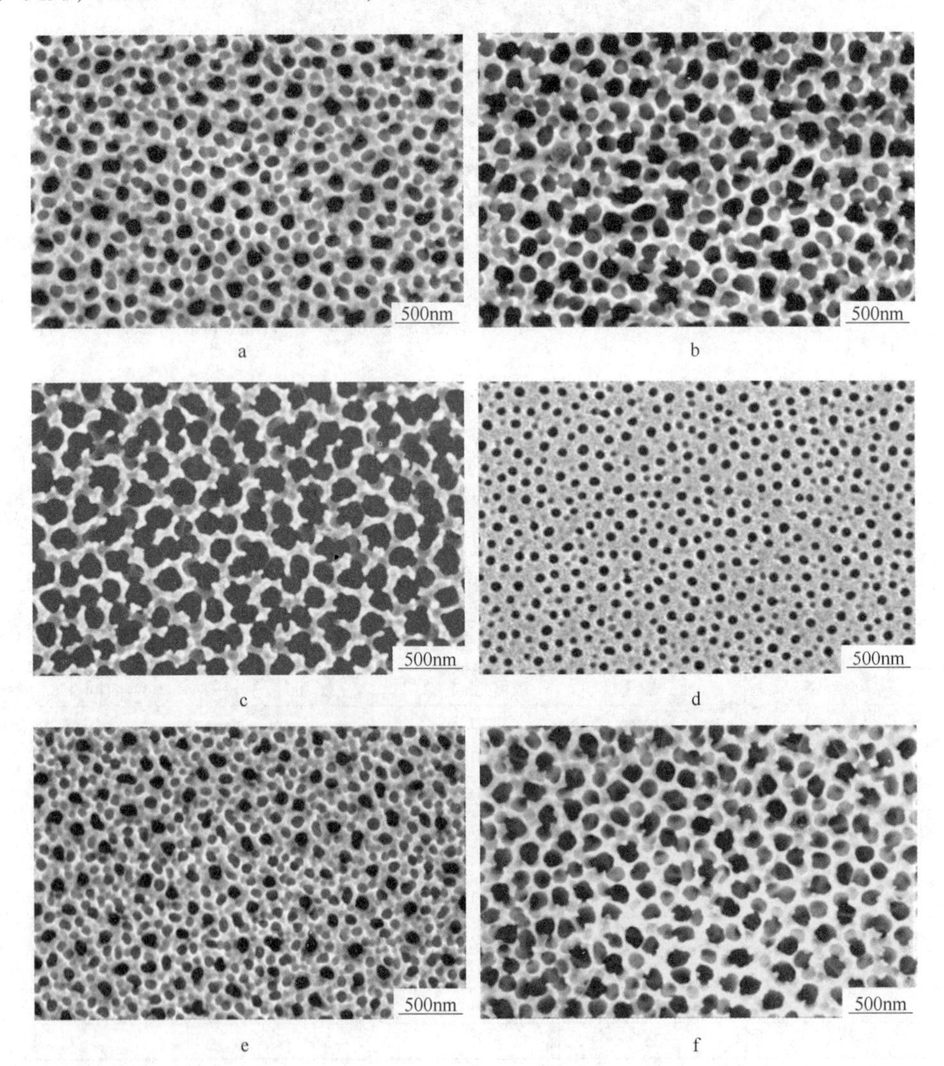

a b c d e f

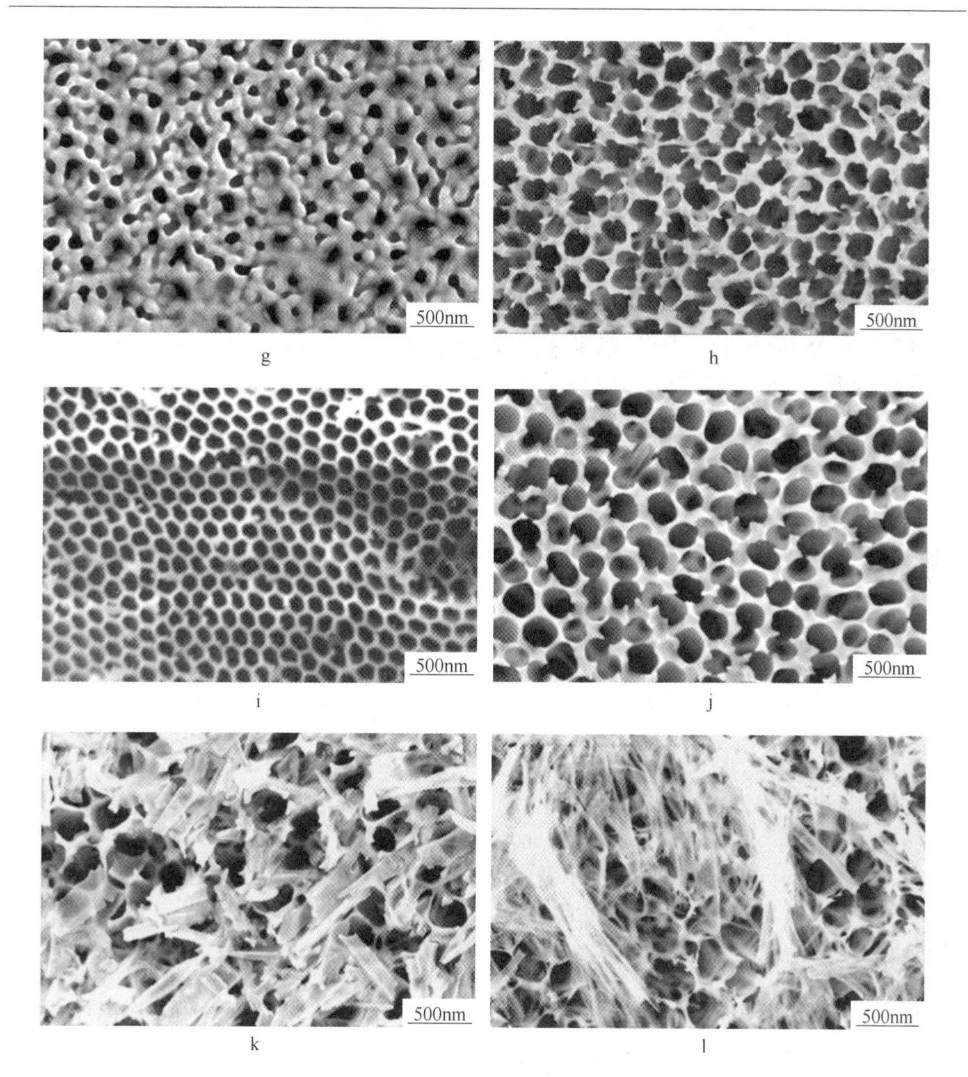

图 5-3 优化实验条件下制备的 AAO 模板的 SEM 图片

a—Y-1；b—Y-2；c—Y-3；d—Y-4；e—Y-5；f—Y-6；g—Y-7；
h—Y-8；i—Y-9；j—Y-10；k—Y-11；l—Y-12

5.2.2 AAO 模板制备 $LiAlO_2$ 的工艺研究

采用水热法，将 AAO 模板放在 Li_2CO_3 中转化为铝酸锂介孔材料，具体制备过程为：称取物质的量比为 1∶3 的 Li_2CO_3 与 AAO 模版，将 Li_2CO_3 溶于去离子水中搅拌成均一的液体之后，加入 AAO 模板，最后将其移入具有聚四氟乙烯防腐衬里的高压反应釜中。密封后将反应釜置于 200℃ 的均相反应器中进行水热反应 48h。反应结束后，取出反应釜，自然冷却至室温，打开釜盖后过滤，分别用无水乙醇和去离子水清洗数次，产物经 80℃真空干燥，在箱式炉中空气气氛下 700℃煅烧后得到白色蓬松分散的产物，即为纳米结构的 $LiAlO_2$ 介孔材料。

图 5-4 为 $LiAlO_2$ 前驱体的热重-差热分析图。DTA 曲线在 80℃左右显示有一个吸热峰对应 $LiAlO_2$ 前驱体中水分的蒸发；在 270℃对应一个放热峰，是前驱体开始向 α-$LiAlO_2$ 的转变；640～690℃的吸热峰是 $LiAlO_2$ 前驱体的析晶过程。TG 曲线对应两个失重不同程度的失重，470～528℃的失重是由于碳酸盐的分解，失重约为 9.41%；650～790℃的失重是由于 α-$LiAlO_2$ 向其他晶相 $LiAlO_2$ 的转变的过程，失重约为 23.17%。根据热分析曲线显示，$LiAlO_2$ 前驱体经过 700℃煅烧后可获得 $LiAlO_2$。

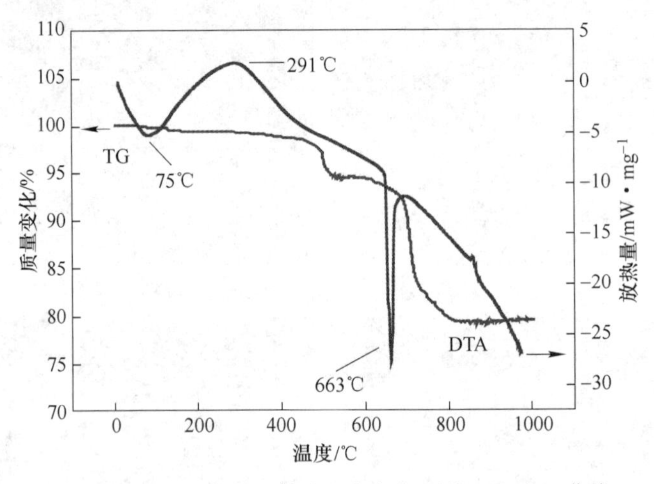

图 5-4　$LiAlO_2$ 的前驱体在空气气氛下的 TG-DTA 曲线

图 5-5 是以 Li_2CO_3 为锂源，水热反应 200℃、48h 得到 $LiAlO_2$ 前驱体的 XRD 图谱和 SEM 图片。由物相分析可以看出，前驱体中主要物相为 AlO(OH)、$LiAl_2(OH)_7 \cdot 2H_2O$、$Li_2Al_2O_4 \cdot xH_2O$ 等中间相，说明 $LiAlO_2$ 是在煅烧过程中产生的。形貌显示 $LiAlO_2$ 前驱体是由大小均匀的长方体片组成。

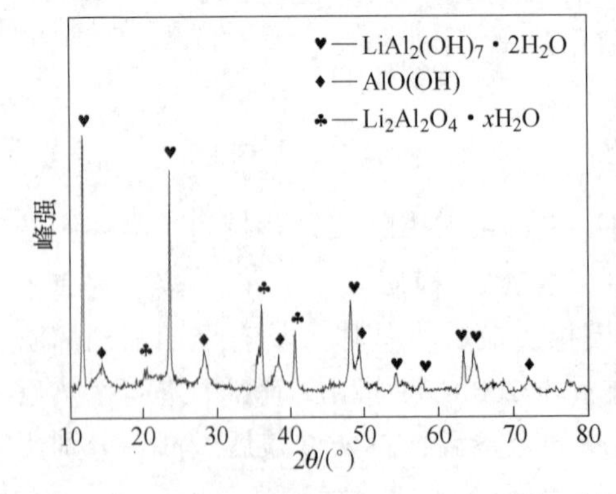

图 5-5　$LiAlO_2$ 前驱体的 XRD 图谱和 SEM 图片

图 5-6 为 700℃ 煅烧 $LiAlO_2$ 的 XRD 图和 SEM 图片。从图中可以看出在 700℃条件下煅烧后得到了纯的 α-$LiAlO_2$ 相，说明煅烧温度 700℃适合 α-$LiAlO_2$ 相的生成。从图 5-6 中可以看出不同条件下制备的 $LiAlO_2$ 基本均呈无规则排列的片状，但尺寸相差较大，由几十纳米至十几微米，考虑到制备 $LiAlO_2/LiMnPO_4$ 复合材料需让 $LiMnPO_4$ 和 $LiAlO_2$ 较均匀分布，所以选择制备产物具有明显结构的实验条件。因此选择水热反应温度 200℃，反应时间 48h，$n(Al):n(Li)=1:3$，煅烧温度 700℃为铝酸锂的最终制备工艺。

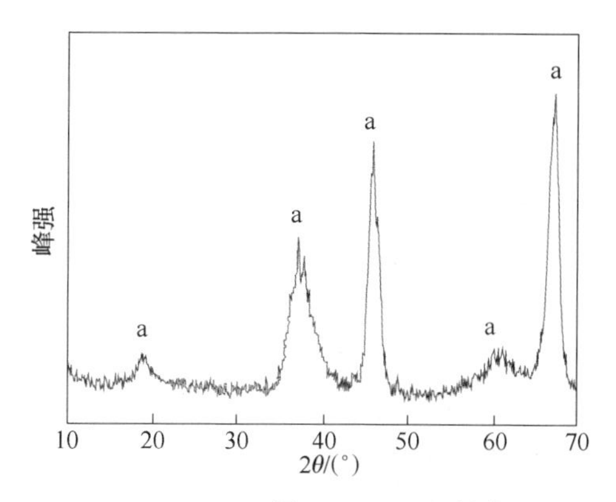

图 5-6 700℃煅烧后 $LiAlO_2$ 的 XRD 图谱和 SEM 图片

5.3 $LiAlO_2$ 复合 $LiMnPO_4/C$ 的结构和性能

5.3.1 $LiAlO_2$-$LiMnPO_4/C$ 复合材料的合成

将 $LiMnPO_4$ 和 $LiAlO_2$ 与抗坏血酸以质量比为 1∶0.25 的比例在少许无水乙醇中充分混合，球磨 3h，50℃下干燥 12h。以 5℃/min 的升温速率，在氩气气氛保护下煅烧，自然冷却后得到 $LiAlO_2$-$LiMnPO_4/C$ 复合材料。本实验主要考察了 $LiAlO_2$ 的添加量（质量分数）为 1%、2%、4%、6%、8%和 10%对 $LiAlO_2$-$LiMnPO_4/C$ 复合材料的结构、形貌及电化学性能的影响。

5.3.2 $LiAlO_2$-$LiMnPO_4/C$ 复合材料的结构和形貌分析

图 5-7 显示了不同 $LiAlO_2$ 添加量的 $LiAlO_2$-$LiMnPO_4/C$ 复合材料的 XRD 图谱。从图 5-7 可以看出，在 6 种添加量下，样品均有明显的衍射峰，并且与 JCPDF 标准卡片（PDF#33-0803）中所有的谱线相对应，且都没有其他峰的存在，添加介孔 $LiAlO_2$ 没有影响 $LiMnPO_4$ 材料的物相结构；衍射谱上没有介孔 $LiAlO_2$ 的衍射峰，这是说明 $LiAlO_2$ 已很好地复合在 $LiMnPO_4$ 中，未单独形成晶体。这也表明铝酸锂添加量（质量分数）为 1%~10%时，合成的材料具有单一的晶相，即橄榄石结构的 $LiMnPO_4$。$LiAlO_2$ 的加入没有影响 $LiMnPO_4$ 材料的晶体结构，这

证实了少量铝酸锂加入不会影响 $LiMnPO_4$ 材料结构的论点。

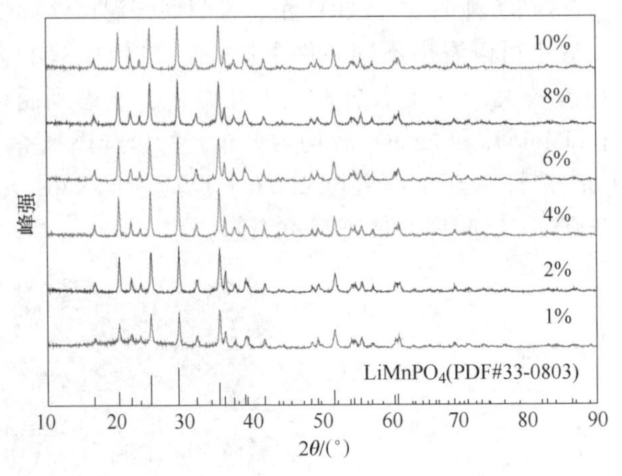

图 5-7 不同 $LiAlO_2$ 添加量合成 $LiAlO_2$-$LiMnPO_4/C$ 复合材料的 XRD 图谱

$LiAlO_2$-$LiMnPO_4/C$ 复合材料的 SEM 形貌图如图 5-8 所示。从图 5-8 中可以看出，因为 $LiAlO_2$ 晶粒的形貌与 $LiMnPO_4/C$ 晶粒的形貌相似，所以合成的不同 $LiAlO_2$ 添加量样品晶粒形状相似，呈类球形，尺寸细小，随着 $LiAlO_2$ 添加量的增加晶粒尺寸逐渐减小。

e f

g

图 5-8 不同 $LiAlO_2$ 添加量合成 $LiAlO_2$-$LiMnPO_4$/C 复合材料的 SEM 图片

a—0；b—1%；c—2%；d—4%；e—6%；f—8%；g—10%

5.3.3 $LiAlO_2$-$LiMnPO_4$/C 复合材料的电化学分析

图 5-9 为不同 $LiAlO_2$ 添加量的 $LiAlO_2$-$LiMnPO_4$/C 复合材料的首次充放电曲线，电池以 0.05C 倍率、室温下测试。由图 5-9 可知，所有样品的充放电曲线在 4.1V 左右都有电压平台，对应 Mn^{2+}/Mn^{3+} 的氧化还原电势，并且随着 $LiAlO_2$ 添加量的增加，平台容量逐渐增大。不同 $LiAlO_2$ 添加量的样品中，$LiAlO_2$ 添加量（质量分数）为 6%的样品表现出的平台及可逆容量最好，从图 5-9 中可见添加量 6%时充放电平台比较明显，充电平台在 4.2V 左右，放电平台在 4.1V 左右，且充放电平台间电位差最小，表明该材料作为电极时极化现象最小，氧化还原反应的可逆性好。适量的快离子导体能够改善 $LiMnPO_4$/C 材料的电化学性能，当 $LiAlO_2$ 添加量较少时，存在的 $LiAlO_2$ 不足以构成一个网络来传导 Li^+ 的扩散；当 $LiAlO_2$ 添加量较多时，由于 $LiAlO_2$ 没有容量，而多余的 $LiAlO_2$ 占去一部分活性物质的质量，从而导致复合材料的导电率没有明显的提高，且电荷转移电阻变大，致使复合材料的电化学性能的下降。

图 5-10a 是不同 $LiAlO_2$ 添加量的 $LiAlO_2$-$LiMnPO_4$/C 复合材料在 0.05C 倍率

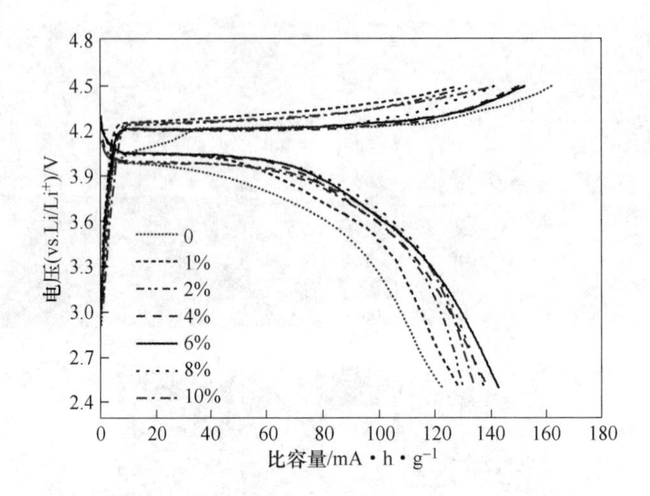

图 5-9 不同 $LiAlO_2$ 添加量合成 $LiAlO_2$-$LiMnPO_4/C$ 复合材料首次充放电曲线图

的循环性能，各样品经 20 周循环后，容量略有下降。由图 5-10a 可见，随着 $LiAlO_2$ 添加量的增加，材料的放电比容量逐渐增加，当添加量（质量分数）分别为 0、1%、2%、4%、6%、8%和 10%时，0.05C 循环时的放电容量分别约为 123.5mA·h/g、127.52mA·h/g、130.2mA·h/g、137.8mA·h/g、142.8mA·h/g、139.4mA·h/g 和 134.2mA·h/g，添加量 6%的 $LiAlO_2$-$LiMnPO_4/C$ 复合材料具有最高的放电容量，循环 20 次后放电容量仍保持在 140.0mA·h/g 且容量衰减较小，表明适量 $LiAlO_2$ 的掺入确实有效提高了材料的电化学性能，使样品具有优良的循环性能和高的可逆容量。循环性能的改善主要是由于 $LiAlO_2$ 掺杂提高了材料电子导电率。

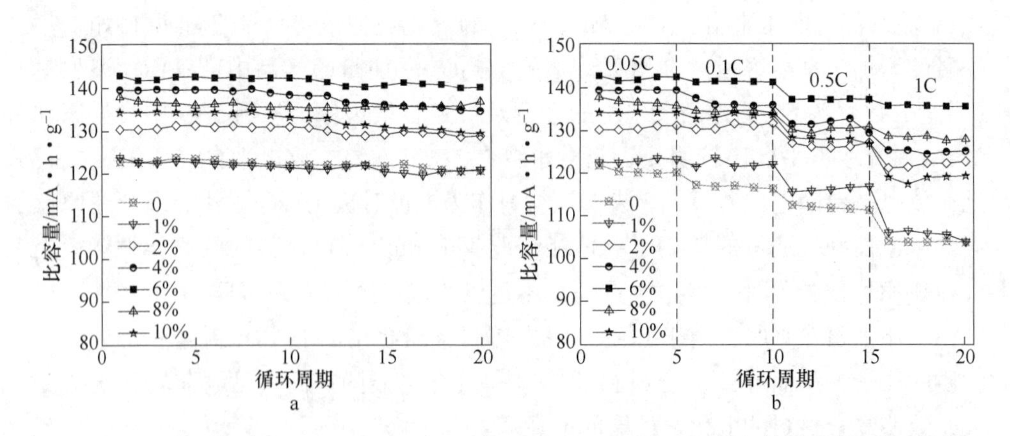

图 5-10 不同 $LiAlO_2$ 添加量 $LiAlO_2$-$LiMnPO_4/C$ 样品循环性能图（a）和倍率性能图（b）

图 5-10b 是 $LiAlO_2$-$LiMnPO_4$/C 复合材料在不同倍率下的放电比容量，由图可见，显然小倍率放电易获得较高的放电比容量，随着放电倍率的逐渐增大，所有 $LiAlO_2$-$LiMnPO_4$/C 复合材料的放电比容量都呈阶梯状衰减，这是由于在大倍率放电条件下，Li^+要在电极材料中快速脱嵌，而橄榄石型 $LiAlO_2$-$LiMnPO_4$/C 复合材料（与 $LiMnPO_4$ 结构类似）属于一维隧道结构，限制了 Li^+在材料内部的扩散。6%添加量的 $LiAlO_2$-$LiMnPO_4$/C 复合材料表现出相对较好的倍率性能，0.05C 倍率的初始放电容量为 142.8mA · h/g，1C 倍率容量为 137.2mA · h/g，而 1%添加量的 $LiAlO_2$-$LiMnPO_4$/C 复合材料的倍率性能最差。与前面未掺杂的 $LiMnPO_4$/C 相比，6%添加量的 $LiAlO_2$-$LiMnPO_4$/C 复合材料的性能有所提高，因为 $LiAlO_2$ 的加入提高了材料的电导率。

图 5-11 为 $LiAlO_2$-$LiMnPO_4$/C 复合材料的阻抗图，电化学阻抗谱的频率范围为 100kHz~10MHz，振幅为±10mV。从图 5-11 中可以看出，1%~10%添加量的 R_{ct} 大小分别为 127.87Ω、83.22Ω、61.23Ω、54.57Ω、69.24Ω 和 116.58Ω，6%添加量的 $LiAlO_2$-$LiMnPO_4$/C 复合材料的 R_{ct} 最小，电子和离子在活性物质和电解液界面上传输速率快。

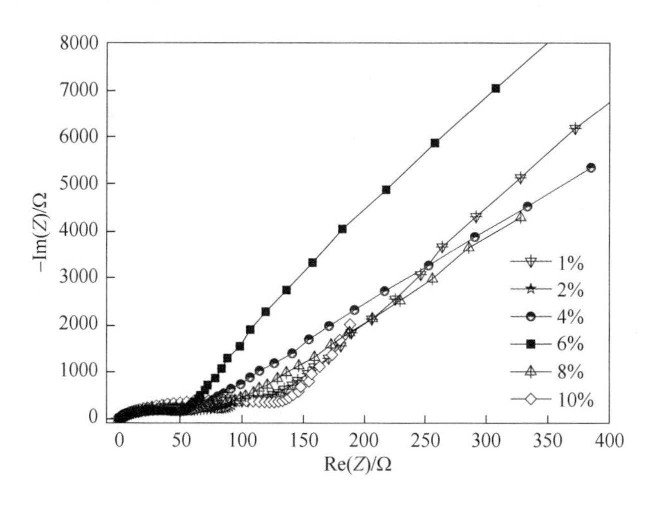

图 5-11 不同 $LiAlO_2$ 添加量 $LiAlO_2$-$LiMnPO_4$/C 复合材料的 EIS 阻抗谱

图 5-12 为 6%添加量的 $LiAlO_2$-$LiMnPO_4$/C 复合材料的循环伏安曲线，样品以 0.1mV 的速度扫描，范围从 2.5V 到 4.6V。首次循环的 CV 曲线在 4.44V 和 3.90V 出现一对强的氧化-还原峰，分别为 Mn^{2+}/Mn^{3+}相对 Li/Li^+的电极电位，电位差为 0.54V；第二次循环时，这对氧化-还原峰向中间偏移，电位差分别为 0.75V，表明极化越来越大。

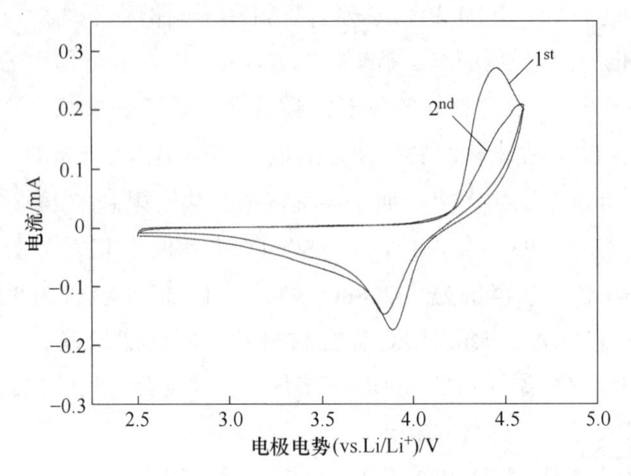

图 5-12　$LiAlO_2$ 添加量 6% $LiAlO_2$-$LiMnPO_4/C$ 复合材料循环伏安曲线

5.4　小结

本章采用快离子导体 $LiAlO_2$ 掺杂改性 $LiMnPO_4/C$ 复合材料，重点探讨了 $LiAlO_2$ 的合成工艺及不同 $LiAlO_2$ 添加量对 $LiMnPO_4/C$ 复合材料的结构、形貌及电化学性能的影响。小结如下：

（1）以磷酸为电解液，阳极氧化制备 AAO 模板，通过对所制备的 AAO 模板结构和形貌分析得出制备 AAO 模板的最佳实验条件：氧化电压 80V，磷酸浓度 0.3mol/L，氧化温度 25℃，反应时间 3h。

（2）以 AAO 模板为铝源，Li_2CO_3 为锂源，水热制备铝酸锂材料，通过 XRD 及 SEM 分析得出，$n(Al):n(Li)=1:3$，水热反应 200℃，48h 所得产物 700℃ 煅烧条件后可制备出纳米片状 $LiAlO_2$ 材料，确定利用此实验条件下制备样品来复合制备 $LiAlO_2$-$LiMnPO_4/C$ 复合材料。

（3）$LiAlO_2$ 添加量（质量分数）为 1%、2%、4%、6%、8% 和 10% 的 $LiAlO_2$-$LiMnPO_4/C$ 复合材料，$LiAlO_2$ 添加能在一定程度上提高材料的电化学性能。通过 XRD 结果显示，$LiAlO_2$ 的添加并没有破坏复合材料的物相。电化学测试表明，6%添加量的 $LiAlO_2$-$LiMnPO_4/C$ 复合材料表现出最佳的电化学性能，0.05C 初始容量为 142.8mA · h/g，0.05C 倍率循环 20 圈容量保持率为 96.8%；EIS 及 CV 分析显示，适当添加 $LiAlO_2$，有利于减小电化学极化，提高材料的电子和离子导电能力，使材料的电化学性能得到大幅度提升。

6 多级多孔 $LiAlO_2$ 复合 $LiFePO_4/C$ 的结构与性能

6.1 引言

铝酸锂（$LiAlO_2$）普遍用作熔融碳酸盐燃料电池的电解质支撑体材料和聚变—裂变反应堆中的氚增殖材料[222]。同时，铝酸锂还是一种锂快离子导体，具有高的锂离子电导率，已经在锂离子电池中得到应用，特别是当作无机填料用于制备新型聚合物锂离子电池电解质。Kim 等[223] 采用水热模板法合成 $\alpha-LiAlO_2$ 纳米管，并用核磁共振 NMR 对铝酸锂中锂离子的移动性进行了表征，发现锂离子在铝酸锂中具有迁移能力。Masayuki 等[224] 研究了微米级铝酸锂作为添加材料用于 $PEO-PMA-LiClO_4$ 基的全固态锂离子聚合物电解质中，掺入 10μm 的 $\gamma-LiAlO_2$，发现当掺入量为 3%时，在 60℃时其电导率达到了 3.5×10^{-5}S/cm，复合后的电解质对金属锂的稳定性显著增加，充放电循环效率达到 99%。

1992 年葡萄牙里斯本会议上正式提出介孔固体的概念，随后介孔固体和纳米颗粒/介孔固体的复合体系成为纳米科学中引人注目的前沿领域之一。介孔固体材料是孔径 2~50nm，孔径分布孔隙率大于 40%的具有显著表面效应的多孔固体材料。介孔材料的性质对尺度十分敏感，小尺寸效应、界面效应及量子尺寸效应表现得十分明显，从而导致许多奇异的物理、化学特性出现。Hu 等人[225,226] 通过水热模板法制备出铝酸锂二维多孔纳米层片材料，测试表明，这种材料具有很高的比表面积和独特的孔道结构。他们将其用作无机填料制备新型聚合物电解质，组装了全固态的锂离子电池，表明电池在 60℃下具有较好的充放电性能和循环稳定性。

$LiFePO_4$ 制备方法主要有固相法、水热法、溶胶-凝胶（sol-gel）法、微波合成法、液相共沉积法等。其中研究得较多的工艺过程较为成熟的是固相法。固相法设备和工艺流程简单，制备条件较易控制，易实现产业化，但固相法有晶粒异常长大、粒度分布分散、晶粒尺寸不好控制等缺点，限制了 $LiFePO_4$ 电学性能的发挥。溶胶-凝胶法是陶瓷领域常见的软化学合成方法之一，与传统固相法相比，可实现原子或分子尺度的均混，制得的活性物质颗粒较细，粒度分布集中，形貌规则，所需的热处理温度较低等。其用于制备 $LiFePO_4$ 的主要特点是：原子或分子尺度的均匀混合；结晶性能好，颗粒尺寸细小且均匀。因此可逆容量、循环性能等电性能都可能提高。Croce 等[227] 以 $LiOH \cdot H_2O$、$Fe(NO_3)_3 \cdot 9H_2O$ 和 H_3PO_4 为原料，抗坏血酸为配合剂，并加入 1%的金属 Cu、Ag 粉末，溶胶-凝胶法制备了 $LiFePO_4$，在 0.2C 倍率下容量达到 140mA · h/g，这之后，溶胶-凝胶法制备 $LiFePO_4$ 材料受到了广泛关注。

因此，可以将纳米 $LiFePO_4$ 与介孔 $LiAlO_2$ 两相复合，形成纳米/介孔组装体，使介孔 $LiAlO_2$ 成为 $LiFePO_4$ 颗粒之间的连接体，利用 $LiAlO_2$ 的高锂离子导电性，在 $LiFePO_4$ 颗粒之间形成传输锂离子的快速通道网络，大幅度提高材料锂离子导电率，以达到改善 $LiFePO_4$ 材料电学性能的目的，特别是高倍率充放电性能。

本章先通过一次氧化的方法在草酸溶液中制备出 AAO 模板，通过设计正交实验，研究电解液草酸浓度、氧化电压、电解温度及两电极面积比等因素对制备 AAO 模板的影响。验证了优化设计，并重复最优组实验制备出大量的 AAO 模板，作为下一步实验原料。再通过水热法，设计正交试验，研究在不同的锂源、不同反应时间、不同反应温度及不同锂铝摩尔比下制备出的 $LiAlO_2$ 介孔材料对磷酸铁锂/铝酸锂介孔复合电极材料的结晶性能、颗粒尺寸、颗粒形貌和电化学性能的影响。采用溶胶-凝胶法合成了结晶性能良好的纳米 $LiFePO_4$ 材料，通过 TG-DTA、XRD 和 SEM 其进行了表征，研究合成温度、配合剂量对结晶性能、颗粒尺寸、颗粒形貌和电化学性能的影响。以 AAO 模板为基础，用低温水热法合成 $LiAlO_2$ 二维介孔纳米颗粒[258]。并将介孔 $LiAlO_2$ 引入 $LiFePO_4$，合成 $LiAlO_2$-$LiFePO_4$/C 介孔复合材料，通过 XRD、SEM、电学性能测试等手段对合成的 $LiAlO_2$-$LiFePO_4$/C 纳米介孔复合材料进行表征，研究介孔 $LiAlO_2$ 的引入对 $LiFePO_4$ 材料性能的影响。

6.2 阳极氧化法制备 AAO 模板及水热法制备 $LiAlO_2$ 的工艺研究（草酸电解液）

6.2.1 以草酸为电解液制备 AAO 模板的研究

6.2.1.1 草酸为电解液制备 AAO 模板的正交结果及分析

以制备出的 AAO 模板有无有序孔洞作为主要考察量，有孔即为 1，无孔即为 0，并用极差分析法分析数据，得到表 6-1。

表 6-1 草酸为电解液制备 AAO 模板的 L9（4^3）正交实验分析

实验号	因素				AAO 模板有无有序孔洞
	A(氧化电压)/V	B(草酸浓度)/mol · L^{-1}	C(电解温度)/℃	D(两电极面积比)	
1	30	0.3	10	1 : 2	1

续表 6-1

实验号	因素				AAO 模板有无有序孔洞
	A(氧化电压)/V	B(草酸浓度)/mol · L^{-1}	C(电解温度)/℃	D(两电极面积比)	
2	30	0.4	15	3∶4	0
3	30	0.5	20	1∶1	0
4	40	0.3	15	1∶1	1
5	40	0.4	20	1∶2	1
6	40	0.5	10	3∶4	1
7	50	0.3	20	3∶4	1
8	50	0.4	10	1∶1	1
9	50	0.5	15	1∶2	1
k1	1/3	1	1	1	—
k2	1	2/3	2/3	2/3	—
k3	1	2/3	2/3	2/3	—
极差 *R*	2/3	1/3	1/3	1/3	—
主次顺序	氧化电压>草酸浓度>电解温度>两电极面积比				—
优化水平	40	0.3	15	1∶1	—

在本正交实验结果中可以得出氧化电压对制备有序多孔 AAO 模板影响较大，其极差为 $R=2/3$，草酸浓度的极差 $R=1/3$，电解温度的极差 $R=1/3$，两电极面积比的极差为 $R=1/3$。由此可以看出该反应体系中，改变氧化电压对 AAO 模板的影响最明显，其次是草酸浓度，电解温度与两电极面积比相近，但是氧化电压的影响成为了最主要的因素。同时通过分析也确定了本实验体系的优化水平，即氧化电压为 40V，草酸浓度为 0.3mol/L，电解温度为 15℃，两电极面积比为 1∶1。

6.2.1.2 AAO 模板结构分析

图 6-1 为不同实验条件下制备 AAO 模板的 XRD 图谱，以 S-#代表正交实验组相应的样品。

从图 6-1 中可看出，在 2θ 为 20~30℃ 间有典型的无定形氧化铝的波胞，同时在 2θ 为 44.70°处出现 Al（200）的特征峰。可见，一步氧化法得到的氧化铝模板是非晶态，同时在模板中存在没被完全氧化的夹心铝层。

6.2.1.3 AAO 形貌分析

图 6-2 为不同实验条件下制备 AAO 模板的 SEM 照片，图中照片的顺序分别对应正交实验中的样品编号。

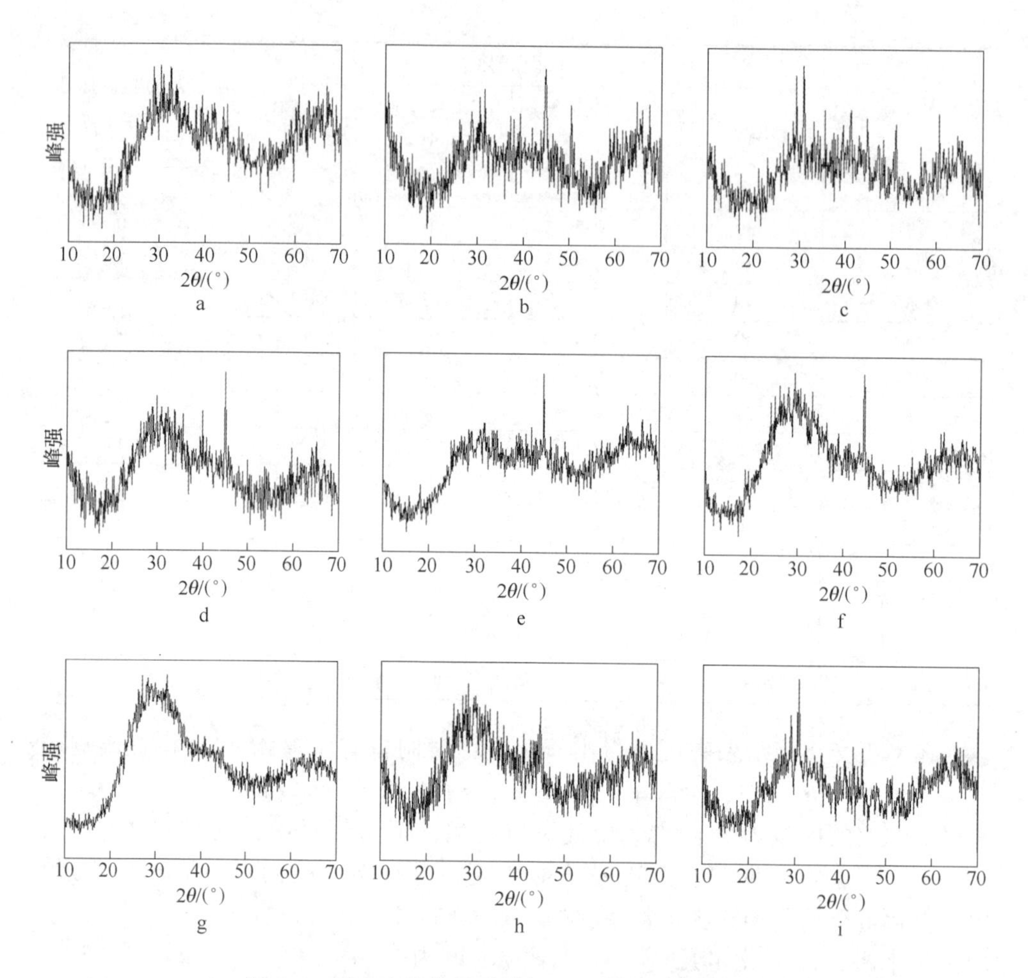

图 6-1 正交实验条件下制备 AAO 模板的 XRD 图谱

a—S-1；b—S-2；c—S-3；d—S-4；e—S-5；f—S-6；g—S-7；h—S-8；i—S-9

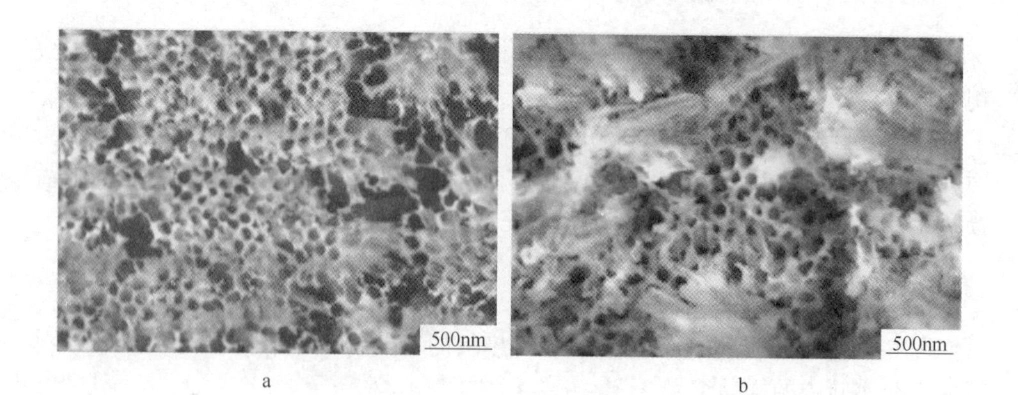

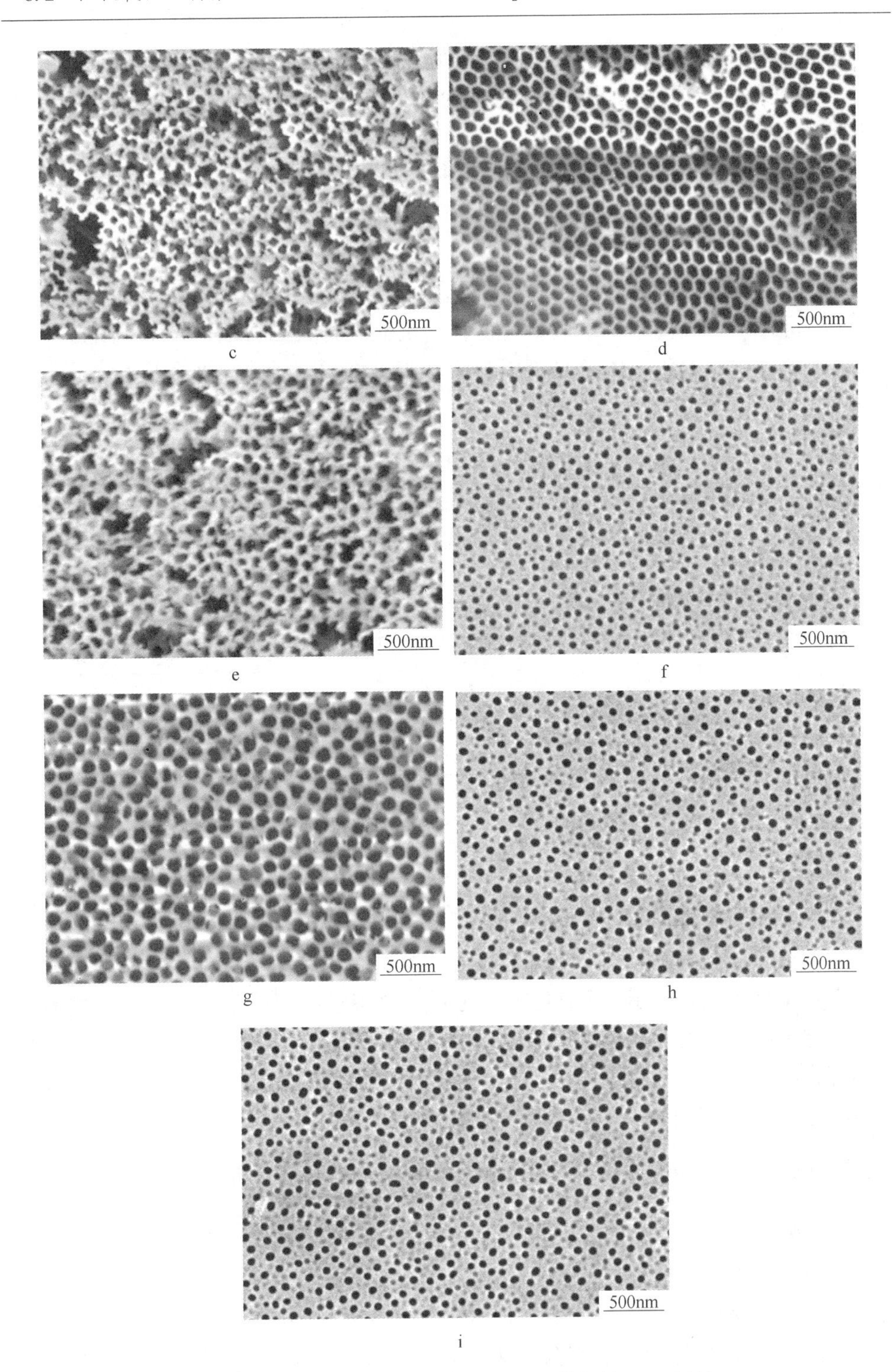

图 6-2 正交实验条件下制备的 AAO 模板的 SEM 照片

a—S-1；b—S-2；c—S-3；d—S-4；e—S-5；f—S-6；g—S-7；h—S-8；i—S-9

从图 6-2 可以看出通过阳极氧化法制备出了多孔的 AAO 模板，随着氧化电压的增大模板的有序性变强，草酸浓度为 0.3mol/L 时制备出的 AAO 模板孔径较大且有序性很高。

通过对所制备的 AAO 模板结构和形貌分析得出制备 AAO 模板的最佳实验条件为：氧化点压 40V，草酸浓度 0.3mol/L，氧化温度 15℃，两电极面积比 1∶1。

6.2.2 以 $LiNO_3$ 为锂源水热制备 $LiAlO_2$ 的正交结果及分析

以前驱体在 700℃条件下煅烧后得到的铝酸锂材料制备的 $LiAlO_2$-$LiFePO_4$/C 复合材料在 0.1C 充放电倍率下的放电容量作为主要考察量，并用极差分析法分析数据，得到表 6-2。

表 6-2 $LiNO_3$ 为原料 L4（3^2）正交实验分析

实验号	因素			0.1C 前 10 次平均放电容量/mA·h·g^{-1}
	反应温度/℃	反应时间/h	n(Al)∶n(Li)	
1	200	48	1∶2	128.46
2	200	72	1∶3	129.05
3	220	48	1∶3	134.02
4	220	72	1∶2	136.45
k1	128.76	131.24	131.53	—
k2	135.23	132.75	132.44	—
极差 R	6.47	1.51	0.91	—
主次顺序	反应温度>反应时间>n(Al)∶n(Li)			—
优化水平	220	48	1∶3	—

在以 $LiNO_3$ 为锂源正交实验结果中可以得出反应温度对材料的放电容量影响较大，其极差达到 R=6.47，反应时间的放电容量极差 R=1.51，反应物摩尔比的放电容量极差 R=0.91，反应物摩尔比对放电容量的影响最小。由此可以看出该反应体系中，改变反应温度对放电容量的改变最明显，其次是反应时间，最后是反应物摩尔比。同时通过分析也确定了本实验体系的优化水平，即反应温度为 220℃，反应时间为 48h，反应物摩尔比为 1∶3。

6.2.3 以 Li_2CO_3 为锂源水热制备 $LiAlO_2$ 的正交结果及分析

以前驱体在 800℃条件下煅烧后得到的 $LiAlO_2$ 材料制备的 $LiAlO_2$-$LiFePO_4$/C 复合材料在 0.1C 充放电倍率下的放电容量作为主要考察量，并用极差分析法分析数据，得到表 6-3。

在以 Li_2CO_3 为锂源正交实验结果中可以得出反应温度对材料的放电容量影响较大，其极差达到 R=7.95，反应时间的放电容量极差 R=4.34，反应物摩尔

比的放电容量极差 $R=0.99$。由此可以看出该反应体系中，反应温度对放电容量的改变最明显，其次是反应时间，最后是反应物摩尔比。同时通过分析也确定了本实验体系的优化水平，即反应温度为 200℃，反应时间为 48h，反应物摩尔比为 1∶3。可以看出，不同的锂源得到的水热反应优化条件不同。

表 6-3 Li_2CO_3 为原料 $L4(3^2)$ 正交实验分析

实验号	因素			0.1C 前 10 次平均放电容量/$mA \cdot h \cdot g^{-1}$
	反应温度/℃	反应时间/h	$n(Al):n(Li)$	
1	200	48	1∶2	152.95
2	200	72	1∶3	147.62
3	220	48	1∶3	144.02
4	220	72	1∶2	140.65
k1	150.29	148.49	146.81	—
k2	142.34	144.14	145.82	—
极差 R	7.95	4.34	0.99	—
主次顺序	反应温度>反应时间>$n(Al):n(Li)$			—
优化水平	200	48	1∶3	—

图 6-3 为正交实验因素极差图，其中图 6-3a 是以 $LiNO_3$ 为锂源合成 $LiAlO_2$ 的分析图，图 6-3b 是以 Li_2CO_3 为锂源合成 $LiAlO_2$ 的分析图，从两个图中可以明显地看出反应温度是影响 $LiAlO_2$ 电化学性能的最主要因素，反应温度次之，反应物摩尔比对材料的影响最小。

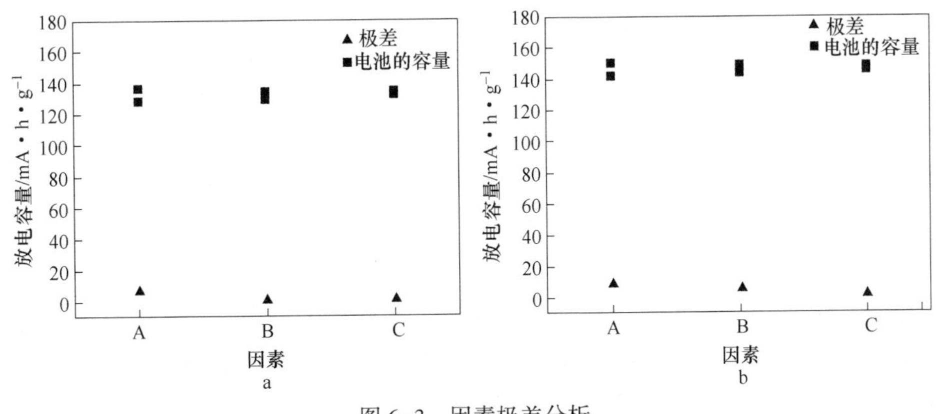

图 6-3 因素极差分析

a—以 $LiNO_3$ 为锂源；b—以 Li_2CO_3 为锂源

6.2.4 不同煅烧温度对水热制备 $LiAlO_2$ 介孔材料的影响

图 6-4、图 6-5 分别是以 $LiNO_2$、Li_2CO_3 为锂源，通过水热反应得到 $LiAlO_2$ 前驱体的 XRD 图谱。

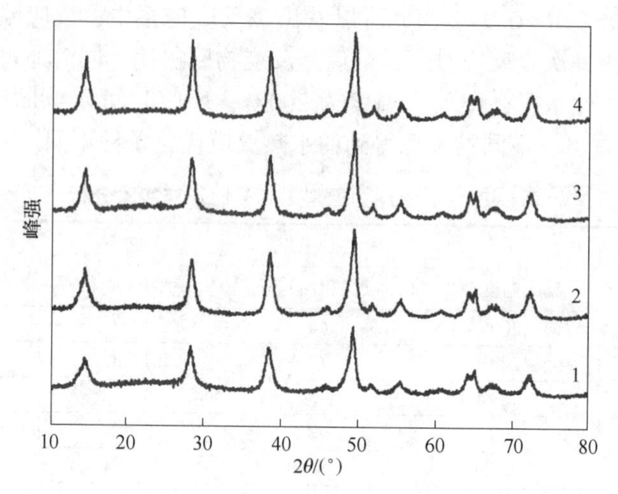

图 6-4 以 $LiNO_3$ 为锂源，通过水热反应得到 $LiAlO_2$ 的前驱体的 XRD 图谱

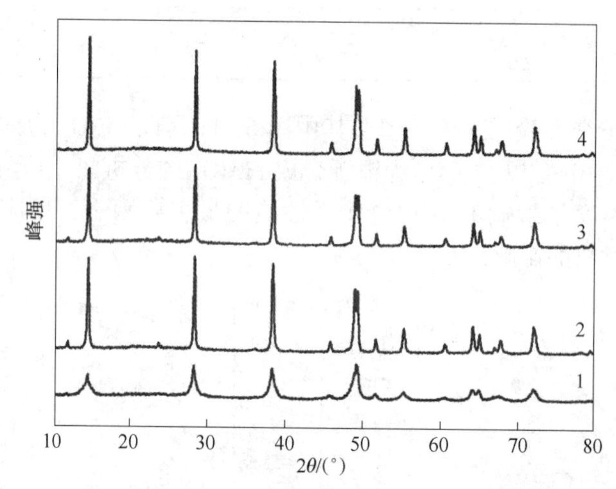

图 6-5 以 Li_2CO_3 为锂源，通过水热反应得到 $LiAlO_2$ 前驱体的 XRD 图谱

XRD 图谱表明，水热反应之后所得到的并不是 $LiAlO_2$，而是 $LiAlO_2$ 的中间相 $LiAl(OH)_4 \cdot H_2O$，α-$LiAlO_2$ 是在煅烧过程中产生的，为了系统地探索不同的煅烧温度对 $LiAlO_2$ 介孔材料性能的影响，本节主要讨论在煅烧温度为 700℃ 和 800℃ 下 $LiAlO_2$ 介孔材料的结构、微观性能和电化学性能等方面的研究，并且阐明了其机理。

6.2.4.1 700℃和 800℃下以 $LiNO_3$ 为锂源合成 $LiAlO_2$

图 6-6 是将以 $LiNO_3$ 为锂源，通过水热反应得到 $LiAlO_2$ 前驱体在 700℃ 条件下煅烧后得到 $LiAlO_2$ 的 XRD 图谱。从图 6-6 中可以看出，在 700℃ 条件下煅烧

后得到了纯的 α-$LiAlO_2$ 相。

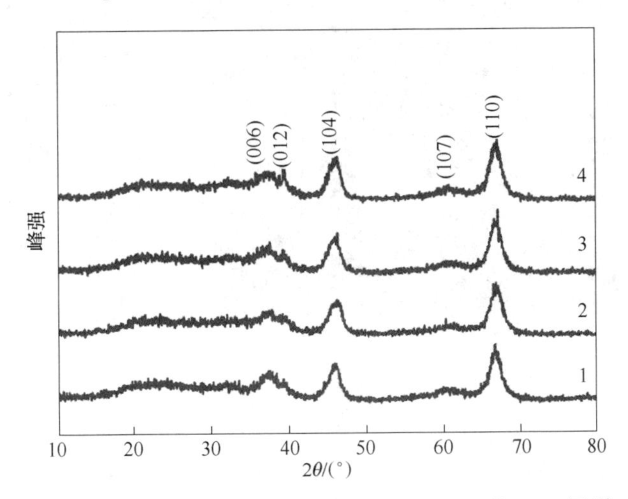

图 6-6 700℃下煅烧前驱体得到的 α-$LiAlO_2$ 的 XRD 图谱

图 6-7 是将以 $LiNO_3$ 为锂源，通过水热反应得到 $LiAlO_2$ 前驱体在 800℃条件下煅烧后得到 $LiAlO_2$ 的 XRD 图谱。从图 6-7 中可以看出，在 800℃条件下煅烧后同样得到了纯的 α-$LiAlO_2$ 相。

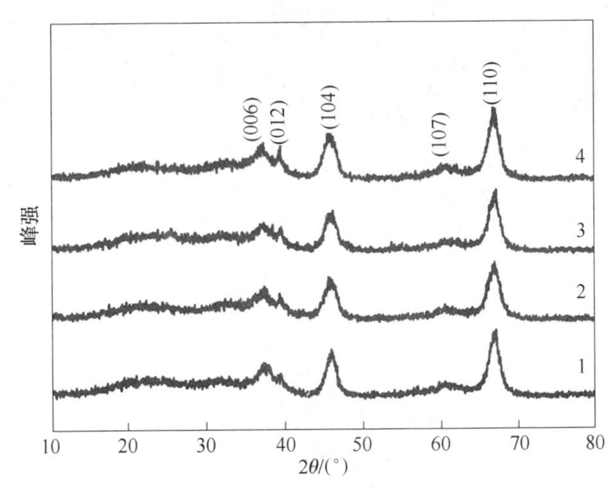

图 6-7 800℃下煅烧前驱体得到的 α-$LiAlO_2$ 的 XRD 图谱

图 6-8 是将以 $LiNO_3$ 为锂源，通过水热反应得到 $LiAlO_2$ 前驱体在 700℃条件下煅烧后得到 $LiAlO_2$ 的 SEM 图谱。

从图 6-8 中可以看出，介孔 $LiAlO_2$ 呈二维纳米颗粒状结构，其尺寸为 20~100nm，这也导致了较高的比表面积。随着水热反应温度的升高，颗粒团聚现象变强，颗粒的规则度变低。

图 6-8 700℃条件下煅烧后得到 $LiAlO_2$ 的 SEM 图谱

a—5000 倍；b—5 万倍

图 6-9 是将以 $LiNO_3$ 为锂源，通过水热反应得到 $LiAlO_2$ 前驱体在 800℃条件下煅烧后得到 $LiAlO_2$ 的 SEM 图谱。

图 6-9 800℃条件下煅烧后得到 $LiAlO_2$ 的 SEM 图谱

a—5000 倍；b—5 万倍

从图 6-9 中可以看出，在 800℃条件下煅烧后得到的 $\alpha-LiAlO_2$ 也呈纳米介孔颗粒状，但与 700℃条件下煅烧相比形貌有很大的区别，形貌呈现絮状团簇体，团簇体尺寸为 200~500nm，团簇体包含许多尺寸小于 200nm 的一次颗粒；同时团簇之间也分散着许多小尺寸颗粒，且出现了特殊的条纹状，颗粒呈无规则状态。

6.2.4.2 700℃和 800℃下以 Li_2CO_3 为锂源合成 $LiAlO_2$

图 6-10 是将以 Li_2CO_3 为锂源，通过水热反应得到 $LiAlO_2$ 前驱体在 700℃条件下煅烧后得到 $LiAlO_2$ 的 XRD 图谱。从图 6-10 中可以看出，在 700℃条件下煅烧后得到了纯的 $\alpha-LiAlO_2$ 相。

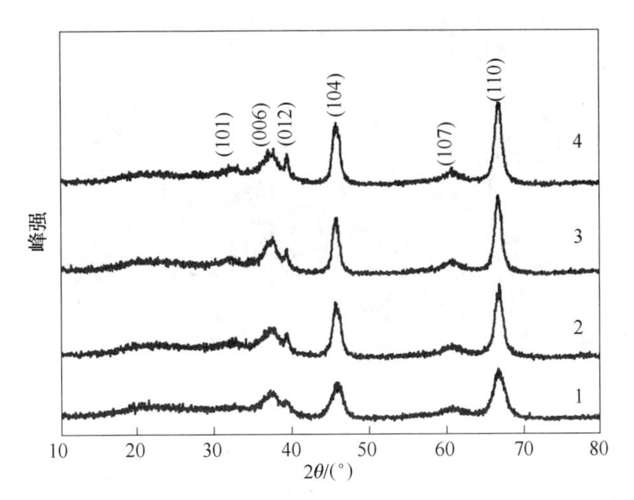

图 6-10 700℃下煅烧前驱体得到的 α-$LiAlO_2$ 的 XRD 图谱

图 6-11 是将以 Li_2CO_3 为锂源，通过水热反应得到 $LiAlO_2$ 前驱体在 800℃条件下煅烧后得到 $LiAlO_2$ 的 XRD 图谱。从图 6-11 中可以看出，在 800℃条件下煅烧后同样得到了纯的 α-$LiAlO_2$ 相，不同的煅烧温度对材料的结构没有影响。

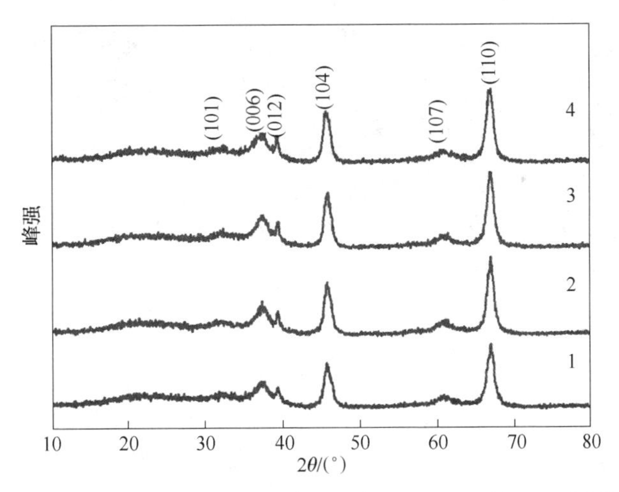

图 6-11 800℃下煅烧前驱体得到的 α-$LiAlO_2$ 的 XRD 图谱

图 6-12 是将以 Li_2CO_3 为锂源，通过水热反应得到 $LiAlO_2$ 前驱体在 700℃条件下煅烧后得到 $LiAlO_2$ 的 SEM 图谱。

从图 6-12 中可以看出，以 Li_2CO_3 为锂源，通过水热反应得到 $LiAlO_2$ 前驱体在 700℃条件下煅烧后得到 $LiAlO_2$ 呈规则的菱形纳米介孔颗粒状，颗粒之间存在一定尺寸的孔洞，颗粒的尺寸在 20~100nm；随着水热反应温度的升高，颗粒的团簇现象变弱，颗粒的规则度变强。

图 6-12 700℃条件下煅烧后得到 $LiAlO_2$ 的 SEM 图谱

a—5000 倍；b—5 万倍

图 6-13 是将以 Li_2CO_3 为锂源，通过水热反应得到 $LiAlO_2$ 前驱体在 800℃条件下煅烧后得到 $LiAlO_2$ 的 SEM 图谱。

图 6-13 800℃条件下煅烧后得到 $LiAlO_2$ 的 SEM 图谱

a—5000 倍；b—5 万倍

从图 6-13 中可以看出，以 Li_2CO_3 为锂源，通过水热反应得到 $LiAlO_2$ 前驱体在 800℃条件下煅烧后得到 $LiAlO_2$ 呈规则的菱形纳米介孔颗粒状，颗粒之间存在一定尺寸的孔洞，颗粒的尺寸在 20~100nm；随着水热反应温度的升高，颗粒的团簇现象变弱，颗粒的规则度变强，且 800℃条件下煅烧后得到 $LiAlO_2$ 较 700℃条件下煅烧后得到 $LiAlO_2$ 纳米颗粒规则度更强。

6.2.5 不同锂源制备 $LiAlO_2$ 介孔材料与 $LiFePO_4$ 复合电化学性能分析

图 6-14 为不同锂源制备的前驱体在 700℃煅烧后的 $LiAlO_2$ 添加量（质量分数）为 3%时制备的 $LiAlO_2$-$LiFePO_4$/C 复合材料的不同放电电流密度下的循环性能。

从图 6-14 中可以看出，不同锂源在 700℃煅烧后得到的 $LiAlO_2$ 制备的 $LiAlO_2$-$LiFePO_4$/C 复合材料在相同倍率放电电流密度下总是以 Li_2CO_3 为锂源得

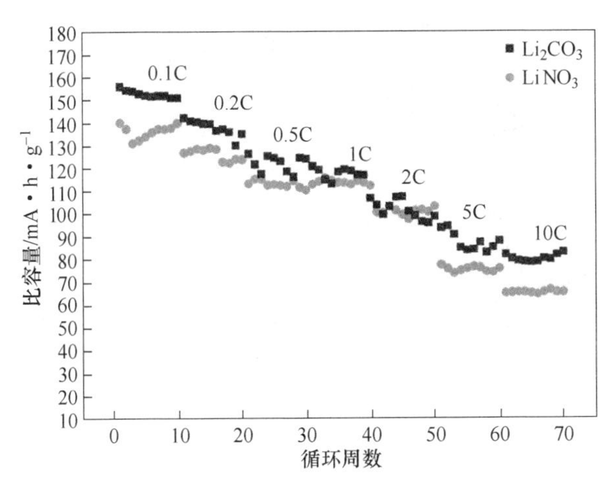

图 6-14 不同锂源在 700℃煅烧温度后制备 $LiAlO_2$-$LiFePO_4$/C 复合材料的循环放电性能

到的 $LiAlO_2$ 制备的 $LiAlO_2$-$LiFePO_4$/C 复合材料的循环放电容量高，但两者的循环衰减速度相当。

6.3 溶胶-凝胶法制备 $LiFePO_4$ 及其性能研究

6.3.1 $LiFePO_4$ 材料的制备及表征

6.3.1.1 凝胶前驱体的热重-差热分析（TG-DTA）

凝胶前驱体在惰性气体 Ar 保护下的热重-差热曲线如图 6-15 所示。前驱体混合物在 150℃、200℃、225℃以及 270℃附近存在较大程度的失重现象，在差热曲线上分别对应着不同强度的吸热峰。结果表明，由凝胶前驱体生成 $LiFePO_4$ 材料的反应不是一步进行的，而是分为四个阶段。在第一个阶段主要表现为 150℃附近的失重和吸热峰，这主要对应于凝胶驱体中自由水的丢失过程。随着温度不断上升，凝胶前驱体在 200℃附近产生第二个反应阶段。在这个阶段主要对应于凝胶前驱体中结合水的过程，在这个阶段，凝胶前驱体中配合剂柠檬酸也在惰性气氛下发生裂解形成炭黑。随着温度的进一步升高，则材料在 200~280℃出现第三个阶段的化学反应，这一阶段主要表现为 $NH_4H_2PO_4$ 和 $LiNO_3$ 的分解，当温度高于 270℃以后，产生失重，并在 450℃形成吸热峰，$LiFePO_4$ 在这个温度下已经逐渐形成。当温度高于 450℃以后，在热重曲线上，质量基本保持恒定。故此，在预烧工艺中，选定 450℃作为 $LiFePO_4$ 材料预烧温度。

6.3.1.2 凝胶前驱体-450℃预烧料的物相分析（XRD）

图 6-16 为 450℃预烧料的 XRD 图谱，由图可以看出，预烧料 XRD 谱具有橄榄石 $LiFePO_4$ 的特征衍射峰（311）、（211）、（111）、（101）和（200），因此，

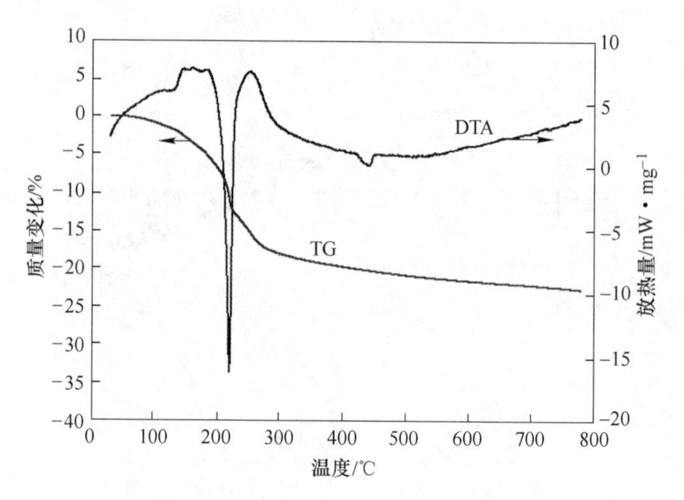

图 6-15 凝胶前驱体热重-差热分析曲线

凝胶前驱体经过 450℃预烧后已经生成了橄榄石型 $LiFePO_4$。但是由图 6-16 可以看出，衍射谱背底弯曲，衍射峰宽度较大，这就表明预烧料晶粒尺寸很细，结晶性能还很差。故此，要形成结晶性能良好的磷酸铁锂材料，还需要经过最后在较高温度下的煅烧工艺。

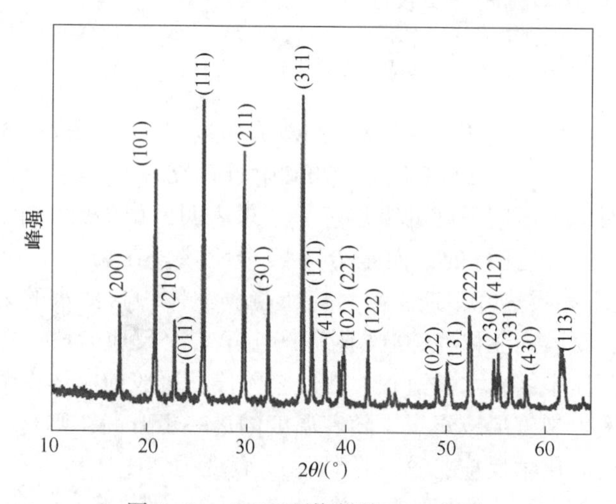

图 6-16 450℃预烧料的 XRD 图谱

6.3.2 合成温度对 $LiFePO_4$ 材料结晶性能及形貌的影响

预烧料经过不同温度煅烧后合成样品的 XRD 图谱如图 6-17 所示。由图 6-17 可以看出，在 650 ~ 750℃ 下合成材料具有单一的晶相，即橄榄石的 $LiFePO_4$。经 650℃和 700℃煅烧后样品的 XRD 衍射峰存在较为明显的展宽现象，根据 Sherrer 公式可以判断材料晶粒细小，结晶程度不充分。当煅烧温度提高到750℃，材料的衍射峰变得尖锐，主峰强度增大，说明750℃煅烧合成的磷酸铁锂材料结晶性能变好。因此，磷酸铁锂材料煅烧合成温度可以选为750℃。在三个衍射图谱上，都有非晶胞的存在，说明材料中存在较多的非晶相，主要是合成过程中加入的配合剂柠檬酸裂解形成的炭黑所致。炭黑的存在可以抑制材料晶粒的过快生长，使得材料具有较小的粒径。

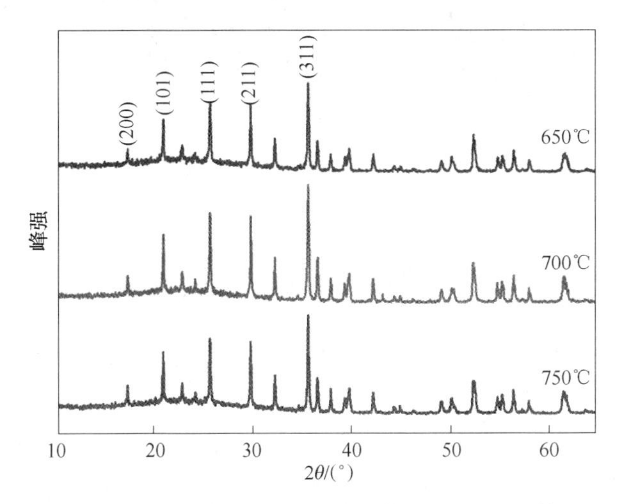

图 6-17 预烧料经不同温度煅烧后的 XRD 图谱

预烧料分别在750℃、700℃和650℃下煅烧合成纳米磷酸铁锂材料的 SEM 图如图 6-18 所示。650℃煅烧样颗粒尺寸仍然非常小，在炭黑包裹下形成一种团簇体，结晶性能较差，如图 6-18c 所示。当煅烧温度升高，失掉部分炭黑，颗粒之间的结晶阻碍减小，则有些颗粒迅速吞并周围较小颗粒，从而形成粒径更大的颗粒，结晶性能增加，如图 6-18b 所示。进一步提高煅烧温度，则将有更多的颗粒被释放出来形成较大的颗粒，材料结晶性能进一步提高，如图 6-18a 所示。预烧料在不同温度煅烧下这一颗粒形貌的变化规律与图 6-17 变化规律相互印证。

a

b

c

图 6-18 不同温度煅烧料的 SEM 图

a—750℃；b—700℃；c—650℃

6.3.3 配合剂量对 $LiFePO_4$ 材料结晶性能及形貌的影响

图 6-19 为不同配合剂柠檬酸量下经 450℃ 预烧、750℃ 煅烧样品的 XRD 图谱。从图 6-19 中可以看出，在柠檬酸加入量（物质的量）为 $LiFePO_4$ 的 0.5 倍时，煅烧样表现出较好的结晶性能。随着配合剂柠檬酸加入量的增加，煅烧样的结晶性能下降，当柠檬酸加入量（物质的量）为 $LiFePO_4$ 的 2.0 倍时，样品 XRD 衍射峰存在明显的展宽现象，说明结晶性能进一步下降。煅烧样 XRD 衍射峰的这一变化规律主要是柠檬酸裂解形成的炭黑所致，炭黑的存在会抑制材料晶粒的生长，使得材料结晶性能下降。因此，要合成结晶性能良好的 $LiFePO_4$ 材料，配合剂柠檬酸加入量（物质的量）为 $LiFePO_4$ 的 0.5 倍为宜。

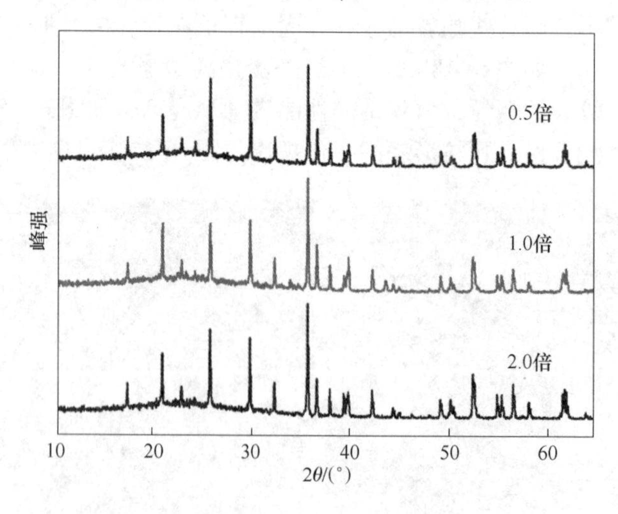

图 6-19 不同配合剂加入量材料的 XRD 图谱

图 6-20 为不同配合剂柠檬酸量下经 450℃ 预烧、750℃ 煅烧样品的 SEM 图。从图中可以看出，在柠檬酸加入量（物质的量）为 $LiFePO_4$ 的 0.5 倍时，煅烧样颗粒尺寸较大。随着配合剂柠檬酸加入量的增加，煅烧样的颗粒尺寸有所下降，当柠檬酸加入量（物质的量）为 $LiFePO_4$ 的 2.0 倍时，颗粒尺寸明显减小。煅烧样颗粒尺寸随柠檬酸加入量的这一变化规律，主要是柠檬酸裂解形成的炭黑抑制了材料晶粒的生长，使得材料颗粒尺寸减小。此颗粒尺寸随柠檬酸量的变化规律与图 6-19 随柠檬酸的变化规律相互印证。

图 6-20 不同配合剂加入量材料的 SEM 图

a—0.5 倍；b—1.0 倍；c—2.0 倍

6.3.4 电化学性能测试

电化学性能是锂离子电池正极材料的一个重要指标，也是正极材料应用的关键指标。下面将通过极片制作、电池组装和性能测试等过程，对合成的磷酸铁锂材料进行电化学性能分析，考察煅烧温度和配合剂量对材料电学性能的影响规律。

本章充放电过程采用恒流模式，截止电压分别为 2.5V 和 4.2V，充放电电流密度的大小根据需要进行调节。图 6-21 为 750℃合成的材料在不同充放电电流密度下的材料的循环性能。由图 6-21 可以看出，750℃合成的 $LiFePO_4$ 材料具有最大的充电容量 142.7mA · h/g 和放电容量 127mA · h/g，其中最大充电容量出现在第一次充电过程中，此次放电容量为 121.1mA · h/g；最大放电容量出现在第七次放电过程，并且从第一次到第七次放电容量有逐渐增加的趋势，这是电极材料逐渐被激活的结果。在 0.2C 的放电电流密度下，放电容量在 125mA · h/g 左右，随着放电电流密度增加，放电容量下降，当电流密度增加到 2.0C 时，放电容量在 60mA · h/g 左右。在相同的电流密度下，循环容量比较稳定，循环容量衰竭较小。从图中还可以看出，大多数充放电过程中充电容量略大于放电容量，但充放电效率仍然在 95%以上。

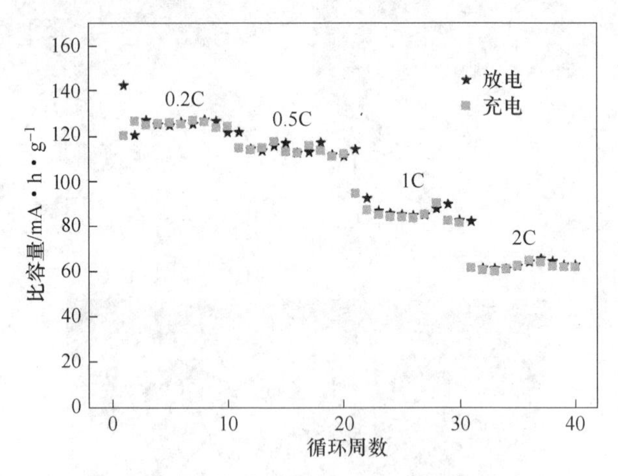

图 6-21 750℃合成 $LiFePO_4$ 材料的循环性能

煅烧温度对电学性能的影响如图 6-22 所示。从图 6-22 中可以看出，在相同的电流密度下，750℃煅烧合成材料循环容量相对比较稳定，循环容量衰竭较小，700℃煅烧合成材料衰减比较严重，650℃煅烧合成材料循环容量呈现较大波动；750℃煅烧合成的 $LiFePO_4$ 材料具有较高的放电容量，首次放电容量为 121.1mA · h/g，最大放电容量为 127mA · h/g；650℃煅烧合成的 $LiFePO_4$ 材料放电容量较低，首次放电容量为 92.6mA · h/g，最大放电容量为 96.9mA · h/g；700℃煅烧合成样放电容量处于它们之间。总体来说，650~750℃煅烧温度范围内，电学性能随着煅烧温度升高而提升，750℃煅烧材料具有较好的电学性能。从 6.3.2 节合成温度对纳米 $LiFePO_4$ 材料结晶性能的影响规律可知，不同煅烧温度下材料的结晶性能有较大差别。因此，可能是煅烧温度不同致使材料结晶性能不同而使得最终电学性能出现差异。

图 6-23 所示是不同配合剂量下 $LiFePO_4$ 材料的电学性能。从图 6-23 中可以看出，材料在相同的电流密度下，循环容量都比较稳定，循环容量几乎没有出现

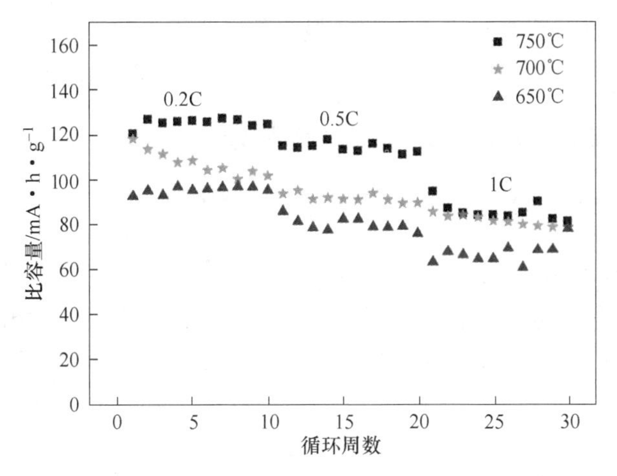

图 6-22 不同煅烧温度合成 $LiFePO_4$ 材料的循环性能

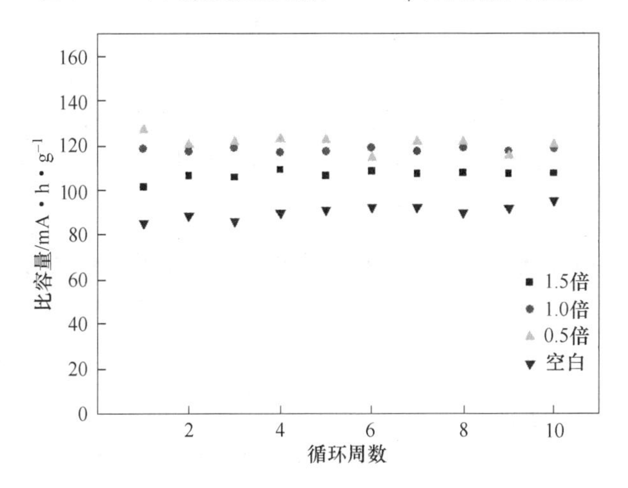

图 6-23 配合剂量对 $LiFePO_4$ 材料电学性能的影响

衰减；配合剂柠檬酸量（物质的量）为 $LiFePO_4$ 的 0.5 倍时，材料具有较好的电学性能，首次放电容量为 127.4mA · h/g；在加入配合剂的情况下，随配合剂量增加，电学性能有下降的趋势。从前文的 XRD 衍射分析和 SEM 分析可知，随配合剂量的增加，热裂解形成的炭黑量增加，结晶过程的阻力增大，材料结晶性能呈下降的趋势。可以判断，是结晶性能的变化导致电学性能的不同，这与上面煅烧温度对电学性能的影响规律本质是相同的。从图 6-23 中还可以看出，在不加柠檬酸的情况下，电学性能相对是最差的。这是因为 $LiFePO_4$ 的电导率很低，导致了材料在充放电过程中电子不能及时随锂离子一起从电极中脱出或者嵌入，则锂离子与电子的分离将产生较大的容抗，随着电子的不断集聚，容抗不断增加，从而导致充电电压的不断升高和放电电压的不断降低，使得充放电过程过早结束，实际容量下降。而配合剂裂解生成的炭黑能够填充在 $LiFePO_4$ 晶粒之间，增强颗粒间的导电性，提高材料电导率，最终使电学性能提高。由此可见，要用溶胶-凝胶法合成电学性能良好的 $LiFePO_4$ 材料，必须掌握好配合剂的量。

6.4 $LiAlO_2$ 复合 $LiFePO_4$/C 的结构和性能

6.4.1 $LiAlO_2$-$LiFePO_4$/C 纳米介孔复合材料的合成

采用溶胶-凝胶法，向最优组中添加不同质量比的 $LiAlO_2$ 纳米介孔材料，具体制备过程为：将一定量的配合剂柠檬酸溶于水中，依次向柠檬酸溶液中滴加摩尔比为 1∶1 的氯化铁溶液和 LiCl 溶液并保持搅拌状态，再将不同质量比的纳米介孔 $LiAlO_2$ 添加至上述混合溶液中，然后在 60℃ 下陈化配合 8h。再向上述溶液中加入一定化学计量比的 $NH_4H_2PO_4$，用氨水调节溶液 pH 值，加热并搅拌使其成为均匀的溶胶状态。将溶胶在氩气保护 300℃ 下加热得到凝胶，继续加热得到干凝胶。将干凝胶研细，氩气保护下 470℃ 预烧 14h，得到 $LiFePO_4$ 预烧料。将预烧料以乙醇为介质球磨 4h，干燥后放入瓷舟中，氩气保护下 750℃ 煅烧 10h，得到 $LiAlO_2$-$LiFePO_4$/C 介孔复合电极材料。本实验主要考察了 $LiAlO_2$ 的添加量（质量分数）为 1%、2%、3%、4% 和 5% 对 $LiAlO_2$-$LiFePO_4$/C 纳米介孔复合材料的结构、形貌及电化学性能的影响。

6.4.2 $LiAlO_2$-$LiFePO_4$/C 纳米介孔复合材料的结构和形貌分析

图 6-24 为分别添加 1%、2%、3%、4% 和 5% 介孔 $LiAlO_2$（以 $LiNO_3$ 为锂源，将前驱体在 700℃ 条件下煅烧）的 $LiAlO_2$-$LiFePO_4$/C 纳米介孔复合材料在 750℃ 煅烧料的 XRD 图谱。

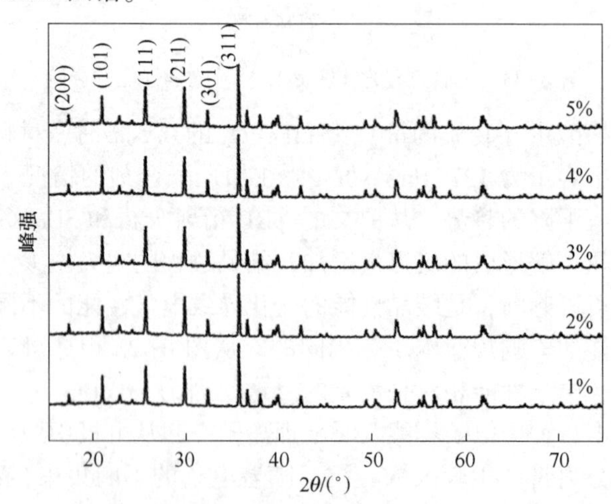

图 6-24 以 $LiNO_3$ 为锂源添加不同质量分数介孔 $LiAlO_2$（700℃）的 $LiAlO_2$-$LiFePO_4$/C 纳米介孔复合材料在 750℃ 煅烧料的 XRD 图谱

从图 6-24 可以看出，在五种添加量下，图谱上都存在（311）、（211）、（111）、（101）和（200）强衍射峰，且都没有杂峰的存在，添加介孔 $LiAlO_2$ 没有影响 $LiFePO_4$ 材料的晶体结构；衍射谱上没有介孔 $LiAlO_2$ 的衍射峰，可能是由于铝酸锂的量少结晶性能差，被 $LiFePO_4$ 的强衍射峰所“遮蔽”。这也表明 $LiAlO_2$ 添加量（质量分数）为 1%~5%时，在 750℃下合成的材料具有单一的晶相，即橄榄石结构 $LiFePO_4$。$LiAlO_2$ 的加入没有影响 $LiFePO_4$ 材料的晶体结构，这证实了少量 $LiAlO_2$ 加入不会影响 $LiFePO_4$ 材料结构的论点。

图 6-25 所示为分别添加 1%、2%、3%、4%和 5%介孔 $LiAlO_2$（以 $LiNO_3$ 为锂源，将前驱体在 800℃条件下煅烧）的 $LiAlO_2$-$LiFePO_4/C$ 纳米介孔复合材料在 750℃煅烧料的 XRD 图谱。

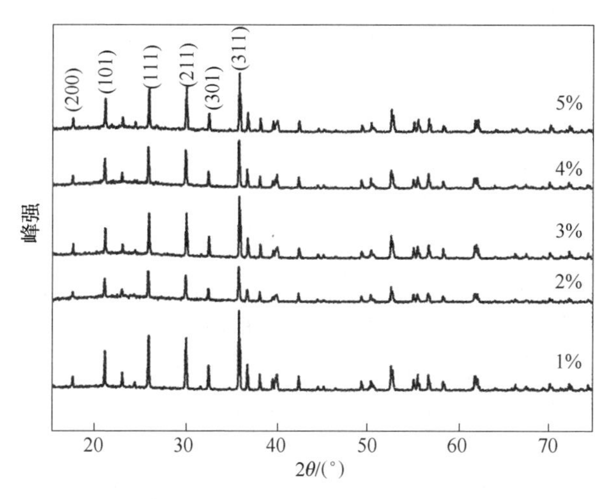

图 6-25 以 $LiNO_3$ 为锂源添加不同质量分数介孔 $LiAlO_2$（800℃）的 $LiAlO_2$-$LiFePO_4/C$ 纳米介孔复合材料在 750℃煅烧料的 XRD 图谱

从图 6-25 可以看出，在五种添加量下，图谱上都存在（311）、（211）、（111）、（101）和（200）强衍射峰，且都没有杂峰的存在，添加介孔 $LiAlO_2$ 没有影响 $LiFePO_4$ 材料的晶体结构；衍射谱上没有介孔 $LiAlO_2$ 的衍射峰，可能是由于 $LiAlO_2$ 的量少结晶性能差，被 $LiFePO_4$ 的强衍射峰所“遮蔽”。这也表明 $LiAlO_2$ 添加量（质量分数）为 1%~5%时，在 750℃下合成的材料具有单一的晶相，即橄榄石结构 $LiFePO_4$。$LiAlO_2$ 的加入没有影响 $LiFePO_4$ 材料的晶体结构，这也证实了少量 $LiAlO_2$ 加入不会影响 $LiFePO_4$ 材料结构。

图 6-26 所示为分别添加 1%、2%、3%、4%和 5%介孔 $LiAlO_2$（以 Li_2CO_3 为锂源，将前驱体在 700℃条件下煅烧）的 $LiAlO_2$-$LiFePO_4/C$ 纳米介孔复合材料在 750℃煅烧料的 XRD 图谱。

从图 6-26 可以看出，在五种添加量下，图谱上都存在（311）、（211）、

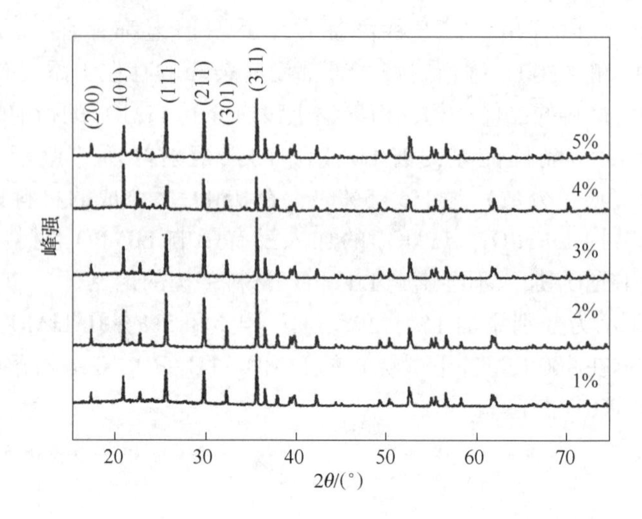

图 6-26 以 Li_2CO_3 为锂源添加不同质量分数介孔 $LiAlO_2$（700℃）的 $LiAlO_2$-$LiFePO_4/C$ 纳米介孔复合材料在 750℃煅烧料的 XRD 图谱

（111）、（101）和（200）强衍射峰，且都没有杂峰的存在，添加介孔 $LiAlO_2$ 没有影响 $LiFePO_4$ 材料的晶体结构；衍射谱上没有介孔 $LiAlO_2$ 的衍射峰，可能是由于 $LiAlO_2$ 的量少结晶性能差，被 $LiFePO_4$ 的强衍射峰所"遮蔽"。这也表明 $LiAlO_2$ 添加量（质量分数）为 1%～5%时，在 750℃下合成的材料具有单一的晶相，即橄榄石结构 $LiFePO_4$。$LiAlO_2$ 的加入没有影响 $LiFePO_4$ 材料的晶体结构，这证实了少量 $LiAlO_2$ 加入不会影响 $LiFePO_4$ 材料结构。

对比图 6-24、图 6-25 可以看出，相同的锂源制备出的 $LiAlO_2$ 前驱体在不同温度下煅烧后得到的介孔 $LiAlO_2$ 制备的 $LiAlO_2$-$LiFePO_4/C$ 纳米介孔复合材料 XRD 图谱完全符合，这说明前驱体在不同煅烧温度下制备出的介孔 $LiAlO_2$ 对 $LiAlO_2$-$LiFePO_4/C$ 纳米介孔复合材料的结构没有影响。对比图 6-24、图 6-26 可以看出，不同的锂源制备出的前驱体在相同的温度条件下煅烧后得到的介孔 $LiAlO_2$ 制备的 $LiAlO_2$-$LiFePO_4/C$ 纳米介孔复合材料的 XRD 图谱也完全符合。这证明，不同的锂源制备出的介孔 $LiAlO_2$ 对 $LiAlO_2$-$LiFePO_4/C$ 纳米介孔复合材料的结构没有影响。

$LiAlO_2$-$LiFePO_4/C$ 纳米介孔复合材料的 SEM 形貌如图 6-27 所示。

从图 6-27 中可以看出，合成的复合材料颗粒尺寸细小，有的颗粒尺寸较大，超过 5μm，可以推断可能是添加的高比表面积介孔 $LiAlO_2$ 表面能较高，在预烧过程中成为初结晶 $LiFePO_4$ 颗粒的附着中心，而导致颗粒团聚，而在高温煅烧时，团聚的 $LiFePO_4$ 颗粒以介孔 $LiAlO_2$ 为异质形核中心而长成大尺寸颗粒。

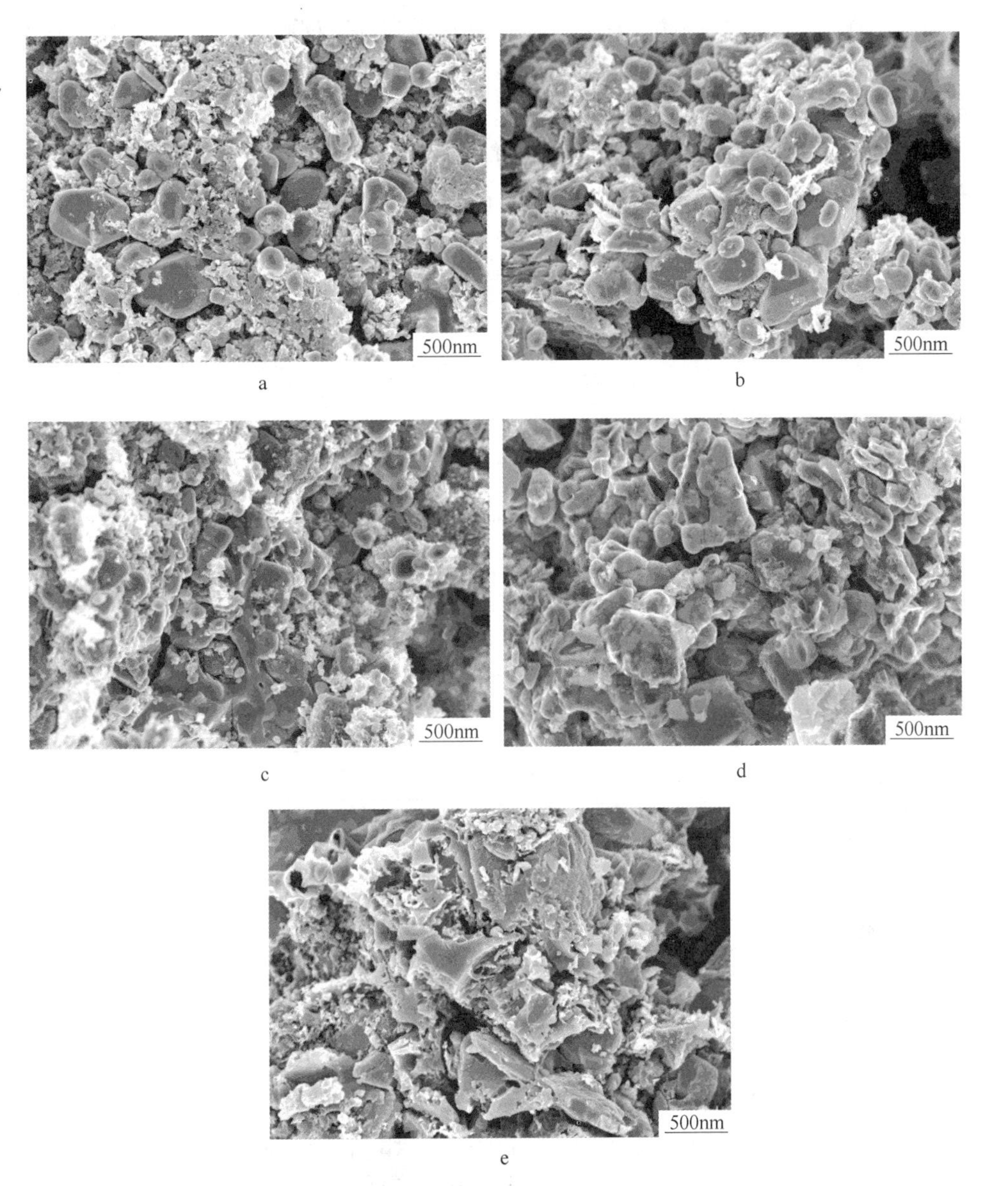

图 6-27 不同 $LiAlO_2$ 添加量下 $LiAlO_2$-$LiFePO_4/C$ 纳米介孔复合材料的 SEM 图

a—1%；b—2%；c—3%；d—4%；e—5%

6.4.3 $LiAlO_2$-$LiFePO_4/C$ 纳米介孔材料的电化学性能分析

下面将通过极片制作、电池组装和性能测试等过程，对合成的 $LiAlO_2$-$LiFePO_4/C$ 纳米介孔复合材料进行电化学性能分析，考察添加介孔 $LiAlO_2$ 对 $LiFePO_4$ 材料电学性能的影响。本章充放电过程也采用恒流模式，截止电压分别为 2.5V 和 4.2V，充放电电流密度的大小根据需要进行调节。

图 6-28 为添加 1%~5%介孔 $LiAlO_2$ 合成的 $LiAlO_2$-$LiFePO_4/C$ 纳米介孔复合材料在不同放电电流密度下的循环性能。由图 6-28 可以看出，复合材料具有最大的放电容量 167.5mA · h/g，最大放电容量出现在第一次放电过程；在 0.1C 的放电电流密度下，放电容量在 167.5mA · h/g 左右，随着放电电流密度增加，放电容量有所下降，当电流密度增加到 0.5C 时，放电容量在 136mA · h/g 左右，当电流密度增加到 1C 时，放电容量急剧下降，之后随着放电电流密度的增加，放电容量急剧下降，当放电电流密度为 5.0C 时，放电容量下降到 40mA · h/g 左右。

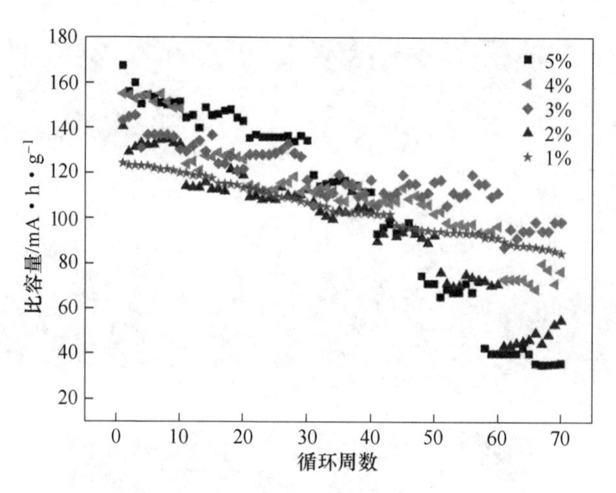

图 6-28　不同添加量的介孔 $LiAlO_2$ 合成的 $LiAlO_2$-$LiFePO_4/C$ 纳米介孔复合材料在不同放电电流密度下的循环性能

从图 6-28 中可以看出，随着介孔 $LiAlO_2$ 添加量的增加，$LiAlO_2$-$LiFePO_4/C$ 纳米介孔复合材料在 0.1C 的放电电流密度下，放电容量也在增加。从图 6-28 中可以看出添加量（质量分数）为 1%时，整体放电容量不高，但循环衰减比较缓慢；当添加量为 2%和 5%时，循环衰减都非常急剧；当添加量为 3%和 4%时，材料不仅整体放电容量较高，而且随着循环次数的增加，循环衰减也比较缓慢，对比添加量 3%和 4%可以看出，添加量为 3%时更稳定。

由此可以看出添加介孔 $LiAlO_2$ 合成的复合材料与未复合的 $LiFePO_4$ 材料相比，不论是倍率循环容量还是循环稳定性能方面，都有很大程度的提高。这还可以从 $LiAlO_2$-$LiFePO_4/C$ 纳米介孔复合材料和空白样电学性能对比图图 6-29（空白样为没有添加介孔 $LiAlO_2$ 溶胶-凝胶法合成的 $LiFePO_4$ 材料）得到进一步证实。从图 6-29 中可以看出，在相同的放电电流密度下，添加 3%介孔 $LiAlO_2$ 的 $LiAlO_2$-$LiFePO_4/C$ 纳米介孔复合材料循环容量明显高于空白样；随着放电电流密度增加，空白样循环容量下降严重，在放电电流密度为 5.0C 时，放电容量只有 70mA·h/g，复合材料循环容量比较稳定，电流密度增加到 5.0C 时，放电容量也有 115mA·h/g 左右。

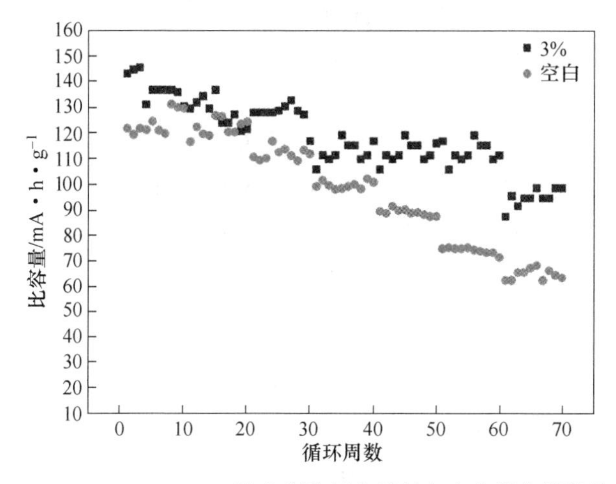

图 6-29 $LiAlO_2$-$LiFePO_4/C$ 纳米介孔复合材料和空白样电学性能对比图

图 6-30 是不同介孔铝酸锂添加量下 $LiAlO_2$-$LiFePO_4/C$ 纳米介孔复合材料的电学性能及与空白样电学性能的比较。

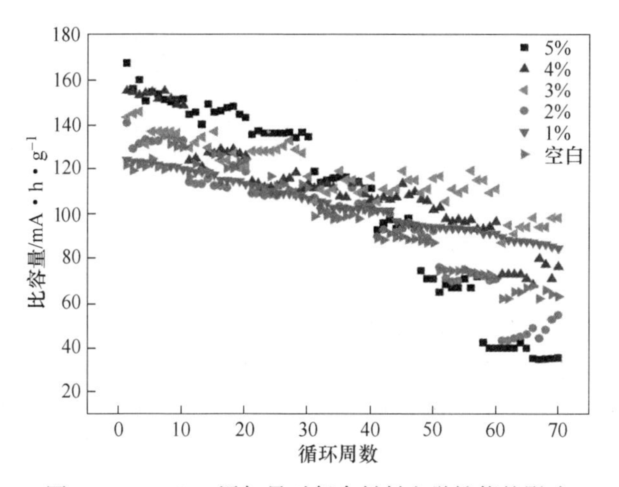

图 6-30 $LiAlO_2$ 添加量对复合材料电学性能的影响

从图 6-30 中可以看出，当放电电流密度小于 5.0C 时添加 $LiAlO_2$ 的复合材料循环容量均高于空白样；在添加介孔 $LiAlO_2$ 1%、2%、3%、4%和 5%的五个量中，随着添加量的增加，材料循环容量也随之增加，添加量为 5%时复合材料循环容量最高，但循环衰减较快；随着添加量的增大，循环衰减的速度也随之加快。因此，要通过添加介孔铝酸锂来合成循环容量高、循环稳定性好的 $LiAlO_2$-$LiFePO_4/C$ 纳米介孔复合材料，必须掌握好介孔 $LiAlO_2$ 的量。

从上面的分析可以看出，将纳米 $LiFePO_4$ 与介孔 $LiAlO_2$ 两相复合，形成纳米/介孔组装体，使介孔 $LiAlO_2$ 成为 $LiFePO_4$ 颗粒之间的连接体，可以较大幅度提高 $LiFePO_4$ 材料的电学性能，特别是较高倍率下的电学性能。

6.5 小结

（1）以不同的锂源水热合成的前驱体在700℃温度条件下煅烧均可得到纯相的 α-$LiAlO_2$，所以不同的锂源对水热制备 $LiAlO_2$ 的结构没有影响。

（2）不同的锂源制备的前驱体在相同温度条件下煅烧后得到的 α-$LiAlO_2$ 在形貌上有很大的差距。以 $LiNO_3$ 为锂源，得到的纳米颗粒团聚程度高且其颗粒不具有一定的规则性，而以 Li_2CO_3 为锂源得到的 α-$LiAlO_2$ 具有很高规则度，且颗粒尺寸较细小。

（3）不同锂源制备的前驱体在700℃煅烧后的 $LiAlO_2$ 添加量为3%时制备的 $LiAlO_2$-$LiFePO_4$/C 复合材料在相同放电电流密度下以 Li_2CO_3 为锂源得到的 $LiAlO_2$ 制备的 $LiAlO_2$-$LiFePO_4$/C 复合材料的循环放电容量高，这主要是因为以 Li_2CO_3 为锂源得到的 $LiAlO_2$ 材料形貌更均一，颗粒尺寸更细小导致材料比表面积高，从而提高了 $LiAlO_2$-$LiFePO_4$/C 复合介孔材料的电化学性能。

（4）在650~750℃范围内，随着煅烧温度的升高，材料的结晶性能增加，颗粒尺寸增加，750℃材料具有良好的结晶性能。煅烧温度会通过影响 $LiFePO_4$ 材料的结晶性能和颗粒尺寸最终影响到材料的电化学性能，650~750℃煅烧温度范围内，电学性能随着煅烧温度升高而提升，750℃煅烧材料具有较好的电学性能。

（5）在柠檬酸量（物质的量）为 $LiFePO_4$ 的0.5~2.0倍范围内，随着柠檬酸量增加，材料的结晶性能下降，颗粒尺寸减小，0.5倍配合剂量和750℃煅烧的材料具有良好的结晶性能。柠檬酸量通过影响 $LiFePO_4$ 材料的结晶性能和颗粒尺寸最终影响到材料的电化学性能，0.5~2.0倍柠檬酸量范围内，电学性能随着柠檬酸量增加而下降，0.5倍柠檬酸量时，材料具有较好的电学性能。

（6）以AAO模板为铝源，用低温水热法能够合成高纯度的介孔 α-$LiAlO_2$，并且合成的介孔 $LiAlO_2$ 呈二维纳米状结构，层片体表面的孔洞呈顶部小底部大的细颈瓶形结构。

（7）通过溶胶-凝胶法在 $LiFePO_4$ 材料中引入介孔 $LiAlO_2$，形成纳米/介孔组装体，使介孔 $LiAlO_2$ 成为 $LiFePO_4$ 颗粒之间的连接体，可以较大幅度提高 $LiFePO_4$ 材料的电学性能，特别是较高倍率下的电学性能，但在一定范围内，$LiAlO_2$ 的引入不会对材料的晶体结构产生影响。

7 $Li_4Ti_5O_{12}$ 负极材料的制备工艺、结构与性能

7.1 引言

尖晶石型钛酸锂（$Li_4Ti_5O_{12}$）是一种零应变锂离子电池负极材料[128~230]，具有优良的结构稳定性能和安全性能。其理论比容量为175mA·h/g；循环性能好，有很好的充放电平台[231]。同时，其还具有较好的抗过充性、热稳定性等优点，因此，具有广泛应用前景[232]。但由于 $Li_4Ti_5O_{12}$ 本身的导电性很差，极大地限制了该材料的应用。

改进合成方法是提高 $Li_4Ti_5O_{12}$ 性能的一个有效途径，目前合成 $Li_4Ti_5O_{12}$ 大多采用固相法，但是固相法由于需要长时间高温煅烧，晶粒的大小、形貌不易控制，得到的 $Li_4Ti_5O_{12}$ 导电性差，放电容量较低，倍率性能差[185~187]。溶胶-凝胶法和水热法制备的产物化学均匀性好、纯度高、粒度细，表现出良好的电化学性能，但合成的周期较长，成本较高[236~239]。

燃烧法是合成纳米复合氧化物粉体常用的一种简单快捷的方法，燃烧法主要是在制备时加入一定量有机物，借助有机物燃烧时放出大量的热来降低最后煅烧的温度，同时有机物燃烧时产生大量气体可以减少产品的团聚从而获得晶粒尺寸较小的产品。此方法合成出的产品晶粒小、组成均匀，样品合成温度低，从而降低了能耗。吴保明等[240]，以尿素为燃料燃烧法合成了具有很高的放电比容量、良好的循环性能和倍率性能的富锂层状正极材料 $0.7Li_2MnO_{3-0.3}LiNi_{0.7}Co_{0.3}O_2$；乔亚非等[241]，以柠檬酸为燃料合成了 $LiNi_{1/3}Co_{1/3}Mn_{1/3}O_2$ 材料，0.5C 倍率下首次放电比容量 180mA·h/g；戴西里[242] 以钛酸四丁酯和 $LiNO_3$ 为原料，液相燃烧法合成了形貌均一、具有纳米尺寸的 $Li_4Ti_5O_{12}$ 材料，该材料具有很好的循环稳定性以及倍率性能。根据以上报道，在前驱体中加入适量的燃料，能够促使晶核在较低温度下形成，进而降低煅烧温度，缩短煅烧时间，可得到大小均一、结晶度较高的 $Li_4Ti_5O_{12}$ 材料。目前，研究燃烧法合成 $Li_4Ti_5O_{12}$ 的报道较少。

为获得低成本、高比容量和良好倍率性能的 $Li_4Ti_5O_{12}$ 材料。本章以聚乙烯吡咯烷酮（PVP）或尿素为燃料，通过燃烧法合成 $Li_4Ti_5O_{12}$，重点探索了煅烧温度和煅烧时间对 $Li_4Ti_5O_{12}$ 结构、形貌和电化学性能的影响。

7.2 PVP 凝胶燃烧法合成 $Li_4Ti_5O_{12}$ 负极材料

7.2.1 材料的合成

将 3.99g $LiCH_3CO_2 \cdot 2H_2O$、4.08g TiO_2 和 20.00g 聚乙烯吡咯烷酮（PVP）置于烧杯中，加入适量去离子水并加入稀 HNO_3 调节 pH 值为 3。其中原料投料按照 $n(Li):n(Ti)=1.05$，PVP 单体和金属离子的物质的量比值为 2，以保证所有的金属离子都能被配合。磁力搅拌下 90℃油浴内加热至黏稠得到湿凝胶，然后将湿凝胶置于干燥箱中 120℃干燥后得到干凝胶。干凝胶取出研碎后装于敞口容器中置于万用电炉上于通风橱中加热引发燃烧反应得到黑色疏松泡沫状前驱体粉末。将前驱体粉末在玛瑙研钵中研磨、过筛后于马弗炉中煅烧后得到白色 $Li_4Ti_5O_{12}$ 粉末。

7.2.2 $Li_4Ti_5O_{12}$ 材料合成温度范围的选择

Mergos 等[243] 研究了 Li_2O-TiO_2 的二元相图，如图 7-1 所示。从 Li_2O-TiO_2 的二元相图中可以看出，不同比例的 $TiO_2:Li_2O$，主要的反应产物为 Li_2TiO_3、Li_4TiO_4、$Li_4Ti_5O_{12}$、$Li_2Ti_3O_7$ 等。温度在 950℃以下的高组分 TiO_2（72%～100% TiO_2）区域内，主要形成了尖晶石结构的 $Li_4Ti_5O_{12}$ 相。此结构中包含着单一价态的 Li 和多价态的 Ti，呈Ⅲ、Ⅳ价态，可以写成 $LiTi(Ⅲ)_{4-3s}Ti(Ⅳ)_{2s-1}O_4$（$0.5 \leqslant s \leqslant 1.33$）。

当温度高于 950℃时，高组分 TiO_2 区域的相图中主相是 $Li_2Ti_3O_7$ 化合物。与尖晶石 $Li_4Ti_5O_{12}$ 相邻的物相分别是：单斜相贫锂相 $Li_2Ti_3O_7$、$\beta-Li_2TiO_3$、TiO_2 相及立方相 $\gamma-Li_2TiO_3$。温度高于 950℃时，在富锂的区域内，尖晶石 $Li_4Ti_5O_{12}$ 相与立方相 $\gamma-Li_2TiO_3$ 形成固溶体；当温度高于 1015℃时，$Li_4Ti_5O_{12}$ 相分解为立方相 $\gamma-Li_2TiO_3$ 和贫锂相 $Li_2Ti_3O_7$ 固溶体。从图 7-1 可以看出，$Li_4Ti_5O_{12}$ 相的最佳合成温度区间为 600～930℃；在贫锂的区域内，极易产生 $Li_2Ti_3O_7$ 相的杂质；在富锂的区域内，极易产生单斜相 $\beta-Li_2TiO_3$。这些杂相的形成，对 $Li_4Ti_5O_{12}$ 的电化学性能有不利的影响，例如，较差的循环性能和较低的倍率性能。

根据晶体生长原理，晶粒的生长通常借助于晶界的移动，而煅烧温度以指数级别影响着晶界的移动速率，因此高温下晶粒生长速度大大加快。晶体的形状是由各个晶面的相对生长速率比值决定的，而煅烧温度可改变不同晶面的生长速率及其比值[244]。

尖晶石 $Li_4Ti_5O_{12}$ 相的合成温度影响着晶粒大小、相的纯度及微观结构，进而影响其电化学性能。因而，$Li_4Ti_5O_{12}$ 相稳定的温度范围内（600～930℃），探索出合适的煅烧工艺，对制备出优异性能的 $Li_4Ti_5O_{12}$ 负极材料是非常重要的。

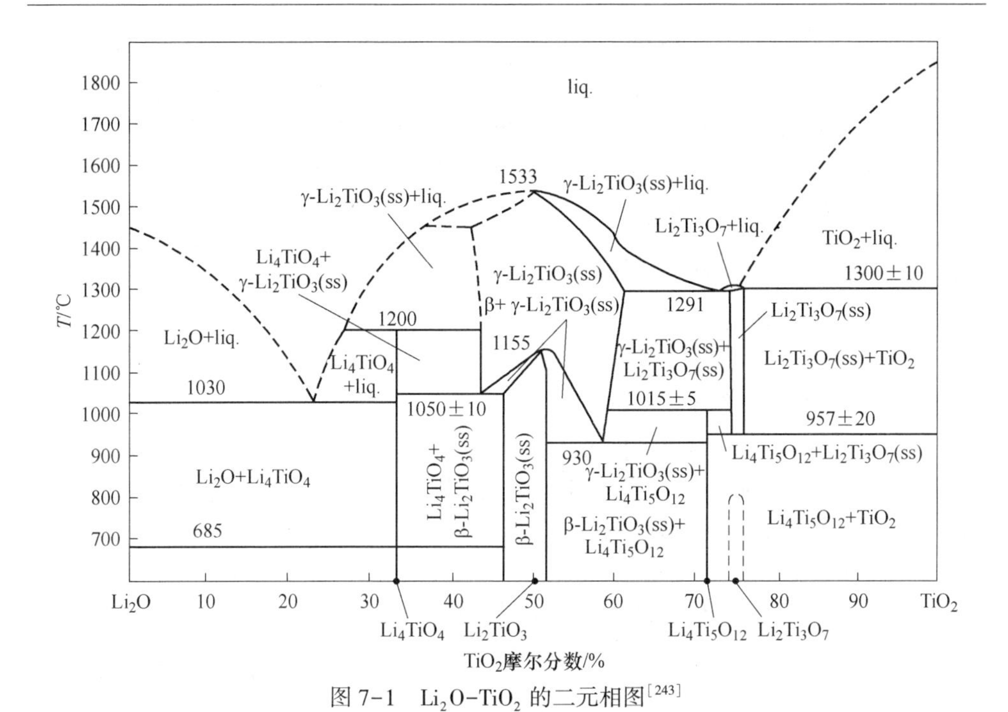

图 7-1 Li_2O-TiO_2 的二元相图[243]

对燃烧后的前驱体进行了热分析测试，以便更好地了解 PVP 凝胶燃烧法合成 $Li_4Ti_5O_{12}$ 负极材料合成的温度范围。如图 7-2 所示，110℃左右，热重曲线有轻微的失重，推测是由于前驱体中水分的挥发吸热产生的，350~400℃之间的热重曲线，失重为 2%左右，是由于 PVP 的少量分解产生的，450℃左右的热重曲线发生了显著的失重，失重达 20%，且在此过程产生了吸热反应，推测是由于 PVP 的大量分解，450~1000℃的热重曲线基本稳定，DTA 曲线也没有明显的放/吸热峰，在此区间内主要是 $Li_4Ti_5O_{12}$ 相的结晶长大过程。

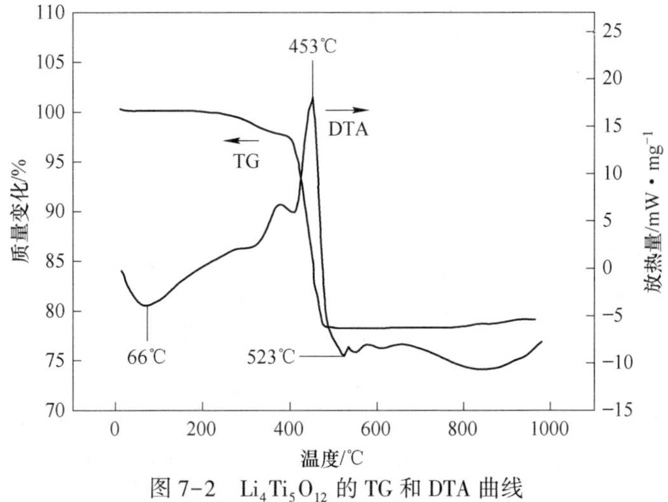

图 7-2 $Li_4Ti_5O_{12}$ 的 TG 和 DTA 曲线

从图 7-2 的热重曲线可以看出，化学反应基本上是在 450℃左右，450℃以上基本上是材料的结晶长大的阶段。结合图 7-2 的相图的尖晶石相 $Li_4Ti_5O_{12}$ 材料的温度稳定区域在 600～930℃温度区间，本实验中，为了选取合适的烧结温度，选取的温度区间是 700～900℃。在此温度范围内，探讨 PVP 凝胶燃烧法合成 $Li_4Ti_5O_{12}$ 材料的最优化温度。

7.2.3 煅烧温度对 $Li_4Ti_5O_{12}$ 材料的影响

7.2.3.1 XRD 分析

图 7-3 为在不同煅烧温度下获得的 $Li_4Ti_5O_{12}$ 材料的 XRD 图谱。从图 7-3 可以看出，700℃时，出现了不同于其他煅烧温度样品的 TiO_2 特征峰，可能是由于合成温度过低，原料之间没有反应完全及晶体没能发育好，同时反应温度为 700℃时 $Li_4Ti_5O_{12}$ 材料的峰强最弱，这也表示 $Li_4Ti_5O_{12}$ 在此温度下不能充分地结晶。在 750℃、800℃、850℃和 900℃下获得的 $Li_4Ti_5O_{12}$ 材料均没有 TiO_2 特征峰，这说明在这三个温度下均可获得纯相物质。

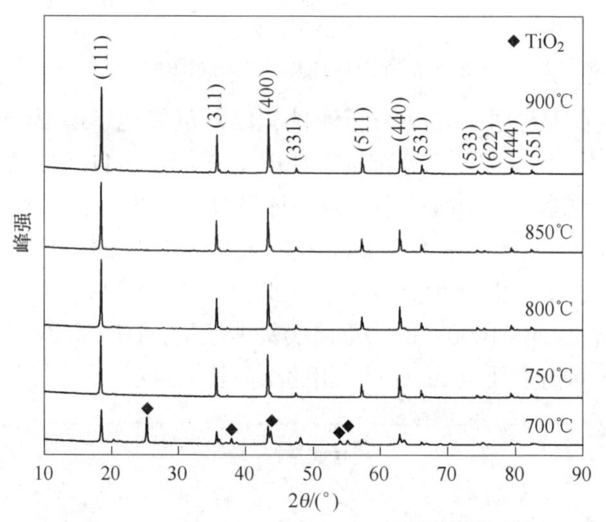

图 7-3　不同煅烧温度下 $Li_4Ti_5O_{12}$ 的 XRD 图谱

7.2.3.2 SEM 分析

图 7-4 所示为前驱体在不同温度下煅烧 8h 后产物的 SEM 图像。从图 7-4 中可以看出，晶粒的大小随着煅烧温度升高而变大。在较低温度 700℃合成的尖晶石 $Li_4Ti_5O_{12}$ 材料熔融团聚现象严重，没能够形成规整的纯相晶体，粒子与粒子当中存在杂相。750℃下合成的产物也有明显的团聚，晶粒也没有明显的几何形状。800℃煅烧的 $Li_4Ti_5O_{12}$ 样品，团聚现象消失，晶粒出现尖晶石型几何形状，晶粒尺寸在 500nm 左右且大小一致，并且晶粒间存在明显的间隙，这些空隙的存

在有助于锂离子的传输和扩散。850℃和 900℃时合成的产物晶粒尺寸逐渐增大，超过了 1μm，结晶性增加。因此，在一定的温度范围内，升高温度有助于样品晶粒的完整长大。但过高的温度也会导致合成样品的性能变差。这一结果与 X 射线衍射分析结果一致，基本为尖晶石结构的 $Li_4Ti_5O_{12}$，同时表明随着煅烧温度的升高，晶粒生长得更大，形状更规则，晶型发育得更完整。

图 7-4 不同煅烧温度下 $Li_4Ti_5O_{12}$ 的 SEM 图

a—700℃；b—750℃；c—800℃；d—850℃；e—900℃

7.2.3.3 电化学性能分析

图 7-5 是各种煅烧温度下得到的 $Li_4Ti_5O_{12}$ 材料的首次充放电曲线图。从图中可以看出，各煅烧温度得到的样品的放电平台较为不同，充放电比容量之间的差异较大。在 0.5C 倍率的放电条件下，煅烧温度为 800℃合成的样品放电容量最大，可达 163mA · h/g，放电平台的容量占整个放电容量的 93%以上。材料的合成温度越高，电池的放电容量也随之降低，放电平台也同时降低。当合成温度达到 900℃时，得到的放电容量仅为 137mA · h/g。前面的 X 射线衍射结果，当煅烧温度在 750℃以上时，可以得到纯相的尖晶石 $Li_4Ti_5O_{12}$ 材料。样品的煅烧温度为 850℃以上的时候，SEM 的图片明显与低温烧成时不同，晶粒尺寸大小超过了 1μm，结晶性能增强，晶粒表面产生了棱角，表面不是圆滑状。在低温 700℃煅烧得到的样品的晶粒较小，但由于反应不充分，结晶性能差，电化学放电容量也比较低。

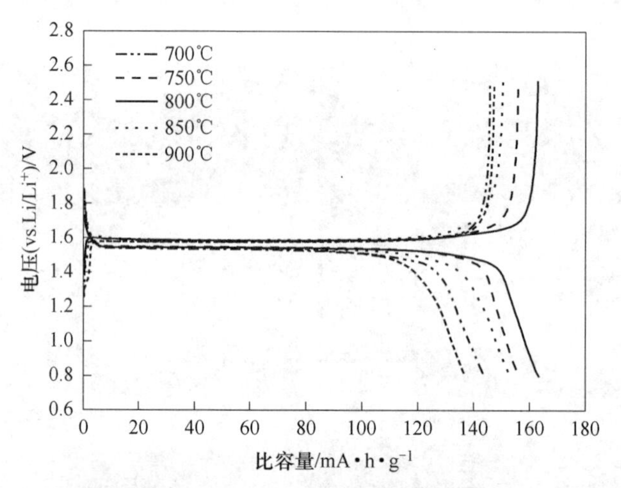

图 7-5 不同煅烧温度下 $Li_4Ti_5O_{12}$ 0.5C 倍率下的首次充放电曲线图

图 7-6a 是不同煅烧温度下得到的 $Li_4Ti_5O_{12}$ 材料在 0.5C 倍率下的循环性能。在图 7-6a 中，$Li_4Ti_5O_{12}$ 材料的循环性能较好，煅烧温度在 750℃、800℃和 850℃的条件下得到的样品的电化学循环性能最为稳定，充放电循环 20 次后，容量衰减较小。煅烧温度在 700℃条件下合成的样品，经过 20 次充放电循环之后，放电容量为 130mA · h/g 左右；煅烧温度在 900℃条件下合成的样品循环性能较好，但是容量过低。

图 7-6b 是不同煅烧温度下得到的 $Li_4Ti_5O_{12}$ 材料在 0.5C、1C、2C、5C 的倍率下的放电比容量。煅烧温度为 800℃合成的样品表现出相对较好的倍率性能，0.5C 倍率的初始放电容量为 163mA · h/g，5C 倍率容量为 139.7mA · h/g，煅烧

温度为 700℃ 合成的样品的倍率性能最差。这说明随着温度的升高，由于 $Li_4Ti_5O_{12}$ 材料晶粒的长大和晶粒之间的团聚加剧，使得 Li^+ 的扩散距离增加，增加了电极反应的难度，使材料的比容量降低，表明 800℃ 是最佳煅烧温度。虽然较高的煅烧温度导致材料的比容量下降，但是从曲线上也可以看到，在较高的倍率下、较高温度下制备的 $Li_4Ti_5O_{12}$ 材料的循环性能优于低温制备的 $Li_4Ti_5O_{12}$ 材料，这是因为随着温度的提高，材料的晶型发育更加完整，结构更加稳定，这说明适当地提高煅烧温度对提升材料的循环性能是有益的。

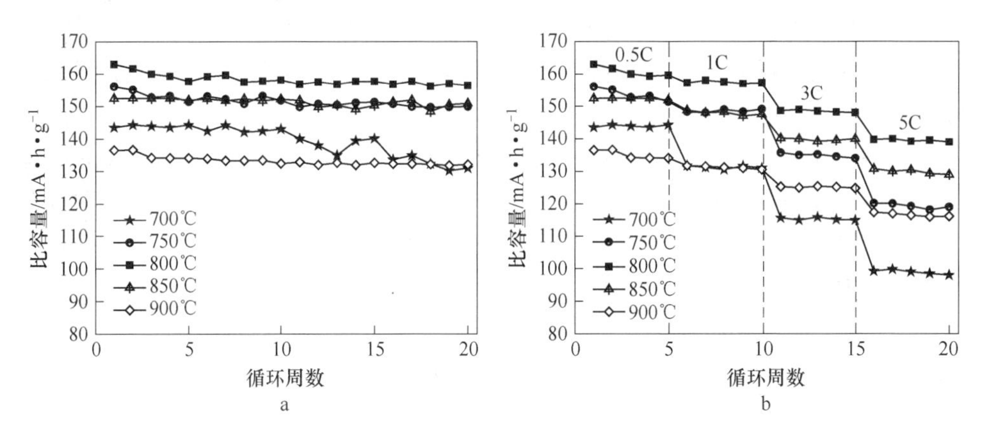

图 7-6 不同煅烧温度下 $Li_4Ti_5O_{12}$ 样品循环性能图（a）和倍率性能图（b）

图 7-7 为不同煅烧温度下 $Li_4Ti_5O_{12}$ 材料的阻抗图，电化学阻抗谱的频率范围为 100kHz～10MHz，振幅为 ±10mV。从曲线比较可以看出，在电池的内阻方面，在 800℃ 获得的样品组装的电池内阻最小（48Ω），750℃ 和 850℃ 的次之，700℃（145Ω）制备的样品的内阻最大。

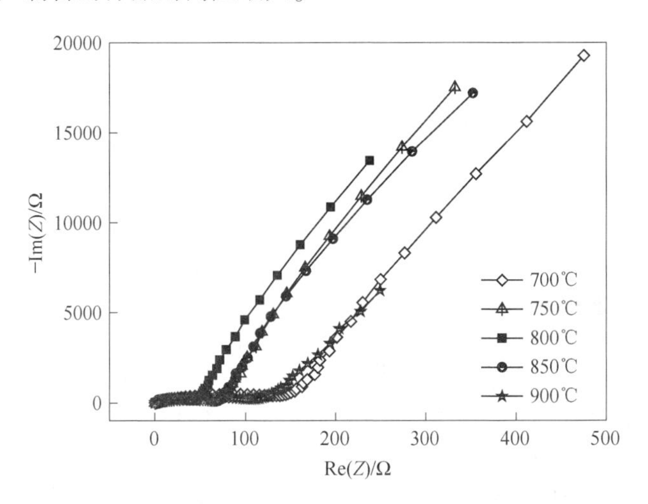

图 7-7 不同煅烧温度下 $Li_4Ti_5O_{12}$ 样品的 EIS 阻抗谱

7.2.4　煅烧时间对 $Li_4Ti_5O_{12}$ 材料的影响

在 7.2.3 节中，探讨了不同煅烧温度对 $Li_4Ti_5O_{12}$ 材料电化学性能的影响，在煅烧温度 800℃时获得的 $Li_4Ti_5O_{12}$ 材料电化学性能最为突出。在本节中将探讨煅烧时间对 $Li_4Ti_5O_{12}$ 材料的影响。在煅烧温度 800℃的条件下，考察 4h、6h、8h、10h、12h 和 14h 对 $Li_4Ti_5O_{12}$ 材料结构、形貌和电化学性能的影响。

7.2.4.1　XRD 分析

煅烧时间会对 $Li_4Ti_5O_{12}$ 材料的结构和形貌产生影响。煅烧温度一样的条件下，随着煅烧时间的增加，材料之间的扩散会逐渐均匀。图 7-8 为煅烧 800℃条件下，不同煅烧时间下 $Li_4Ti_5O_{12}$ 材料的 XRD 图谱。在图 7-8 中，煅烧时间为 4~14h 所合成的材料全部都是以 $Li_4Ti_5O_{12}$ 为主要相，均没有明显的 TiO_2 特征峰，这表明 6 个不同的煅烧时间下，均可获得纯相的产物。随着煅烧时间的增加，$Li_4Ti_5O_{12}$ 材料的特征峰逐渐增高，这是因为随着煅烧时间的增加，材料的晶型发育逐渐完善。

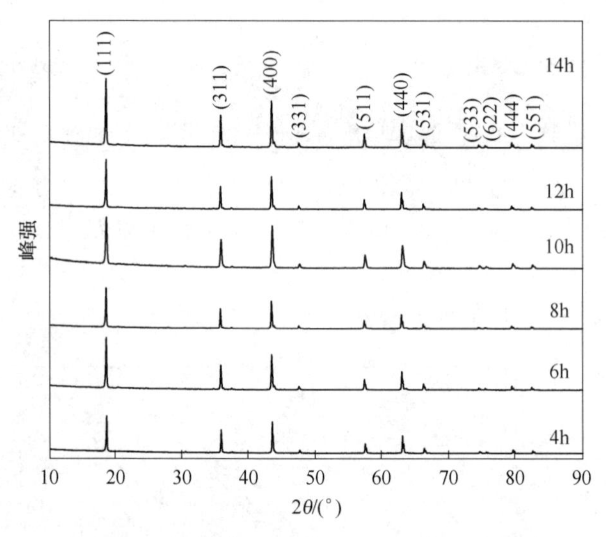

图 7-8　不同煅烧时间下 $Li_4Ti_5O_{12}$ 的 XRD 图谱

7.2.4.2　SEM 分析

图 7-9 所示为前驱体在煅烧温度为 800℃下不同煅烧时间后产物的 SEM 图。从图 7-9 可以看到，煅烧 4h 的 $Li_4Ti_5O_{12}$ 材料晶粒粒径分布不均，团聚现象严重。当煅烧时间增加到 6h 时，晶粒的粒径开始长大，团聚现象有所减弱，但是并不严重。当煅烧时间增加到 8h 时，晶粒的粒径继续长大，平均粒径增大到 500nm 左右，团聚现象消失。随着煅烧时间的增加，晶粒的大小逐渐增加。煅烧

时间在 14h 的条件下，得到的 $Li_4Ti_5O_{12}$ 材料晶粒尺寸最大。一方面当晶粒团聚的时候，粒子尺寸分布不均匀，较大的粒子使得材料的比表面积变小，这对电解液的接触不易，使得 Li^+ 的脱嵌路径变长，从而降低了材料的电化学特性。煅烧 8h 所得的样品晶粒外观完整，大小均匀，直径约在 1μm。另一方面随着时间的增加，晶粒也在逐渐长大，这导致 Li^+ 的扩散距离增加，使得材料的电化学性能下降，因此控制合理的煅烧时间对于获得性能优异的 $Li_4Ti_5O_{12}$ 材料有着重要的意义。

图 7-9 不同煅烧时间下 $Li_4Ti_5O_{12}$ 的 SEM 图片

a—4h；b—6h；c—8h；d—10h；e—12h；f—14h

7.2.4.3 电化学性能分析

煅烧时间能够影响到材料的结晶性和晶粒的大小，从而对材料的循环性能和倍率性能等产生影响。在800℃的煅烧温度下，不同煅烧时间的 $Li_4Ti_5O_{12}$ 材料的充放电曲线如图7-10所示。从图7-10中可以看出，充放电曲线的形状基本上是 $Li_4Ti_5O_{12}$ 结构的形式。但在不同煅烧时间的放电比容量不尽相同。放电平台基本上在1.5V左右，说明 Li^+ 脱嵌的电位一致，煅烧6h和10h得到的 $Li_4Ti_5O_{12}$ 材料的容量接近，这个结果和微观结构SEM照片相一致。煅烧8h后得到的 $Li_4Ti_5O_{12}$ 材料具有最长的电压平台和放电比容量。煅烧时间为14h得到的 $Li_4Ti_5O_{12}$ 材料的放电比容量和电压平台都小于8h的样品。这是由于晶粒过度长大，较大的晶粒会使 $Li_4Ti_5O_{12}$ 材料的比表面积变小，这时材料较难接触到电解液，使得 Li^+ 的脱嵌路径变长，从而降低了材料的电化学特性。

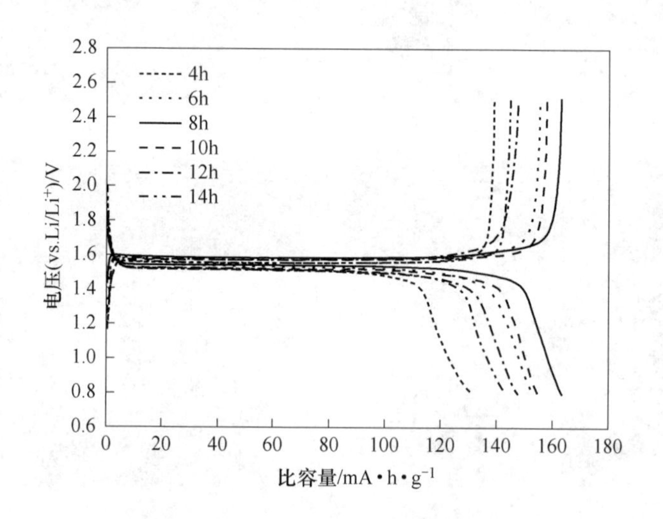

图7-10 不同煅烧时间下 $Li_4Ti_5O_{12}$ 0.5C倍率下首次充放电曲线图

图7-11a为不同煅烧时间下合成的样品前20次循环放电曲线图。从图7-11a中可以看出，煅烧时间对 $Li_4Ti_5O_{12}$ 材料的循环特性影响较大。在煅烧的时间为4h、6h、8h、10h、12h和14h的 $Li_4Ti_5O_{12}$，其经过20次充放电循环后容量保持率分别为91.2%、93.2%、95.9%、92.8%、92.3%和91.8%。图7-11b是不同煅烧时间下得到的 $Li_4Ti_5O_{12}$ 材料在0.5C、1C、2C、5C的倍率下的放电比容量。煅烧时间为8h合成的样品表现出相对较好的倍率性能，0.5C倍率的初始放电容量为163.3mA·h/g，5C倍率容量为125.7mA·h/g，煅烧时间为4h合成的样品的倍率性能最差。因而，研究选择的煅烧时间是8h，此时的 $Li_4Ti_5O_{12}$ 活性物质放电容量保持率最好，电化学综合性能优异。

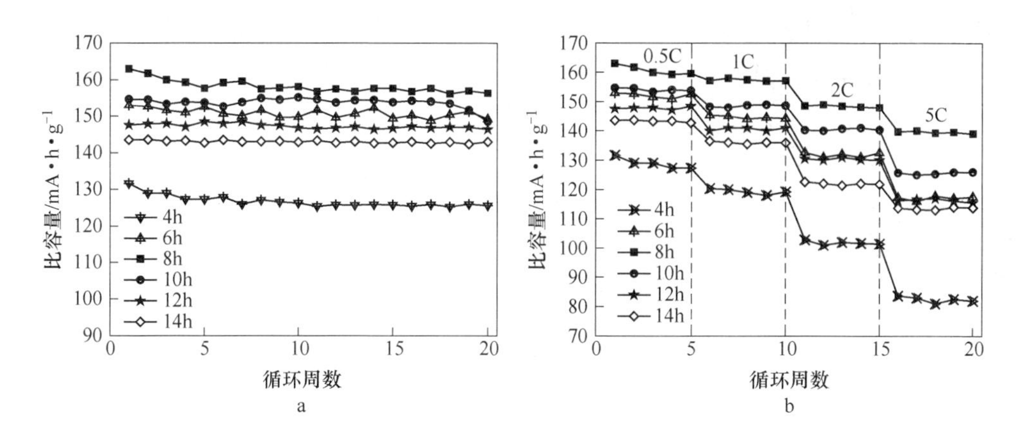

图 7-11 不同煅烧时间下 $Li_4Ti_5O_{12}$ 样品循环性能图（a）倍率性能图（b）

图 7-12 为不同煅烧时间 $Li_4Ti_5O_{12}$ 材料的阻抗图，电化学阻抗谱的频率范围为 100kHz~10MHz，振幅为±10mV。从图 7-12 中可以看出，4~14h 的 R_{ct} 大小分别为 93Ω、75Ω、68Ω、73Ω、71Ω 和 110Ω，煅烧时间为 8h 的 R_{ct} 最小，电子和离子在活性物质和电解液界面上传输速率快。

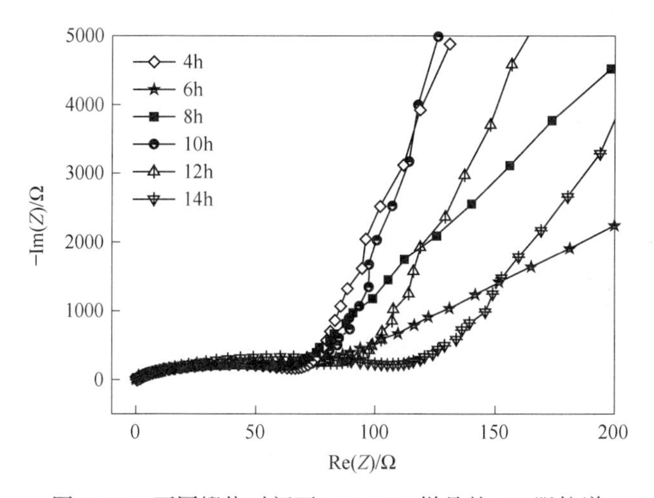

图 7-12 不同煅烧时间下 $Li_4Ti_5O_{12}$ 样品的 EIS 阻抗谱

800℃煅烧 8h 这一优化工艺合成的 $Li_4Ti_5O_{12}$ 电极的 CV 曲线如图 7-13 所示。在 0.8~3.0V 电位的扫描范围内，显示出了一对氧化还原峰，这是由 Li^+ 在基体材料中脱嵌过程所产生的。假定氧化时产生的峰电流是负的，还原时所产生的峰电流是正的，从 CV 曲线中可以看出，Li^+ 在 1.5V 电位附近完成了脱嵌过程。还原反应发生在 1.5V 左右，代表着嵌锂过程与电化学放电曲线的 1.5V 的电压平台相互对应。氧化反应发生在 1.7V 左右，代表着脱锂的过程，与电化学充电曲线中 1.7V 的电压平台相互对应。第一次和第二次循环伏安曲线重合性较好，说明后续电化学反应具有较好的可逆性。

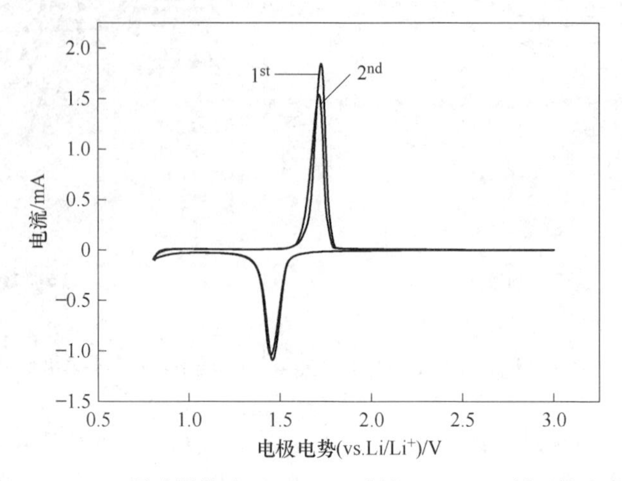

图 7-13 PVP 凝胶燃烧法 800℃、8h 制备 $Li_4Ti_5O_{12}$ 循环伏安曲线

通常说来，有电流流过电极时会产生极化现象。原因是当电子通过电极的速度较大时，会集聚正/负电荷。因而导致阴极电位向负的方向移动，阳极则与之相反，平衡位置发生了偏移，出现了极化。

7.3 $LiNO_3$-TiO_2-尿素体系凝胶燃烧法制备 $Li_4Ti_5O_{12}$ 负极材料

7.3.1 材料的合成

将 7.99g TiO_2、5.52g $LiNO_3$ 以及 4.81g 尿素 $CO(NH_2)_2$ 置于烧杯中，加入 150mL 去离子水中并加入稀 HNO_3 调节 pH 值为 3，其中原料投料按照 $n(Li):n(Ti)=1.05$，磁力搅拌下 90℃ 水浴加热至凝固，然后放入干燥箱内 120℃ 干燥得白色前驱体。煅烧后得到 $Li_4Ti_5O_{12}$ 粉体。

7.2 节根据 Li_2O-TiO_2 的二元相图确定了 $Li_4Ti_5O_{12}$ 相稳定的温度范围是 600~930℃。这一节也对 $LiNO_3$-TiO_2-尿素体系的前驱体进行了热分析测试，以便更好地了解 $LiNO_3$-TiO_2-尿素体系合成 $Li_4Ti_5O_{12}$ 负极材料合成的温度范围。如图 7-14 所示，前驱体混合物在 8~150℃ 的弥散状吸热峰是水分的挥发，其质量较轻，在热重曲线上反映的失重较小。对应 DTA 曲线上 245℃ 附近的放热峰，这时的反应为尿素的分解。在 300~580℃ 附近存在较大程度的失重现象，在 DTA 曲线上分别对应着不同强度的吸热峰。而在 600℃ 后，TG 与 DTA 曲线均没有出现明显的失重与吸热放热峰。这说明当温度高于 600℃ 时，前驱体的分解已经完全，并且 $Li_4Ti_5O_{12}$ 已基本完全生成。

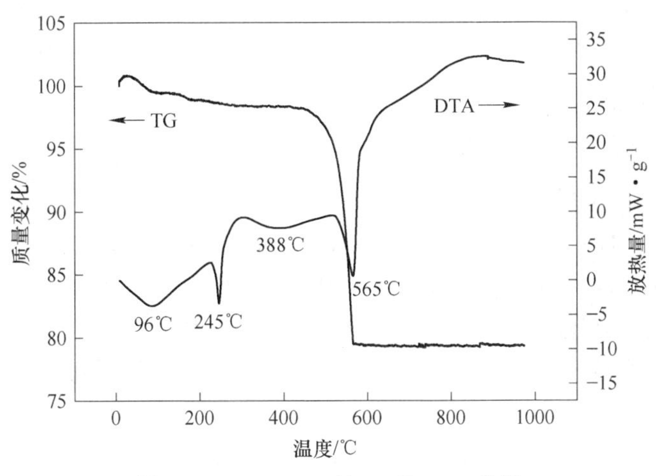

图 7-14 $Li_4Ti_5O_{12}$ 的 TG 和 DTA 曲线

7.3.2 煅烧温度对 $Li_4Ti_5O_{12}$ 材料的影响

7.3.2.1 XRD 分析

图 7-15 所示为 $LiNO_3$-TiO_2-尿素体系前驱体在不同温度下焙烧 8h 产物的 XRD 图谱。700℃时，出现了不同于其他煅烧温度样品的 TiO_2 特征峰，可能是由于合成温度过低，原料之间没有反应完全及晶体没能发育好。其他合成温度下合成的材料都是纯相的尖晶石型的 $Li_4Ti_5O_{12}$。随着焙烧温度的升高，特征衍射峰逐渐变得尖锐，强度明显增大，说明升高温度能够促进晶粒的生长，有利于晶体结构更加完整。

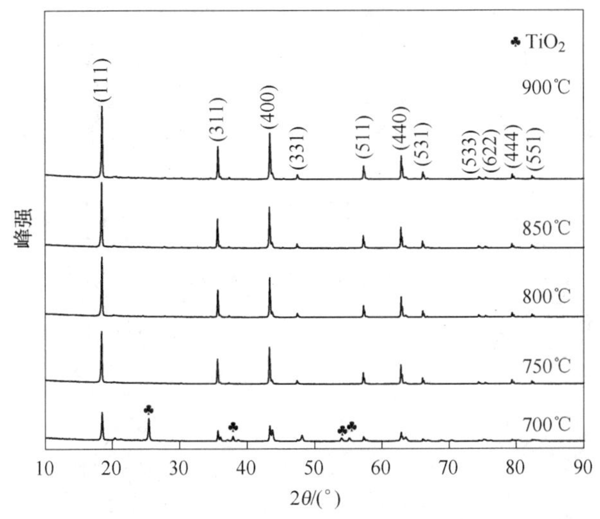

图 7-15 不同煅烧温度下 $Li_4Ti_5O_{12}$ 的 XRD 图谱

7.3.2.2 SEM 分析

图 7-16 所示为 $LiNO_3$-TiO_2-尿素体系前驱体在不同温度下焙烧 8h 后产物的 SEM 图像。从图 7-16 中可以看出，700℃合成的样品熔融团聚现象严重，没有规则的形状。750℃下合成的产物也有明显的团聚，晶粒没有明显的几何形状。800℃煅烧的 $Li_4Ti_5O_{12}$ 样品，团聚现象改善明显，晶粒出现一定几何形状。850℃煅烧的样品团聚现象消失，晶粒呈现规则的几何形状，并且晶粒间存在明显的间隙，这些空隙的存在有助于 Li^+ 的传输和扩散。900℃时合成的产物又开始出现团聚现象，这可能是由煅烧的温度过高，产物发生熔化所致。因此，在一定的温度范围内，升高温度有助于样品晶粒的完整长大。但过高的温度也会导致合成样品的性能变差。这一结果与 X 射线衍射分析结果一致，基本为尖晶石结构的 $Li_4Ti_5O_{12}$，同时表明随着煅烧温度的升高，晶粒生长得更大，形状更规则，晶型发育得更完整。

7.3.2.3 电化学性能分析

图 7-17 是各种煅烧温度下得到的 $Li_4Ti_5O_{12}$ 材料的首次充放电曲线图。从图

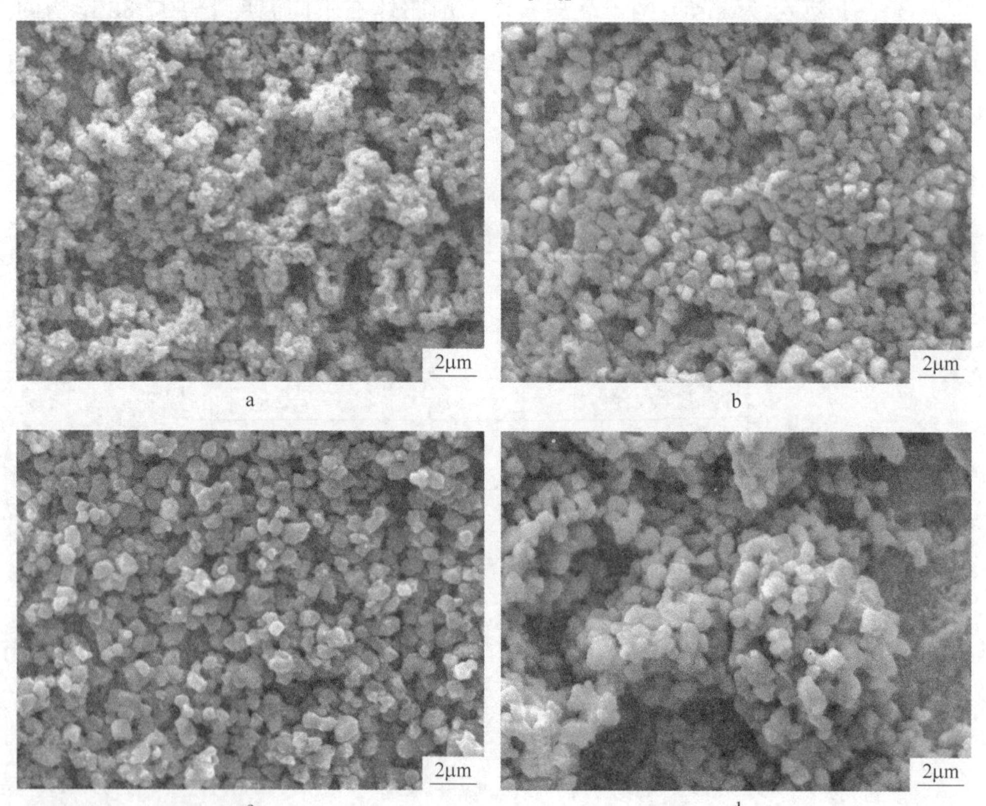

e

图 7-16 不同煅烧温度下 $Li_4Ti_5O_{12}$ 的 SEM 图片

a—700℃；b—750℃；c—800℃；d—850℃；e—900℃

7-17 中可以看出，各煅烧温度得到的样品的放电平台较为不同，充放电比容量之间的差异较大。在 0.5C 倍率的放电条件下，煅烧温度为 800℃合成的样品放电容量最大，可达 165.1mA · h/g。煅烧温度为 700℃合成的样品放电容量最小，放电比容量为 116.5mA · h/g，过低的煅烧温度导致了杂相的出现，同时过低的温度使晶粒的团聚现象较严重，影响了材料容量的发挥。根据前面的 X 射线衍射结果（图 7-15），当煅烧温度在 750℃以上时，可以得到纯相的尖晶石 $Li_4Ti_5O_{12}$ 材料。样品的煅烧温度为 750℃以上的时候，SEM 的图片明显与低温烧成时不同，晶粒尺寸大小超过了 1μm，结晶性能增强。在低温 700℃煅烧得到的样品的晶粒较小，但由于反应不充分，结晶性能差，电池的电化学放电容量也比较低。

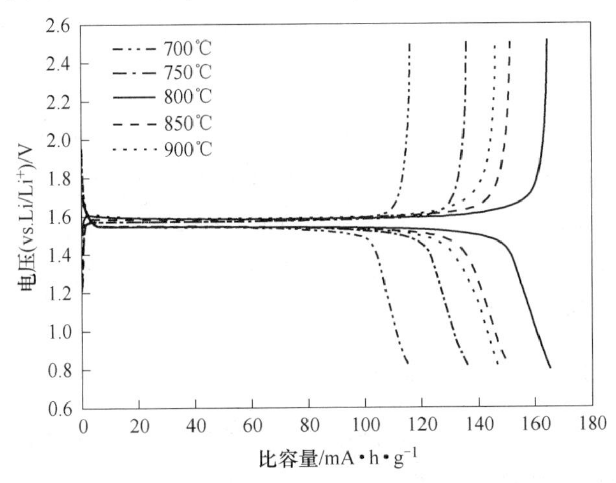

图 7-17 不同煅烧温度下 $Li_4Ti_5O_{12}$ 在 0.5C 倍率下的首次充放电曲线图

图 7-18a 是不同煅烧温度下得到的 $Li_4Ti_5O_{12}$ 材料在 0.5C 倍率下的循环性能。在图 7-18a 中，$Li_4Ti_5O_{12}$ 材料的循环性能较好，煅烧温度在 750℃、800℃和 850℃的条件下得到的样品的电化学循环性能最为稳定，充放电循环 20 次后，容量衰减较小。煅烧温度在 900℃条件下合成的样品循环性能较好，但是容量过低。

图 7-18b 是不同煅烧温度下得到的 $Li_4Ti_5O_{12}$ 材料在 0.5C、1C、2C、5C 的倍率下的放电比容量。煅烧温度为 800℃合成的样品表现出相对较好的倍率性能，0.05C 倍率的初始放电容量为 165.1mA · h/g，5C 倍率容量为 12.1mA · h/g，煅烧温度为 700℃合成的样品的倍率性能最差。这说明随着温度的升高，由于 $Li_4Ti_5O_{12}$ 材料晶粒的长大和晶粒之间的团聚加剧，使得 Li^+ 的扩散距离增加，增加了电极反应的难度，使材料的比容量降低，表明 800℃是最佳煅烧温度。虽然较高的煅烧温度导致材料的比容量下降，但是从曲线上也可以看到，在较高的倍率和较高温度下制备的 $Li_4Ti_5O_{12}$ 材料的循环性能优于低温制备的 $Li_4Ti_5O_{12}$ 材料，这是因为随着温度的提高，材料的晶型发育更加完整，结构更加稳定，这说明适当地提高煅烧温度对提升材料的循环性能是有益的。

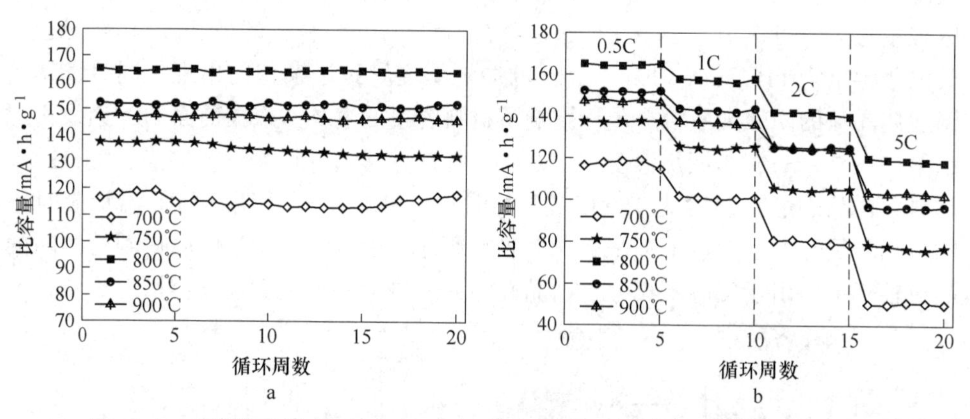

图 7-18　不同煅烧温度下 $Li_4Ti_5O_{12}$ 样品循环性能图（a）和倍率性能图（b）

图 7-19 为不同焙烧温度下 $Li_4Ti_5O_{12}$ 材料的阻抗图，电化学阻抗谱的频率范围为 100kHz～10MHz，振幅为±10mV。从曲线比较可以看出，在电池的内阻方面，在 850℃获得的样品组装的电池内阻最小（74.3Ω），850℃和 900℃的次之，700℃（105.9Ω）制备的样品的内阻最大。

7.3.3　煅烧时间对 $Li_4Ti_5O_{12}$ 材料的影响

在 7.3.2 节中，探讨了不同煅烧温度对 $Li_4Ti_5O_{12}$ 材料电化学性能的影响，在煅烧温度 800℃时获得的 $Li_4Ti_5O_{12}$ 材料电化学性能最为突出。在本节中将探讨煅烧时间对 $Li_4Ti_5O_{12}$ 材料的影响。在煅烧温度 800℃的条件下，考察 6h、8h、10h

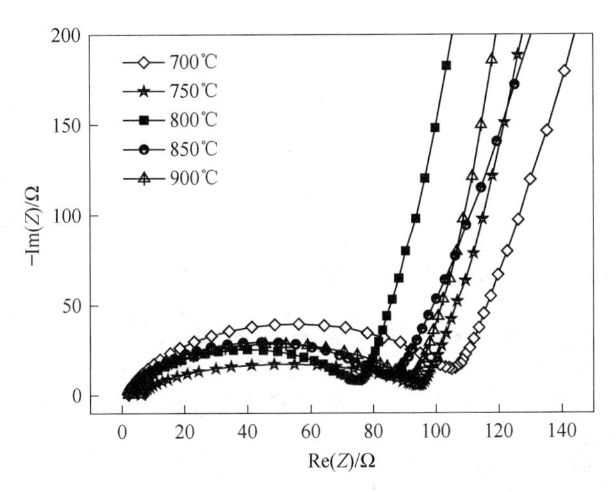

图 7-19 不同煅烧温度下 $Li_4Ti_5O_{12}$ 样品的 EIS 阻抗谱

和 12h 对 $Li_4Ti_5O_{12}$ 材料结构、形貌和电化学性能的影响。

7.3.3.1 XRD 分析

图 7-20 所示为 800℃时煅烧不同时间合成样品的 XRD 图谱。在图 7-20 中，煅烧时间为 6~12h 所合成的材料全部都是以 $Li_4Ti_5O_{12}$ 为主要相，均没有明显的 TiO_2 特征峰，这表明 4 个不同的煅烧时间下，均可获得纯相产物。随着煅烧时间的增加，$Li_4Ti_5O_{12}$ 材料的特征峰逐渐增高，这是因为随着煅烧时间的增加，材料的晶型发育逐渐完善。

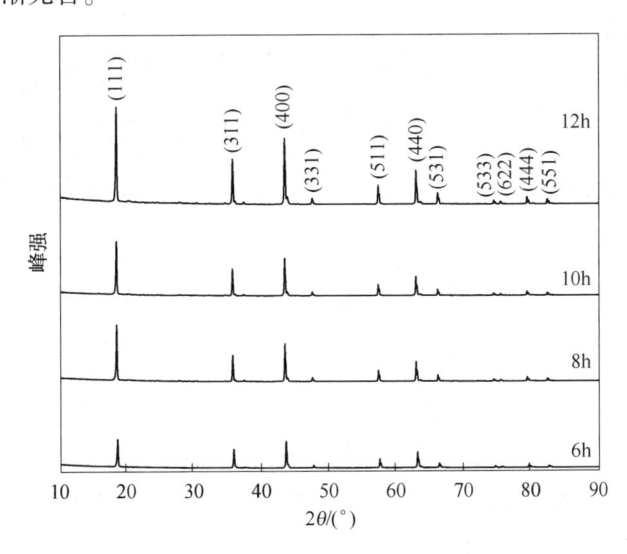

图 7-20 不同煅烧时间下 $Li_4Ti_5O_{12}$ 的 XRD 图谱

7.3.3.2　SEM 分析

图 7-21 所示为 800℃焙烧不同时间合成的 $Li_4Ti_5O_{12}$ 样品 SEM 图片。由图 7-21 可以看出，煅烧 6h 的 $Li_4Ti_5O_{12}$ 材料晶粒粒径分布不均，有轻微团聚现象。当煅烧时间增加到 8h 时，平均粒径增大到 500nm 左右，团聚现象消失。随着煅烧时间的增加，晶粒的大小逐渐增加。煅烧时间在 12h 的条件下，得到的 $Li_4Ti_5O_{12}$ 材料晶粒尺寸最大产物均为规则的立方体形状，晶粒的大小为 800nm 左右。

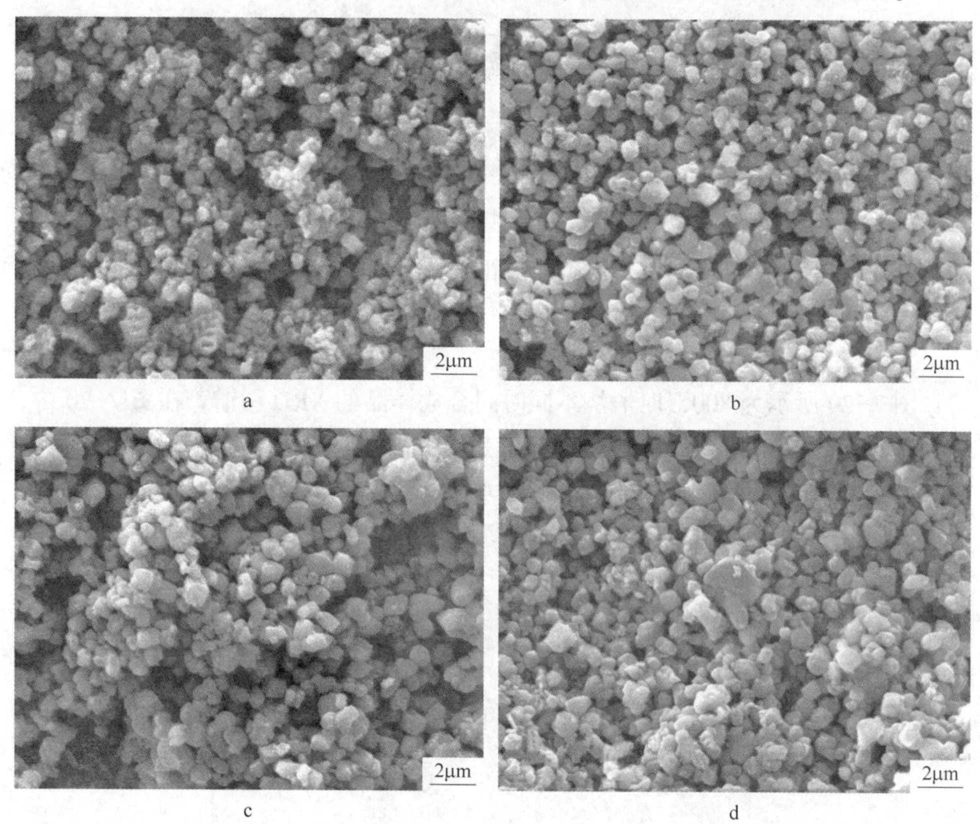

图 7-21　不同煅烧时间下 $Li_4Ti_5O_{12}$ 的 SEM 图片

a—6h；b—8h；c—10h；d—12h

7.3.3.3　电化学性能分析

煅烧时间能够影响到材料的结晶性和晶粒的大小，从而对材料的循环性能和倍率性能等产生影响。在 800℃的煅烧温度下，不同煅烧时间的 $Li_4Ti_5O_{12}$ 材料的充放电曲线如图 7-22 所示。从图 7-22 中可以看出，充放电曲线的形状基本上是 $Li_4Ti_5O_{12}$ 结构的形式。但在不同煅烧时间的放电比容量不尽相同。放电平台基本上在 1.5V 左右，说明 Li^+脱嵌的电位一致，煅烧 6h 和 10h 得到的 $Li_4Ti_5O_{12}$ 材料的容量接近，这个结果和微观结构 SEM 照片相一致。煅烧 8h 后得到的 $Li_4Ti_5O_{12}$ 材料具有最长的电压平台和放电比容量。煅烧时间为 12h 得到的 $Li_4Ti_5O_{12}$ 材料的放电比容量和电压平台都小于 8h 的样品。这是由于晶粒过度长大，较大的晶粒会使 $Li_4Ti_5O_{12}$ 材料的比表面积变小，这时材料较难接触到电解液，使得 Li^+ 的脱嵌路径变长，从而降低了材料的电化学特性。

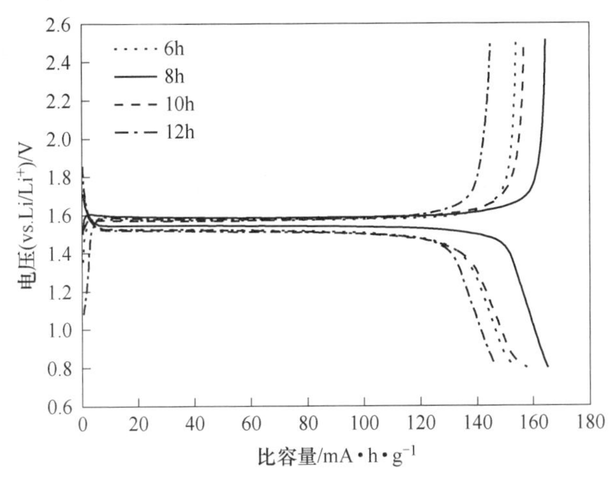

图 7-22 不同煅烧时间下 $Li_4Ti_5O_{12}$ 在 0.5C 倍率下的首次充放电曲线图

图 7-23a 为不同煅烧时间下合成的样品前 50 次循环放电曲线图。从图中可以看出，煅烧时间对 $Li_4Ti_5O_{12}$ 材料的循环特性影响不大。图 7-23b 为不同煅烧时间下得到的 $Li_4Ti_5O_{12}$ 材料在 0.5C、1C、2C、5C 的倍率下的放电比容量。煅烧时间为 8h 合成的样品表现出相对较好的倍率性能，0.5C 倍率的初始放电容量为 165.1mA · h/g，5C 倍率容量为 120.1mA · h/g，煅烧时间为 12h 合成的样品的倍率性能最差。因而，选择煅烧时间是 8h，此时的 $Li_4Ti_5O_{12}$ 活性物质放电容量保持率最好，电化学综合性能优异。

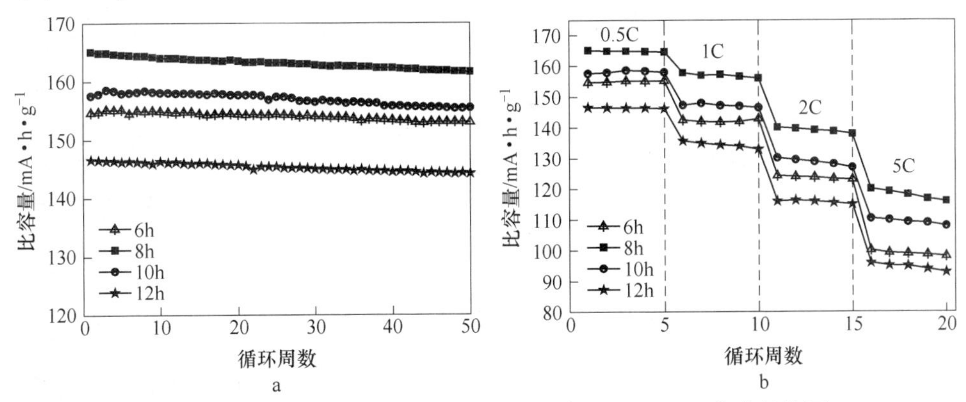

图 7-23 不同煅烧时间下 $Li_4Ti_5O_{12}$ 样品循环性能图（a）和倍率性能图（b）

图 7-24 为不同煅烧时间下 $Li_4Ti_5O_{12}$ 材料的阻抗图，电化学阻抗谱的频率范围为 100kHz~10MHz，振幅为±10mV。从图 7-24 中可以看出，6~12h 的 R_{ct} 大小分别为 117.7Ω、75.3Ω、86.2Ω 和 164.8Ω，煅烧时间为 8h 的 R_{ct} 最小，电子和离子在活性物质和电解液界面上传输速率快。

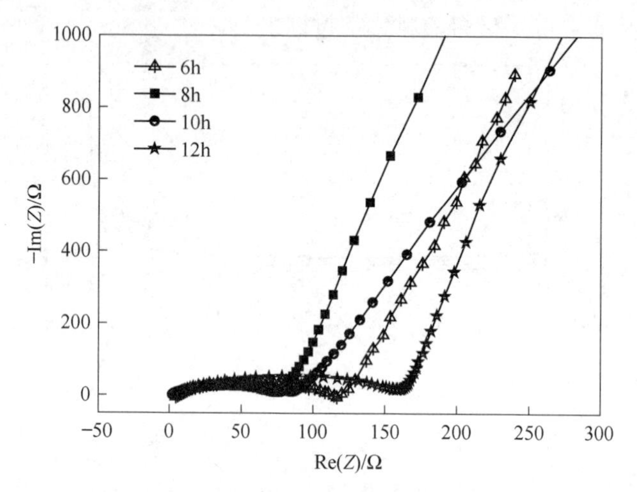

图 7-24 不同煅烧时间下 $Li_4Ti_5O_{12}$ 样品的 EIS 阻抗谱

800℃煅烧 8h 这一优化工艺合成的 $Li_4Ti_5O_{12}$ 电极的 CV 曲线如图 7-25 所示。在 0.8~3.0V 的电位的扫描范围内，显示出了一对氧化还原峰，这是由 Li^+ 在基体材料中脱嵌过程所产生的。假定氧化时产生的峰电流是负的，还原时所产生的

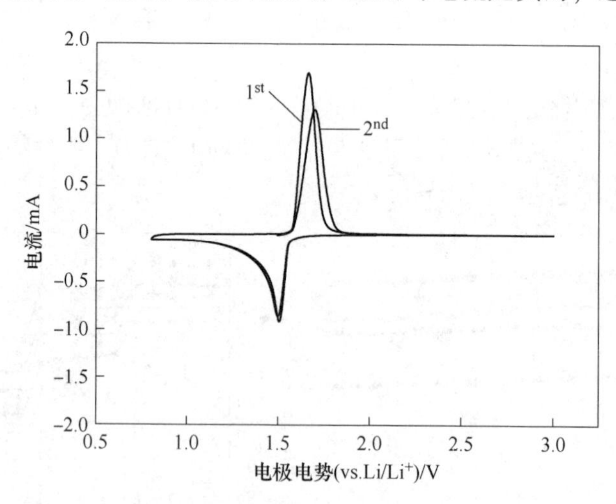

图 7-25 $LiNO_3-TiO_2$-尿素体系凝胶燃烧法 800℃、8h 制备 $Li_4Ti_5O_{12}$ 循环伏安曲线

峰电流是正的，从 CV 曲线中可以看出，Li^+ 在 1.5V 电位附近完成了脱嵌过程。还原反应发生在 1.5V 左右，代表着嵌锂过程，与电化学放电曲线的 1.5V 的电

压平台相互对应。氧化反应发生在 1.7V 左右，代表着脱锂的过程，与电化学充电曲线中 1.7V 的电压平台相互对应。第一次和第二次循环伏安曲线重合性较好，说明后续电化学反应具有较好的可逆性。

7.4 小结

本章采用 PVP 凝胶燃烧法和 $LiNO_3$-TiO_2-尿素体系凝胶燃烧法分别合成了尖晶石 $Li_4Ti_5O_{12}$，并系统研究了 PVP 和 $LiNO_3$-TiO_2-尿素体系凝胶燃烧过程和煅烧温度、煅烧时间对 $Li_4Ti_5O_{12}$ 材料电化学性能的影响。通过实验和讨论，得出以下结论：

（1）根据 Li_2O-TiO_2 相图和凝胶前驱体的 TG-DTA 测试得出最佳的尖晶石相 $Li_4Ti_5O_{12}$ 材料的温度稳定区域是 700~900℃。

（2）通过 PVP 凝胶燃烧法和 $LiNO_3$-TiO_2-尿素体系凝胶燃烧法均合成了具有纯相尖晶石结构的 $Li_4Ti_5O_{12}$ 材料。研究了煅烧温度对 $Li_4Ti_5O_{12}$ 材料的影响，过低的温度会产生杂相，过高温度会导致晶粒粒径较大，从而影响尖晶石相 $Li_4Ti_5O_{12}$ 材料的循环特性、放电容量和倍率性能等电化学相关联的性能。最佳的合成温度为 800℃；研究了煅烧时间对 $Li_4Ti_5O_{12}$ 材料的影响，过短的时间，得到的尖晶石相 $Li_4Ti_5O_{12}$ 材料结晶不充分，过长的煅烧时间，得到的尖晶石相 $Li_4Ti_5O_{12}$ 材料发生了团聚和较大的晶粒粒径。最佳的煅烧时间为 8h。

（3）PVP 凝胶燃烧法合成了性能优异的 $Li_4Ti_5O_{12}$ 材料。该尖晶石相 $Li_4Ti_5O_{12}$ 材料具有良好的放电容量、循环性能和倍率特性。在 0.5C 的充放电制度下，$Li_4Ti_5O_{12}$ 材料的放电容量达到了 163.3mA·h/g、5C 的充放电条件下 139.7mA·h/g 的可逆容量。

（4）$LiNO_3$-TiO_2-尿素体系凝胶燃烧法合成的 $Li_4Ti_5O_{12}$ 材料具有良好的放电容量、循环性能和倍率特性。在 0.5C 的充放电制度下，$Li_4Ti_5O_{12}$ 材料的放电容量达到了 165.5mA·h/g、5C 的充放电条件下 120.1mA·h/g 的可逆容量。

8 $LiMn_{23/24}Mg_{1/24}PO_4/Li_4Ti_5O_{12}$ 电池体系研究

目前，研究者们主要集中在 $LiMnPO_4$ 半电池的基础研究阶段，$LiMnPO_4$ 全电池的研究较少，$LiMnPO_4$ 正极材料电压高达 4.1V，与 $Li_4Ti_5O_{12}$ 组合可得到 2.5V（电压适中）工作电压的 $LiMnPO_4/Li_4Ti_5O_{12}$ 的锂离子二次电池[245,246]。由于 $Li_4Ti_5O_{12}$ 材料具有很稳定的尖晶石结构，$LiMnPO_4/Li_4Ti_5O_{12}$ 体系具有非常好的循环性能。Martha[245] 等人报道了 $LiMnPO_4/Li_4Ti_5O_{12}$ 电池体系具有非常好的倍率特性和循环特性，300 次充放电循环后，容量几乎没有衰减。

本章从使用角度出发，以 $LiMn_{23/24}Mg_{1/24}PO_4/C$ 高电压正极材料为正极，以尖晶石 PVP 凝胶燃烧法制备的 $Li_4Ti_5O_{12}$ 材料为负极来制作扣式电池，得到了充放电平台为 2.5V 左右的锂离子电池，其电压范围与锂离子电池的主流应用相吻合，是非常有前途的锂离子电池体系。

8.1 实验

按照质量比为 8∶1∶1 称量 $LiMn_{23/24}Mg_{1/24}PO_4/C$ 材料、导电乙炔黑和黏结剂 PVDF，在 NMP 溶剂中混合成为浆料，涂在集流体铝箔上面，在真空箱中 120℃进行干燥后制成正极极片；按照质量比为 8∶1∶1 称量 $Li_4Ti_5O_{12}$ 材料、导电乙炔黑和黏结剂 PVDF，在 NMP 溶剂中混合成为浆料，涂在集流体铜箔上面，在真空箱中 120℃进行干燥后制成负极极片（负极活性物质相对正极过量 1.5 倍）。在手套箱中装配成 CR2016 型的扣式锂离子电池：隔膜为 Cellgard2400，电解液为 EC/EMC/DMC（体积比 1∶1∶1）的 1mol/L 的 $LiPF_6$。

8.2 全电池容量特性测试

传统的锂离子电池使用石墨作为负极材料，其具有廉价、产量大和动力特性优秀等优点[247]。然而，在大型电池方面的应用存在着局限性，无论是人造石墨还是天然石墨，在充放电过程中，体积变化率较大，使得石墨晶粒塌陷，晶粒间电传导不良，导致了容量的衰减。而且，由于锂离子嵌入石墨的电位较低，在过充电过程中容易形成锂枝晶，从而产生安全隐患[248~250]。因此，寻求高安全性能和长寿命的负极材料替代石墨负极尤为重要。

$Li_4Ti_5O_{12}$ 材料具有高循环可逆性、充放电过程体积变化小和高安全性能，避免了充电过程中产生锂枝晶，是大型锂离子电池的理想负极材料[251~253]。

$Li_4Ti_5O_{12}$ 由于充放电过程中体积变化小，循环性能非常优异，但由于本身电位较高，约为 1.5V，作为负极材料时，正极材料电位要求尽可能高为好。高电压正极材料 $LiMnPO_4$ 具有 4.1V 的放电平台，以 $LiMnPO_4$ 和 $Li_4Ti_5O_{12}$ 组成电池，电池电压适中，循环性能好。对 $LiMn_{23/24}Mg_{1/24}PO_4/Li_4Ti_5O_{12}$ 锂离子电池体系进行了如下倍率的电化学性能测试：0.05C、0.1C、0.5C、1C 和 2C，其测试的结果如图 8-1 所示。

图 8-1 为 $LiMn_{23/24}Mg_{1/24}PO_4/Li_4Ti_5O_{12}$ 锂电池体系在不同倍率下的充放电曲线。不同放电倍率下的电池放电曲线形态完好，但是由于极化的存在，电池在较高倍率放电条件下的放电平台低于在低倍率放电条件下（0.05C）的电压平台。$LiMn_{23/24}Mg_{1/24}PO_4/Li_4Ti_5O_{12}$ 锂电池在 0.05C 放电比容量为 134.8mA · h/g，0.1C 放电比容量为 128mA · h/g，0.5C 放电比容量为 118.7mA · h/g，1C 放电比容量为 105.4mA · h/g，2C 放电比容量为 89.2mA · h/g。

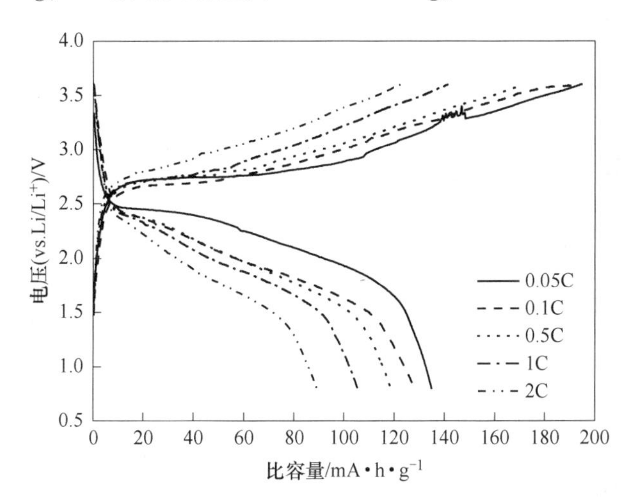

图 8-1 不同放电倍率下 $LiMn_{23/24}Mg_{1/24}PO_4/Li_4Ti_5O_{12}$ 的充放电曲线图

电化学循环寿命是检验电极材料可逆性的直接表现，也是锂离子电池的一个重要指标。石墨在充放电过程中，体积变化率较大，从而导致了容量的衰减。由于锂离子嵌入石墨的电位较低，在过充电过程中容易形成锂枝晶，产生安全隐患。尖晶石 $Li_4Ti_5O_{12}$ 材料能够在脱嵌锂离子的过程中，保持结构不变。

图 8-2 为不同放电倍率下 $LiMn_{23/24}Mg_{1/24}PO_4/Li_4Ti_5O_{12}$ 电池体系的循环性能图。从图 8-2 中对比可以明显地发现，样品在 0.05C、0.1C、0.5C、1C 和 2C 的放电倍率下，100 次循环后的容量保持率较高。锂离子电池容量衰减的原因是：电极反应的不可逆性和电极的表面形成了 SEI 膜导致了不可逆容量的降低。另外，负极尖晶石结构 $Li_4Ti_5O_{12}$ 材料在锂离子电池的充放电循环过程中的晶胞参数变化很少，负极的循环稳定性优于 $LiMn_{23/24}Mg_{1/24}PO_4/C$ 正极材料。因此，

$LiMn_{23/24}Mg_{1/24}PO_4/Li_4Ti_5O_{12}$ 电池体系电化学容量的降低主要是由正极材料 $LiMn_{23/24}Mg_{1/24}PO_4/C$ 造成的。

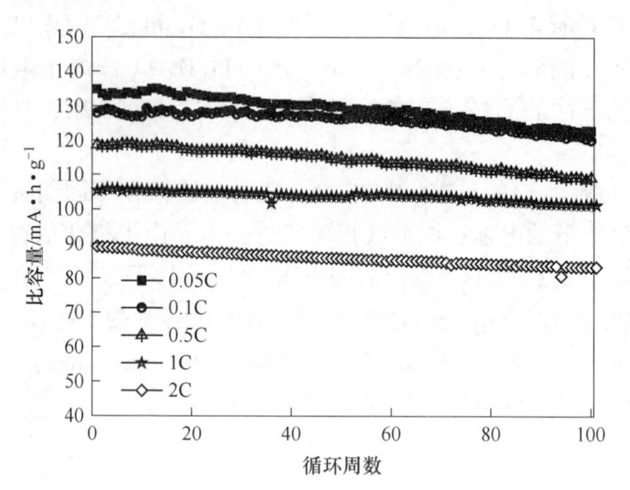

图 8-2 不同放电倍率下 $LiMn_{23/24}Mg_{1/24}PO_4/Li_4Ti_5O_{12}$ 的循环性能图

8.3 全电池电化学特性测试

图 8-3 为 $LiMn_{23/24}Mg_{1/24}PO_4/Li_4Ti_5O_{12}$ 电池体系充放电 1 次后和电化学循环 100 次后的 EIS 图谱。从 EIS 图谱中可以看出，Nyquist 曲线在频率较高的区域都出现了类似于半圆的形状，这一区域相当是电极材料的电化学反应区域，包括了电荷转移和电极和电解液之间的阻抗和容抗。在频率低的区域，显示了一条斜线，这代表了电极扩散的过程，对应着锂离子扩散到 $LiMn_{23/24}Mg_{1/24}PO_4$ 或者 $Li_4Ti_5O_{12}$ 晶格结构中的 Warburg 阻抗。EIS 的图谱在频率较低的区域显现出大约 45°的直线，这表明此区域内的电化学反应属于扩散控制，是 Warburg 阻抗的典型特点。

当 Li^+嵌入到 $LiMn_{23/24}Mg_{1/24}PO_4/Li_4Ti_5O_{12}$ 锂离子电池体系时发生了如下的电极过程：Li^+在电解液中的迁移，Li^+穿过 $LiMn_{23/24}Mg_{1/24}PO_{44}/Li_4Ti_5O_{12}$ 电极界面的电荷传递反应，Li^+在电极内部进行的固态扩散。

从图 8-3 中可以看到，当充放电循环次数增加时，电极材料的欧姆电阻 R_Ω 逐渐增加，电极的 SEI 膜阻抗 R_{SEI}、电荷传递阻抗 R_{ct} 和固相扩散阻抗的数值都增大了，说明随着循环的进行，电化学电荷传递和锂离子的固相间的扩散都变得更加困难。

图 8-4 为 $LiMn_{23/24}Mg_{1/24}PO_4/Li_4Ti_5O_{12}$ 锂离子电池体系的 CV 图谱，电压的扫描速度是 0.1mV/s，扫描电压的范围是 0.8～3.0V。在图中显现出了较为尖锐的一对氧化还原峰形状，在 2.35V 附近的是还原峰，其代表着放电反应，是 Li^+

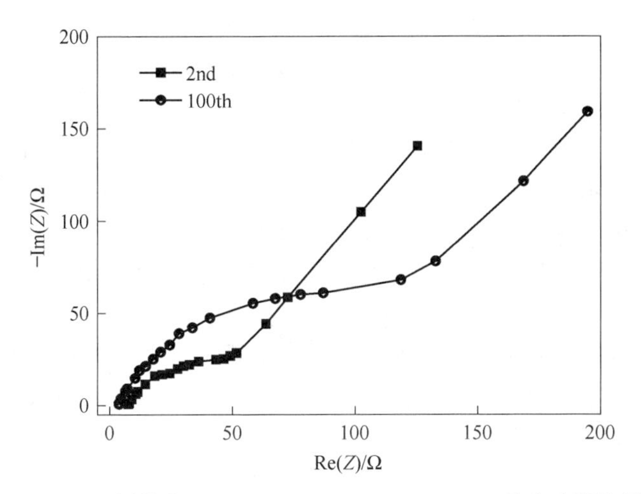

图 8-3 不同状态下 $LiMn_{23/24}Mg_{1/24}PO_4/Li_4Ti_5O_{12}$ 的交流阻抗图

在嵌入到尖晶石 $LiMn_{23/24}Mg_{1/24}PO_4$ 正极材料的过程；在电压为 2.96V 附近的是氧化峰，其代表着充电过程，是 Li^+ 嵌入到 $Li_4Ti_5O_{12}$ 负极材料的过程。CV 曲线中的氧化峰的电位和还原峰的电位和电化学充放电的平台电压有差异，这是由极化而产生，就是说锂离子在电极材料的界面发生的氧化还原反应速率要比在电解液溶液中 Li^+ 向界面扩散的速度大。

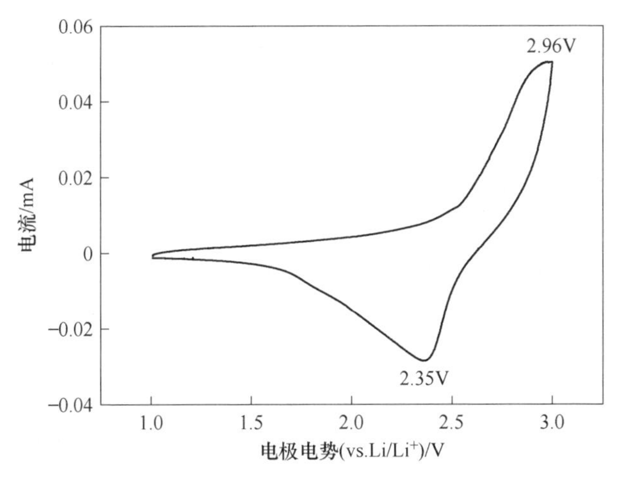

图 8-4 $LiMn_{23/24}Mg_{1/24}PO_4/Li_4Ti_5O_{12}$ 的循环伏安曲线

8.4 小结

本章从使用角度出发，以 $LiMn_{23/24}Mg_{1/24}PO_4/C$ 高电压正极材料为正极，以尖晶石 PVP 凝胶燃烧法制备的 $Li_4Ti_5O_{12}$ 材料为负极来制作扣式电池，得到了充放电平台为2.5V左右的锂离子电池。小结如下：

（1）$LiMn_{23/24}Mg_{1/24}PO_4/Li_4Ti_5O_{12}$ 锂离子电池体系拥有平稳的放电平台，充放电平台的电压差小于0.25V。

（2）以0.05C的倍率对 $LiMn_{23/24}Mg_{1/24}PO_4/Li_4Ti_5O_{12}$ 锂离子电池进行电化学循环测试，以 $LiMn_{23/24}Mg_{1/24}PO_4/C$ 质量计算，初始放电容量是134.8mA·h/g，经过了100次电化学循环后，电池的容量保持率为91.99%，是非常有前途的电池体系，同时也为 $LiMnPO_4/Li_4Ti_5O_{12}$ 全电池的商业化发展奠定了一定的理论和实验基础，具有十分重要的参考价值。

（3）在电压范围0.8~3.0V进行循环伏安测试，观察到曲线只有一对氧化还原峰，2.35V左右为还原峰，2.96V左右为氧化峰，说明 $LiMn_{23/24}Mg_{1/24}PO_4/Li_4Ti_5O_{12}$ 具有良好的可逆性。

9 结　论

本书在对高电压锂离子二次电池正极材料 $LiMnPO_4$ 的国内外研究状况做了系统、详尽的分析后，重点研究了 $LiMnPO_4$ 材料的水热法合成工艺优化、原位碳包覆、快离子导体复合和金属离子掺杂型固溶体材料的微观结构、电化学行为以及电化学性能及 $Li_4Ti_5O_{12}$ 负极材料合成等。得到如下结论：

（1）酸碱化学沉淀法合成 Li_3PO_4 作为锂源，在 H_3PO_4 浓度 1.7mol/L，酸入碱速度 3.3mL/min，$LiOH \cdot H_2O$ 浓度 2.0mol/L，反应温度 50℃，300℃煅烧 3h 条件下，得到晶粒尺寸在 200nm 左右，具有空心球形形貌的 Li_3PO_4。

（2）水热法合成了 $LiMnPO_4/C$ 复合材料，以 Li_3PO_4 和 $MnSO_4 \cdot H_2O$ 为原料，聚乙二醇（PEG）为有机碳源，在反应时间 9h，反应物浓度 1.2mol/L，醇水体积比 1∶2，反应温度 160℃，氩气气氛 550℃煅烧 3h 条件下，合成了 40~60nm 的 $LiMnPO_4/C$ 复合材料。研究发现，以 Li_3PO_4 为锂源可以通过离子交换、水热合成 $LiMnPO_4$，这种方法可以有效抑制晶粒的长大，有利于 $LiMnPO_4/C$ 容量的发挥；PEG400 作为有机碳源，在反应过程中能够吸附在晶粒表面，增大晶粒与反应粒子之间的空间位阻，有效抑制晶粒的长大，同时降低了晶粒的表面吉布斯自由能，防止晶粒团聚；全面研究了高电压 $LiMnPO_4/C$ 正极材料的电化学性能，发现 $LiMnPO_4/C$ 正极材料表现出了良好的电化学性能，材料的首次放电比容量为 123.7mA·h/g，同时保持了优越的循环性能。

（3）以第一性原理计算 Fe、Mg 异类金属离子不同量掺杂型 $LiMnPO_4$ 的能带宽度，同时合成相应含量的 $LiMn_{1-x}Fe_xPO_4/C$ 和 $LiMn_{1-x}Mg_xPO_4/C$ 正极材料做实验验证。研究显示，Fe^{2+} 和 Mg^{2+} 的掺杂并没有破坏复合材料的主相物相，$LiMnPO_4/C$ 复合材料成功进入了晶格，形成了 $LiMn_{1-x}M_xPO_4/C$（$M=Fe^{2+}$和 Mg^{2+}）复合材料。$LiMn_{3/4}Fe_{1/4}PO_4/C$ 表现出较佳的电化学性能，0.05C 倍率下的初始容量为 142.5mA·h/g，0.05C 倍率循环 20 圈容量保持率为 94.6%，EIS 及 CV 分析显示，适当的掺铁量，有利于促进 $LiMnPO_4$ 的可逆性，减小极化，提高材料的电子和离子导电能力，使材料的电化学性能得到大幅度提升；$LiMn_{23/24}Mg_{1/24}PO_4/C$ 表现出最佳的电化学性能，0.05C 倍率下的初始容量为 153.8mA·h/g，0.05C 倍率循环 20 圈容量保持率为 97.5%，EIS 和 CV 测试结果表明适量的掺镁能够有效降低材料的阻抗，并能有效缓解 $LiMnPO_4$ 电极材料的极化现象，加快 Li^+扩散速率，电池更容易获得高容量。理论计算与实验结果非常符合，表明基于第一性原理的理论计算可以有效为实验设计及后续改进提供较为可靠的理论依据。

（4）率先采用快离子导体 $LiAlO_2$ 复合改性 $LiMnPO_4$/C 复合材料，探讨了 $LiAlO_2$ 的合成工艺及不同 $LiAlO_2$ 添加量对 $LiMnPO_4$/C 复合材料的结构、形貌及电化学性能的影响。以磷酸为电解液，氧化电压 80V、磷酸浓度 0.3mol/L、氧化温度 25℃及反应时间 3h 下，以 AAO 模板为铝源，Li_2CO_3 为锂源，得出，$n(Al):n(Li)=1:3$，水热反应 200℃，48h 所得产物 700℃煅烧得到 $LiAlO_2$ 材料。研究表明，$LiAlO_2$ 的添加并没有破坏复合材料的物相，6%添加量的 $LiAlO_2$-$LiMnPO_4$/C 复合材料表现出最佳的电化学性能，0.05C 倍率下的初始容量为 142.8mA · h/g，0.05C 倍率循环 20 圈容量保持率为 96.8%。$LiAlO_2$ 添加量较少时，$LiAlO_2$ 不足以构成一个网络来传导 Li^+ 的扩散，当 $LiAlO_2$ 添加量较多时，由于 $LiAlO_2$ 没有容量，而多余的 $LiAlO_2$ 占去一部分活性物质的质量，从而导致复合材料的导电率没有明显的提高，且电荷转移电阻变大，致使复合材料的电化学性能下降。

（5）通过溶胶凝胶法合成 $LiAlO_2$-$LiFePO_4$/C 纳米复合电极材料，其中纳米介孔铝酸锂材料通过有序多孔 AAO 模板制备，通过添加快离子导体铝酸锂从而改善 $LiFePO_4$ 材料的电学性能。以 AAO 模板为铝源，选择不同的锂源通过水热反应制备出的并不是铝酸锂，而是铝酸锂的中间相 $LiAl(OH)_4 \cdot H_2O$。$LiAlO_2$ 是在煅烧过程中产生的。可以发现以 Li_2CO_3 为锂源所制备的 $LiAlO_2$-$LiFePO_4$/C 复合材料具有良好的电学性能；通过对不同的锂源 $LiNO_3$ 和 Li_2CO_3 对及相同锂源制备的前驱体在不同煅烧温度下生成的 $LiAlO_2$ 材料的结构、微观形貌和电化学性能等方面的研究，得出不同的锂源及煅烧温度对制备的 $LiAlO_2$ 材料的结构没有影响，锂源对材料的形貌有很大的影响，从而也影响了 $LiAlO_2$-$LiFePO_4$/C 复合材料的电化学性能；溶胶-凝胶法合成 $LiFePO_4$ 材料在 650～750℃煅烧温度范围内，随着煅烧温度的升高，材料的结晶性能增加，颗粒尺寸增加，750℃煅烧料具有良好的结晶性能，也具有较好的电学性能，在 0.5～2.0 倍柠檬酸量范围内，随着柠檬酸量增加，材料的结晶性能下降，颗粒尺寸减小，电学性能随着柠檬酸量增加而下降，0.5 倍柠檬酸量时，材料具有较好的电学性能；结合溶胶-凝胶法将介孔 $LiAlO_2$ 引入 $LiFePO_4$ 材料中，形成 $LiAlO_2$-$LiFePO_4$/C 复合介孔材料，使介孔 $LiAlO_2$ 成为 $LiFePO_4$ 颗粒之间的连接体，可以较大幅度提高 $LiFePO_4$ 材料的电学性能，特别是较高倍率下的电学性能，但在一定范围内，$LiAlO_2$ 的引入不会对材料的晶体结构产生影响。

（6）率先通过 PVP 凝胶燃烧法合成了具有尖晶石结构的 $Li_4Ti_5O_{12}$ 材料。探讨了热处理工艺对 $Li_4Ti_5O_{12}$ 材料的影响。研究表明，过低的温度会产生杂相，过高温度会导致晶粒粒径的长大，从而影响尖晶石相 $Li_4Ti_5O_{12}$ 材料的电化学相性能；过短的煅烧时间，得到的尖晶石相 $Li_4Ti_5O_{12}$ 材料结晶不充分，过长的煅烧时间，得到的尖晶石相 $Li_4Ti_5O_{12}$ 材料发生了团聚和晶粒的长大，得到最佳实验条件为 800℃煅烧 8h。该材料在 0.5C 倍率下的放电容量达到了 163.3mA·h/g，5C 倍率下的放电容量为 139.7mA·h/g。

（7）通过 $LiNO_3$-TiO_2-尿素体系凝胶燃烧法合成前驱体粉末并在 800℃煅烧 3h 合成了性能优异的 $Li_4Ti_5O_{12}$ 材料，该材料具有良好的放电容量、循环性能和倍率特性。0.5C 倍率下，$Li_4Ti_5O_{12}$ 材料的放电容量达到了 165.5mA·h/g，5C 倍率下的放电容量为 120.1mA·h/g。

（8）$LiMn_{23/24}Mg_{1/24}PO_4/Li_4Ti_5O_{12}$ 锂离子电池体系拥有平稳的放电平台，充放电平台的电压差小于 0.25V。以 0.05C 的倍率对 $LiMn_{23/24}Mg_{1/24}PO_4/Li_4Ti_5O_{12}$ 电池进行电化学循环测试，以 $LiMn_{23/24}Mg_{1/24}PO_{44}/C$ 质量计算，初始放电容量是 134.8mA·h/g，经过 100 次循环后，电池的容量保持率为 91.99%，是非常有前途的电池体系。在电压范围 0.8~3.0V 进行循环伏安测试，观察到曲线只有一对氧化还原峰，2.35V 左右为还原峰，2.96V 左右为氧化峰，同时具有良好的可逆性。

参考文献

[1] Marom R, Amalraj S F, Leifer N, et al. A review of advanced and practical lithium battery materials [J]. Journal of Materials Chemistry, 2011, 21: 9938-9954.

[2] 张凯庆，凌泽，王力臻．高电压锂离子电池正极材料的研究进展［J］．电池，2013，40（4）：235-238.

[3] Xu B, Qian D, Wang Z, et al. Recent progress in cathode materials research for advanced lithium ion batteries [J]. Materials Science and Engineering: R: Reports, 2012, 73 (5-6): 51-65.

[4] Mizushimaa K, Jonesa P C, Wisemana P J. Li_xCoO_2 ($0<x<1$): A new cathode material for batteries of high energy density [J]. Materials Research Bulletin, 1980, 15: 783-789.

[5] He P, Yu H, Li D, et al. Layered lithium transition metal oxide cathodes towardshigh energy lithium-ion batteries [J]. Journal of Materials Chemistry, 2012, 22 (9): 3680-3692.

[6] 王洪，祝纶宇，陈鸣才．锂离子电池正极材料 $LiCoO_2$ 的包覆改性［J］．应用化学，2007，24（5）：556-560.

[7] Thackeray M M, Kang S H, Johnson C S. Li_2MnO_3-stabilized $LiMO_2$ (M=Mn, Ni, Co) electrodes for lithium-ion batteries [J]. Journal of Materials Chemistry, 2007, 17 (30): 3112-3125.

[8] Zhong H, Lu Z C, Dahn J R. Lack of cation clustering in $Li[Ni_xLi_{1/3-2x/3}Mn_{2/3-x/3}]O_2$ ($0<x<1/2$) and $Li[Cr_xLi_{(1-x)/3}Mn_{(2-2x)/3}]O_2$ ($0<x<1$) [J]. Chemistry Materials, 2003, 15: 3214-3220.

[9] Weill F, Tran N, Croguennec L, et al. Cation ordering in the layered $Li_{1+x}(Ni_{0.425}Mn_{0.425}Co_{0.15})_{1-x}O_2$ materials ($x=0$ and 0.12) [J]. Journal of Power Sources, 2007, 172 (2): 893-900.

[10] Bréger J, Jiang M, Dupré N, et al. High-resolution X-ray diffraction, DIFFaX, NMR and first principles study of disorder in the Li_2MnO_3-$Li[Ni_{1/2}Mn_{1/2}]O_2$ solid solution [J]. Journal of Solid State Chemistry, 2005, 178 (9): 2575-2585.

[11] Christopher N L, Christina Lefief Johnson S, Vaughey John T, et al. Synthesis, characterization and electrochemistry of lithium battery electrodes: $xLi_2MnO_3 \cdot (1-x)LiMn_{0.333}Ni_{0.333}Co_{0.333}O_2$ ($0 \leq x \leq 0.7$) [J]. Chemistry Materials, 2008, 20: 6095-6106.

[12] Hong Y S, Park Y J, Ryu K S, et al. Synthesis and electrochemical properties of nanocrystalline $Li[Ni_xLi_{(1-2x)/3}Mn_{(2-x)/3}]O_2$ prepared by a simple combustion method [J]. Journal of Materials Chemistry, 2004, 14 (9): 1424-1429.

[13] Hong Y S, Park Y J, Wu X. Synthesis and electrochemical properties of nanocrystalline $Li[Ni_{0.20}Li_{0.20}Mn_{0.60}]O_2$ [J]. Electrochemical and Solid-State Letters, 2003, 6 (8): A166-A169.

[14] Armstrong A R, Bruce P G. Layered $Li_xMn_{1-y}Li_yO_2$ intercalation electrodes: synthesis, structure and electrochemistry [J]. Journal of Materials Chemistry, 2005, 15 (1): 218-224.

[15] Ju S H, Jangh C, Kang Y C. Al-doped Ni-richcathode powders prepared from the precursor

powders with fine size and spherical shape [J] . Electrochimica Acta, 2007, 52 (25): 7286-7292.

[16] Xia Y Y, Yoshio M. An investigation of lithimu ion insertion into spinel structure Li-Mn-O compounds [J] . Journal of Power Sources, 1996, 143: 825-829.

[17] Xia Y Y, Zhou Y H, Yoshio M. Capacity fading on cycling of 4V Li/$LiMn_2O_4$ cells [J]. Journal of the Electrochemical Society, 1997, 144: 2593-2597.

[18] 黄可龙，王兆翔，刘素琴．锂离子电池原理与关键技术 [M] . 北京：化学工业出版社，2007.

[19] Kanno R, Hirayama M, Ido H, et al. Dynamic structural changes at $LiMn_2O_4$/electrolyte interface during lithium battery reaction [J] . Journal of the American Chemical Society, 2010, 132 (43): 15268-15276.

[20] Deng B, Nakamura H, Yoshio M. Capacity fading with oxygen loss for manganese spinels uponcycling at elevated temperatures [J] . Journal of Power Sources, 2008, 180 (2): 864-868.

[21] Zhong Q M, Bonakdarpour A, Zhang M. Synthesis and electrochemistry of $LiNi_xMn_{2-x}O_4$ [J]. Journal of the Electrochemical Society, 1997, 144: 205-209.

[22] Arora P, Popov N, White R E. Electrochemical investigations of cobalt-dopped $LiMn_2O_4$ as cathode material for lihitum-ion batteries [J] . Journal of the Electrochemical Society, 1998, 145: 807-811.

[23] Sigala C, Guyomard D, Verbaere A. Positive electrode materials with high operating voltage for lithium batteries: $LiCr_y Mn_{2-y}O_4(0 \leq y \leq 1)$ [J] . Solid State Ionics, 1995, 81: 167-171.

[24] Arrebola J C, Caballero A, Cruz M, et al. Crystallinity control of a nanostructured $LiNi_{0.5}Mn_{1.5}O_4$ spinel via polymer-assisted synthesis: A method for improving its rate capability and performance in 5 V lithium batteries [J] . Advanced Functional Materials, 2006, 16 (14): 1904-1912.

[25] Whittingham M S. Lithium batteries and cathode materials [J] . Chemical Reviews, 2004, 104 (10): 4271-4302.

[26] Blasse G. Ferromagnetism and ferrimagnetism of oxygen spinels containing tetravalent manganese [J] . Journal of Physics and Chemistry of Solids, 1966, 27 (2): 383-387.

[27] Zhang X, Cheng F, Yang J, et al. $LiNi_{0.5}Mn_{1.5}O_4$ porous nanorods as high-rate and long-life cathodes for Li-ion batteries [J] . Nano letters, 2013, 13 (6): 2822-2825.

[28] Bang H J, Donepudi V S, Prakash J. Preparation and characterization of partially substituted $LiM_yMn_{1-y}O_4$(M=Ni, Co, Fe) spinel cathodes for Li-ion batteries [J] . Electrochimica Acta, 2002, 48 (4): 443-451.

[29] Liu J, Manthiram A. Understanding the improvement in the electrochemical properties of surface modified 5 V $LiMn_{1.42}Ni_{0.42}Co_{0.16}O_4$ spinel cathodes in lithium-ion cells [J] . Chemistry of Materials, 2009, 21 (8): 1695-1707.

[30] Wang C Y, Lu S G, Kan S R, et al. Enhanced capacity retention of Co and Li doubly doped $LiMn_2O_4$ [J] . Journal of Power Sources, 2009, 189 (1): 607-610.

[31] Thirunakaran R, Sivashanmugam A, Gopukumar S, et al. Electrochemical behaviour of nano-

sized spinel $LiMn_2O_4$ and $LiAl_xMn_{2-x}O_4$(x=A1: 0.00~0.40) synthesized via fumaric acid-assisted sol-gel synthesis for use in lithium rechargeable batteries [J]. Journal of Physics and Chemistry of Solids, 2008, 69 (8): 2082-2090.

[32] Kunduraci M, Amatucci G. Effect of oxygen non-stoichiometry andtemperature on cation ordering in $LiMn_{2-x}Ni_xO_4$(0.5≥x≥0.36) spinels [J]. Journal of Power Sources, 2007, 165 (1): 359-367.

[33] Sun Y K, Hong K J, Prakash J, et al. Electrochemical performance of nano-sized ZnO-coated $LiNi_{0.5}Mn_{1.5}O_4$ Spinel as 5 V materials at elevated temperatures [J]. Electrochemistry Communications, 2002, 4 (4): 344-348.

[34] Fan Y K, Wang J M, Ye X B, et al. Physical properties and electrochemical performance of $LiNi_{0.5}Mn_{1.5}O_4$ cathode material prepared by a coprecipitation method [J]. Materials Chemistry and Physics, 2007, 103 (1): 19-23.

[35] Wu H M, Belharouak I, Abouimrane A, et al, Surface modification of $LiNi_{0.5}Mn_{1.5}O_4$ by ZrP_2O_7 and ZrO_2 for lithium-ion batteries [J]. Journal of Power Sources, 2010, 195 (9): 2909-2913.

[36] Padhi A K, Nanjundaswamy K S, Goodenough J B. Phospho-olivines as positive-electrode materials for rechargeable lithium batteries [J]. Journal of the Electrochemical Society, 1997, 144 (4): 1188-1194.

[37] Gong Z, Yang Y. Recent advances in the research of polyanion-type cathode materials for Li-ion Batteries [J]. Energy & Environmental Science, 2011, 4: 3223-3242.

[38] Nishimura S I, Kobayashi G, Ohoyama K, et al. Experimental visualization of lithium diffusion in Li_xFePO_4 [J]. Nature Materals, 2008, 7: 707-711.

[39] Andersson A S, Kalska B, Haggstrom L, et al. Lithium extraction/insertionin $LiFePO_4$: an X-ray diffraction and mossbauer spectroscopy study [J]. Solid State Ionics, 2000, 130 (1-2): 41-52.

[40] Yang J S, Xu J J. Synthesis and characterization of carbon-coated lithium transition metal phosphates $LiMPO_4$(M=Fe, Mn, Co, Ni) prepared via a nonaqueous sol-gel route [J]. Journal of the Electrochemical Society, 2006, 153 (4): A716-A723.

[41] Gangulibabu, Bhuvaneswari D, Kalaiselvi N, et al. CAM sol-gel synthesized $LiMPO_4$ (M=Co, Ni) cathodes for rechargeable lithium batteries [J]. Journal of Sol-Gel Science and Technology, 2009, 49 (2): 137-144.

[42] Bralnnik N N, Bramnik K G, Buhrmester T, et al. Electrochmical and structural study of $LiCoPO_4$-based electrodes [J]. Journal of Solid State Electrochemistry, 2004, 8 (8): 558-564.

[43] Li H H, Jin J, Wei J P. Fast synthesis of core-shell $LiCoPO_4$/C nanocomposite via microwave heating and its electrochemical Li intercalation performallces [J]. Electrochemistry Communications, 2009, 11 (1): 95-98.

[44] Huang H, Yin S C, Nazar L F. Approaching theoretical capaeity of $LiFePO_4$ at room temperature athigh rates [J]. Electrochemical and Solid-State Letters, 2001, 4 (10): A170-A172.

[45] Zaghib K, Guerfi A, Hovington P, et al. Review and analysis of nanostructured olivine-based

lithium recheargeable batteries: status and trends [J] . Journal of Power Sources, 2013, 232: 357-369.

[46] Yonemura M, Yamada A, Takei Y, et al. Comparative kinetic study of olivine Li_xMPO_4(M=Fe, Mn) [J] . Journal of the Electrochemical Society, 2004, 151 (9): A1352-A1356.

[47] Shang S L, Wang Y, Mei Z G, et al. Lattice dynamics, thermodynamics, and bonding strength of lithium-ionbattery materials $LiMPO_4$(M=Mn, Fe, Co, and Ni): a comparative first-principles study [J] . Journal of Materials Chemistry, 2012, 22: 1142-1149.

[48] Andersson A S, Thomas J O. The source of first-cycle capacity loss in $LiFePO_4$ [J] . Journal of Power Sources, 2001, 97-98: 498-502.

[49] 朱彦荣，谢颖，伊廷锋，等．锂离子电池正极材料 $LiMnPO_4$ 的电子结构 [J] ．无机化学学报，2013，29 (3): 523-527.

[50] Osorio-Guillén J M, Holm B, Ahuja R, et al. A theoretical study of olivine $LiMPO_4$ cathodes [J] . Solid State Ionics, 2001, 167: 221-227.

[51] Delacourt C, Laffont L, Bouchet R, et al. Toward understanding of electrical limitations (electronic, ionic) in $LiMPO_4$(M=Fe, Mn) electrode materials [J] . Journal of the Electrochemical Society, 2005, 152: A913-A921.

[52] Yamada A, Hosoya M, Chung S C, et al. Olivine-type cathodes achievements and problems [J] . Journal of Power Sources, 2003, 119 (12): 232-238.

[53] Nie Z X, Quyang C Y, Chen J Z, et al. First principles study of Jahn-Teller effects in Li_xMnPO_4 [J] . Solid State Communications, 2010, 150: 40-44.

[54] Lee J W, Par M S, Anass B, et al. Electrochemical lithiation and delithiation of $LiMnPO_4$: Effect of cationsubstitution [J] . Electrochimica Acta, 2010, 55: 4162-4169.

[55] Ni J F, Lawabe Y, Masanori M, et al. $LiMnPO_4$ as the cathode for lithium batteries [J]. Journal of Power Sources, 2011, 196: 8104-8109.

[56] Pieczonka N P, Liu Z Y, Huq A, et al. Comparative study of $LiMnPO_4$/C cathodes synthesized by polyol and solid-state reaction methods for Li-ion batteries [J] . Journal of Power Sources, 2013, 230: 122-129.

[57] 常晓燕，王志兴，李新海，等．锂离子电池正极材料 $LiMnPO_4$ 的合成与性能 [J] ．物理化学学报，2004，20 (10): 1249-1352.

[58] 王志兴，李向群，常晓燕，等．锂离子电池橄榄石结构正极材料 $LiMnPO_4$ 的合成与性能 [J] ．中国有色金属学报，2008，18，660-665.

[59] Gao Z, Pan X L, Li H P, et al. Hydrothermal synthesis andelectrochemical properties of dispersed $LiMnPO_4$ wedges [J] . Cryst Eng Comm, 2013, 15 (38): 7808-7814.

[60] Qin ZH, Zhou X F, Xia Y G, et al. Morphology controlledsynthesis and modification of high-performance $LiMnPO_4$ cathode materials for Li-ion batteries [J] . Journal of Materials Chemistry, 2012, 22 (39): 21144-21153.

[61] Wang Y R, Yang Y F, Yang Y B, et al. Enhanced electrochemical performance of unique morphological cathode material prepared by solvothermalmethod [J] Solid State Communications, 2010, 150 (1-2): 81-85.

[62] Tucker M C, Doeff M M, Richardson T T, et al. ^{7}Li and ^{31}P magic angle spinning nuclear magnetic resonanceof $LiFePO_4$-type materials electrochem [J]. Electrochemical and Solid-State Letters, 2002, 5 (5): A95-A98.

[63] Fang H S, Li L P, Li G S. Hydrothermal synthesis of electrochemically active $LiMnPO_4$ [J]. Chemistry Letters, 2007, 36 (3): 436-437.

[64] Fang H S, Pan Z Y, Li L P, et al. The possibility of manganese disorder in $LiMnPO_4$ and its effecton the electrochemical activity [J]. Electrochemistry Communications, 2008, 10: 1071-1073.

[65] Wang Y R, Yang Y F, Yang Y B, et al. Fabrication of microspherical $LiMnPO_4$ cathode material by a facile one-step solvothermal process [J]. Materials Research Bulletin, 2009, 44 (11): 2139-2142.

[66] Dettlaff-Weglikowska U, Sato N, Yoshida J, et al. Preparation and electrochemical characterization of $LiMnPO_4$/single-walled carbon nanotube composites as cathode material for Li-ion battery [J]. Physica Status Solidi B-Basic Solid State Physics, 2009, 246 (11-12): 2482-2485.

[67] Cao Y, Duan J, Hu G, et al. Synthesis and electrochemical performance of nanostructured $LiMnPO_4$/C composites as lithium-ion battery cathode by a precipitation technique [J]. Electrochimica Acta, 2013, 98 (0): 183-189.

[68] Bramnik N N, Ehrenberg H. Precursor-based synthesis and electrochemical performance of $LiMnPO_4$ [J]. Journal of Alloys and Compounds, 2008, 464 (1-2): 259-264.

[69] Delacourt C, Poizot P, Morcrette M, et al. One-Step low-temperature route for the preparation of electrochemically active $LiMnPO_4$ powders [J]. Chemistry of Materials, 2004, 16 (1): 93-99.

[70] Xiao J, Xu W, Choi D W, et al. Synthesis and characterization of lithium manganese phosphate by a precipitation method [J]. Journal of the Electrochemical Society, 2010, 157 (2): A142-A147.

[71] 黄剑锋. 溶胶-凝胶原理与技术 [M]. 北京: 化学工业出版社, 2005.

[72] Wu L, Zhong S H, Lv Q, et al. Improving the electrochemical performance of $LiMnPO_4$/C by liquidnitrogen quenching [J]. Materials Letters, 2013, 110: 38-41.

[73] 汪燕鸣, 王飞, 王广健. 溶胶-凝胶法制备 $LiMnPO_4$/C 正极材料及其电化学性能 [J]. 无机材料学报, 2013, 28 (4): 415-419.

[74] Drezen T, Kwon N H, Bowen P, et al. Effect of particlesize on $LiMnPO_4$ cathodes [J]. Journal of Power Sources, 2007, 174 (2): 949-953.

[75] Zong J, Liu X J. Graphene nanoplates structured $LiMnPO_4$/C composite forlithium-ion battery [J]. Electrochimica Acta, 2014, 116: 9-18.

[76] Yang J, Xu J J. Synthesis and characterization of carbon-coated lithium transition metal phosphates $LiMPO_4$(M=Fe, Mn, Co, Ni) prepared via a nonaqueous sol-gel route [J]. Journal of the Electrochemical Society, 2006, 153 (4): A716-A723.

[77] Kwon N H, Drezen T, Exnar I, et al. Enhanced electrochemical performanceof mesoparticulate

$LiMnPO_4$ for lithium ion batteries [J] . Electrochemical and solid-state letters, 2006, 9 (6): A277-A280.

[78] Zhong S H, Wang Y, Liu J Q, et al. Trans. Synthesis of $LiMnPO_4/C$ composite material for lithium ion batteries bysol-gel method [J] . Transactions of Nonferrous Metals Society of China, 2012 (22): 2535-2540.

[79] Doan T N L, Taniguchi I. Cathode performance of $LiMnPO_4/C$ nanocomposites prepared by a combination of spray pyrolysis and wet ball-milling followed byheat treatment [J] . Journal of Power Sources, 2011, 196 (3): 1399-1408.

[80] Oh S M, Oh S W, Yoon C S, et al. High-performance carbon-$LiMnPO_4$ nanocomposite cathodefor lithium batteries [J] . Advanced Functional Materials, 2010, 20: 3260-3265.

[81] Doan T N L, Bakenov Z, Taniguchi I. Preparation of carbon coated $LiMnPO_4$ powders by a combination of spray pyrolysis with dry ball-milling followed by heat treatment [J] . Advanced Powder Technology, 2010, 21: 187-196.

[82] Bakenov Z, Taniguchi I. Electrochemical performance of nanocomposite $LiMnPO_4$/Ccathode materials for lithium batteries [J] . Electrochemistry Communications, 2010, 12 (1): 75-78.

[83] 张明福, 韩杰才, 赫晓东, 等. 喷雾热解法制备功能材料研究进展 [J] . 压电与声光, 1999, 21 (5): 401-406.

[84] Wang Y R, Yang Y F, Yang Y B, et al. Enhanced electrochemical performance of unique morphological $LiMnPO_4/C$ cathode material prepared by solvothermal method [J] . Solid State Communications, 2010, 150 (1-2): 81 -85.

[85] Kim T R, Kim D H, Ryuh W, et al. Synthesis of lithium manganese phosphate nanoparticle and its properties [J], Journal of Physics and Chemistry of Solids, 2007, 68 (5): 1203 -1206.

[86] Martha S, Markovsky B, Grinblat J, et al. $LiMnPO_4$ as an advanced cathode material forrechargeable lithium batteries [J] . Journal of the Electrochemical Society, 2009, 156 (7): A541-A552.

[87] Murugan A V, Muraliganth T, Manthiram A. One-pot microwave-hydrothermal synthesisand characterization of carbon-coated $LiMPO_4$ (M = Mn, Fe, and Co) cathodes [J] . Journal of the Electrochemical Society, 2009, 156 (2): A79-A83.

[88] 胡成林. 锂离子电池磷酸盐正极材料的制备、表征及性能研究 [D] . 昆明: 昆明理工大学冶金与能源工程学院, 2011.

[89] Dokko K, Hachida T, Watanabe M. $LiMnPO_4$ nanoparticles prepared through the reaction between Li_3PO_4 and molten aqua-complex of $MnSO_4$ [J] . Journal of the Electrochemical Society, 2011, 158 (12): A1275-A1281.

[90] Pivko M, Bele M, Tchernychova E, et al. Synthesis of nanometric $LiMnPO_4$ via a two-step technique [J] . Chemistryof Materials, 2012, 24: 1041-1047.

[91] Liu J L, Liu X Y, Huang T, et al. Synthesis of nano-sized $LiMnPO_4$and in situ carboncoating using a solvothermal method [J] . Journal of Power Sources, 2013, 229: 203-209.

[92] Li G H, Azumah H, Tohda M. $LiMnPO_4$ as the cathode for lithium batteries [J]. Electro-

chemical and Solid State Letters, 2002, 5 (6): A135-A137.

[93] Mizuno Y, Kotobuki M, Munakata H, et al. Effect of carbon source on electrochemical performance of carbon coated $LiMnPO_4$ cathode [J]. Journal of the Ceramic Society of Japan, 2009, 117 (1371): 1225-1228.

[94] Yang S L, Ma R G, Hu M J, et al. Solvothermal synthesis of nano-$LiMnPO_4$ from Li_3PO_4 rod-like precursor: reaction mechanism and electrochemical properties [J]. Journal of Materials Chemistry, 2012, 22 (48): 25402-25408.

[95] Hu C L, Yi H H, Fang H S, et al. Improvingthe electrochemical activity of $LiMnPO_4$ via Mn-site co-substitution with Fe and Mg [J]. Electrochemistry Communications, 2010, 12 (12): 1784-1787.

[96] Zuo P J, Chen G Y, Wang L G, et al. Ascorbic acid-assisted solvothermal synthesis of $LiMn_{0.9}Fe_{0.1}PO_4/C$ nanoplatelets with enhanced electrochemical performance for lithium ion batteries [J]. Journal of Power Sources, 2013, 243: 872-879.

[97] Bakenov I, Taniguch I. Physical and electrochemical properties of $LiMnPO_4/C$ composite cathode prepared with different conductive carbons [J]. Journal of Power Sources, 2010, 195: 7445-7451.

[98] Zhong S H, Xu Y B, Li Y H, et al. Synthesis and electrochemical performance of $LiMnPO_4/C$ composites cathode materials [J]. Rare Metals, 2012, 31 (5): 474-478.

[99] Jiang Y, Liu R Z, Xu W W, et al. A novel graphene modified $LiMnPO_4$ as a performance-improved cathode material for lithium-ion batteries [J]. Journal of Materials Research, 2013, 28 (18): 2584-2589.

[100] Huang C W, Li Y Y. In situ synthesis of platelet graphite nanofibers from thermal decomposition of poly (ethylene glycol) [J]. Journal of Physical Chemistry B, 2006, 110: 23242-23246.

[101] Dobryszycki J, Biallozor S. On some organic inhibitors of zinc corrosion in alkaline media [J]. Corrosion Science, 2001, 43: 1309-1319.

[102] Wang L N, Zhan X C, Zhang Z G, et al. A soft chemistry synthesis routine for $LiFePO_4$-C using a novel carbon source [J]. Journal of Alloys and Compounds, 2008, 456: 461-465.

[103] Kim D K, Park H M, Jung S J, et al. Effect of synthesis conditionson the properties of $LiFePO_4$ for secondary lithium batteries [J]. Journal of Power Sources, 2006, 159: 237-240.

[104] Wang L N, Zhang Z G, Zhang K L. A simple, cheap softsynthesis routine for $LiFePO_4$ using iron (Ⅲ) raw material [J]. Journal of Power Sources, 2007, 167: 200-205.

[105] Murugan A V, Muraliganth T, Ferreira P J, et al. Dimensionally modulated, single-crystalline $LiMPO_4$(M=Mn, Fe, Co, and Ni) with nano-thumblike shapes forhigh-power energy storage [J]. Inorganic chemistry, 2009, 48: 946-952.

[106] Shiratsuchi T, Okada S, Doi T, et al. Cathodic performance of $LiMn_{1-x}M_xPO_4$(M =Ti, Mg and Zr) annealed in an inert atmosphere [J]. Electrochimica Acta, 2009, 54 (11): 3145-3151.

[107] Yamada A, Chung S C. Crystalchemistry of the olivine-type $Li(Mn_yFe_{1-y})PO_4$ and (Mn_yFe_{1-y})

PO_4 as possible 4V cathode materials for lithiumbatteries [J]. Journal of the Electrochemical Society, 2001, 148 (8): A960-A967.

[108] Ni J F, Gao L J. Effect of copper doping on $LiMnPO_4$ prepared via hydrothermal route [J]. Journal of Power Sources, 2011, 196 (15): 6498-6501.

[109] Chen G Y, Shukla A K, Song X Y, et al. Benefits of N for O substitution in polyoxoanionic electrode materials: a first principles investigation of the electrochemical properties of $Li_2FeSiO_{4-y}N_y(y=0, 0.5, 1)$ [J]. Journal of Materials Chemistry, 2011, 21: 10126-10133.

[110] Fang H S, Yi H H, Hu C L, et al. Effect of Zn doping on the performance of $LiMnPO_4$ cathode for lithium ion batteries [J]. Electrochimica Acta, 2012, 71: 266-269.

[111] Goodenough J B, Manthiram A, Wnetrzewski B. Electrodes for lithium batteries [J]. Power Source, 1993, 1 (3): 269-275.

[112] Andersson A S, Thomas J O. The source of first-cycle capacity loss in $LiFePO_4$ [J]. J. Power Source, 2001, 97 (8): 498-502.

[113] Ouyang C Y, Shi S Q, Wang Z X, et al. First-principles study of Li ion diffusion in $LiFePO_4$ [J]. Physical Review B, 2004, 69: 104-303.

[114] Dominko R, Gabersce M K, Drofenik J, et al. The role of carbon black distribution in cathodes for Li ion batteries [J]. Power Sources, 2003, 119-121: 770-773.

[115] Chung H T, Jang S K. Effects of nano-carbonwebs on the electrochemical properties in $LiFePO_4/C$ composite [J]. Solid State Commun, 2004, 131 (8): 549.

[116] 吕正中，周震涛. $LiFePO_4/C$ 复合正极材料的结构与性能 [J]. 电池，2003, 33 (5): 267-271.

[117] 张宝，罗文斌，等. $LiFePO_4/C$ 锂离子电池正极材料的电化学性能 [J]. 中国有色金属学报，2005, 15 (2): 300-301.

[118] 杨蓉，赵铭姝，等. 锂离子电池正极材料 $LiFePO_4$ 的电化学性能改进 [J]. 化工学报，2006, 57 (3): 674-675.

[119] 丁怀燕. 正极材料 $LiFePO_4$ 的合成与性能研究 [D]. 湖南：湘潭大学，2006.

[120] Park K S, Son J T, Chung H T, et al. Surface modification by silver coating for improving electrochemical properties of $LiFePO_4$ [J]. Solid State Commun, 2004, 129 (5): 311.

[121] 倪江锋，周恒辉，等. 金属氧化物掺杂改善 $LiFePO_4$ 电化学性能 [J]. 无机化学学报，2005, 21 (4): 472-476.

[122] 施思齐. 锂离子电池正极材料的第一性原理研究 [D]. 北京：中国科学院物理所，2004.

[123] 罗绍华. 锂离子电池正极材料磷酸铁锂的固相合成及其改性研究 [D]. 北京：清华大学，2007: 88-132.

[124] 周薪，赵新兵，等. F 掺杂 $LiFePO_4/C$ 的固相合成及电学性能 [J]. 无机材料学报，2008, 23 (3): 587-291.

[125] Croce F, Epiafnio A D, Hassoun J, et al. A novel concept for the synthesis of an improved $LiFePO_4$ lithium battery cathode [J]. Electrochem Solid-State Lett, 2002, 5 (3): A47-A50.

[126] 麻明友．锂离子电池正极材料 $LiFePO_4/C$ 的制备与表征［J］．吉首大学学报（自然科学版），2004，25（3）：64-67.
[127] 朱伟．锂离子电池正极材料 $LiMn_2O_4$ 与 $LiFePO_4$ 的制备与性能研究［D］．重庆：重庆大学，2004.
[128] 樊杰．溶胶凝胶法制备 $LiFePO_4/C$ 复合正极材料［D］．浙江：浙江大学，2006.
[129] 陈召勇，朱华丽．$LiFePO_4/C$ 复合材料的制备和性能研究［J］．长沙理工大学学报（自然科学版），2007，4（2）：84-88.
[130] 丁燕怀，苏光耀，等．溶胶-凝胶法合成正极材料 $LiFePO_4$［J］．电池，2006，36（1）：52-53.
[131] 王冠．锂离子电池正极材料 $LiFePO_4$ 制备及其性能研究［D］．上海：复旦大学，2006.
[132] 徐峙辉．锂离子电池正极材料 $LiFePO_4$ 的合成与电化学性能研究［D］．四川：四川大学，2006.
[133] 夏建华．溶胶凝胶法制备锂离子电池正极材料 $LiFePO_4$［D］．浙江：浙江大学，2006.
[134] Kang B，Ceder G. Battery materials for ultrafast charging and discharging Nature［J］．2009，458：190-193.
[135] 尚杰，唐艳艳，刘丽来，等．多孔阳极氧化铝模板的影响因素［J］．昆明理工大学膜科学与技术，2008，28（5）：42.
[136] 刘丽来．阳极氧化铝模板的制备及其在纳米材料合成中的应用［D］．昆明：昆明理工大学，2007：23.
[137] Masuda H，Fukuda K. Orderedmetal nanohole arrays made by a two-step replication of honeycomb structure of anodic alumina［J］．Science，1995，268（5216）：1466.
[138] 李晓洁，张海明，胡国锋，等．AAO 模板的制备及其应用［J］．材料导报，2008（专辑12）：80.
[139] 陈铭，温廷琏．$LiAlO_2$粉体的合成［J］．化学通报，1998，10：20-24.
[140] Poeppelmeier K P，Kipp D O. Cation replacement in α-$LiAlO_2$［J］．Inorg. Chem，1988，27：766-767.
[141] Nishikawa M，Kinjyo T，Ishizaka T，et al. Release behavior of bred tritium from $LiAlO_2$［J］．J. Nuclear Maters. 2004，335：70-76.
[142] Ceder G，Chiang Y M，Sadoway D R，et al. Identification of cathode materials for lithium batteries guided by first-principles calculations［J］．Nature. 1998，392（16）：694-696.
[143] Gang W，Croce. F，Scrosati. B. Comparison of NMR and conductivity in $(PEO)_8LiClO_4$ + $\gamma LiAlO_2$. Solid State Ionics，1992，53-56：1102-1105.
[144] 陈刚，王慧敏，胡克鳌，等．$LiAlO_2$ 细粉料的制备及反应机理研究［J］．无机化学学报，2002，2：220.
[145] Carrera L M，Becerril J J，Bosch P. Effect of synthesis techniques on crystallote size and morphology of lithium aluminate［J］．J. Am. Ceram. Soc.，1995，78（4）：933-938.
[146] 宫杰，丁桂英，兰岚，等．α-$LiAlO_2$ 的制备、相演变过程及结构研究［J］．吉林师范大学学报，2003，1：61-63.

[147] Oksuzomer F, Koc S N, Boz I. Effect of solvents on the preparation of lithium aluminate by sol-gel method [J]. Mater. Res. Bull., 2004, 39: 715-724.

[148] Joshi U A, Chung S H, Lee J S. Surfactant-free hydrothermal synthesis of lithium aluminate microbricks from aluminium oxide nanoparticles [J]. Chem. Commun., 2005, 15: 4471-4473.

[149] Hirano S, Hayashi T, Kageyama T. Synthesis of $LiAlO_2$ power byhydrolysis of matel alkoxides [J]. J. Am. Ceram. Soc., 1987, 70 (3): 171-174.

[150] 周双六，朱其永．金属醇盐水解法制备纳米氧化物 [J]．硅酸盐通报．2003，2：25-29.

[151] Li F, Hu K, Li J L, et al. Combustion synthesis of γ-lithium aluminate by using various fuels [J]. J. Nuclear Maters. 2002, 300 (1): 82-88.

[152] 林伟，白新德，凌云汉，等．$LiAlO_2$ 超细粉 SHS 合成及反应机理的研究 [J]．稀有金属材料与工程．2003，12：996-999.

[153] Jansen A N, Kahaian A J, Kepler K D, et al. Development of a high-power lithium-ion battery [J]. Journal of Power Sources, 1999, 81-82: 902-905.

[154] Scrosati B, Garche J. Lithium batteries: status, prospects andfuture [J]. Journal of Power Sources, 2010, 195: 2419-2430.

[155] Hamon Y, Brousse T, Jousse F, et al. Aluminum negative electrode in lithium ion batteries [J]. Journal of Power Sources, 2001, 97-98: 185-187.

[156] Li Q Y, Hu S J, Wang H Q, et al. Study of copper foam-supported Sn thin film as a high-capacity anode for lithium-ion batteries [J]. Electrochimica Acta, 2009, 54 (24): 5884-5888.

[157] Ui K, Kikuchi Y, Kadoma Y, et al. Electrochemical charaeristics of Sn film prepared by pulse electrode position method as negative electrode for lithium secondary batteries [J]. Journal of Power Sources, 2009, 189 (1): 224-229.

[158] Larcher D, Beattie S, Morcrette M, et al. Recent findings and prospects in the field of pure metals as negative electrodes for Li-ion batteries [J]. Journal of Materials Chemistry, 2007, 17 (36): 3759-3772.

[159] Chan C K, Ruffo R, Hong S S, et al. Structural and electrochemial study of the reaction of lithium with silicon nanwires [J]. Journal of Power Sources, 2009, 189 (1): 34-39.

[160] 其鲁，吴宁宁．材料化学技术的进步与今后的电动汽车 [J]．新材料产业，2009，2：12-15.

[161] 司宏君，李宁．以 $Li_4Ti_5O_{12}$ 作负极的聚合物锂离子电池的性能 [J]．电源技术，2009，13 (6)：497-501.

[162] Yang J, Wang K, Xie J Y. Ballmilling synthesis and electrochemical characterization of ternary lithium nitrides [J]. Journal of Power Sources, 2003, 150 (1): A140-A142.

[163] Lu W, Liu J, Sun Y K, et al. Electrochemical performance of $Li_{4/3}Ti_{5/3}O_4/Li_{1+x}(Ni_{1/3}Co_{1/3}Mn_{1/3})_{1-x}O_2$ cell for high power applications [J]. Journal of Power Sources, 2007, 167: 212-216.

[164] Reale P, Femicola A, Scrosati B. Compatibility of the Py_{24}TFSI-LiTFSI ionic liquid solution with $Li_4Ti_5O_{12}$ and $LiFePO_4$ lithium ion battery electrodes [J]. Journal of Power Sources, 2009, 194: 182-189.

[165] Pasquier A D, Huang C C, Spitler T. Nano $Li_4Ti_5O_{12}$-$LiMn_2O_4$ batteries with high power capability and improved cycle-life [J]. Journal of Power Sources, 2009, 186: 508-514.

[166] Ionica-Bousquet C M, Mufloz-Rojas D, Casteel W J, et al. Polyfluorinatedboron cluster-based salts: A new electrolyte for application in $Li_4Ti_5O_{12}$/$LiMn_2O_4$ rechargeable lithium-ion batteries [J]. Journal of Power Sources, 2010, 195: 1479-1485.

[167] Belharouak I, Sun Y K, Lu W, et al. On the safety of the $LiM_4Ti_5O_{12}$/$LiMn_2O_4$ lithium-ion battery system [J]. Journal of the Electrochemical Society, 2007, 154: A1083-A1087.

[168] Reale P, Panero S, Scrosati B. Sustainablehigh-voltage lithium ion polymerbatteries [J]. Journal of the Electrochemical Society, 2005, 152: A1949-A1954.

[169] Martha S K, Haik O, Borgel V, et al. $Li_4Ti_5O_{12}$/$LiMnPO_4$ lithium-ion battery systems for loadleveling application [J]. Journal of the Electrochemical Society, 2011, 158 (7) A790-A797.

[170] Ramar V, Saravanan K, Gajjela S R, et al. The effect of synthesis parameters on the lithium storageperformance of $LiMnPO_4$/C [J]. Electrochimica Acta, 2013, 105: 496-505.

[171] Xiang H F, Jin Q Y, Wang R, et al. Nonflammable electrolyte for 3-Vlithium-ion battery with spinel materials $LiNi_{0.5}Mn_{1.5}O_4$ and $Li_4Ti_5O_{12}$ [J]. Journal of Power Sources, 2008, 179: 351-356.

[172] Xiang H F, Zhang X, Jin Q Y, et al. Effect of capacity matchup in the $LiNi_{0.5}Mn_{1.5}O_4$/$Li_4Ti_5O_{12}$ cells [J]. Journal of Power Sources, 2008, 183: 355-360.

[173] Ariyoshi K, Yamamoto S, Ohzuku T. Three-volt lithium-ion battery with $Li[Ni_{1/2}Mn_{3/2}]O_4$ and the zero-strain insertion material of $Li[Li_{1/3}Ti_{5/3}]O_4$ [J]. Journal of Power Sources, 2003, 119-121: 959-963.

[174] Hu X, Deng Z, Suo J, et al. A high rate, high capacity and long life ($LiMn_2O_4$+AC) / $Li_4Ti_5O_{12}$ hybrid battery-supercapacitor [J]. Journal of Power Sources, 2009, 187: 635-639.

[175] Sahana M B, Vasu S, Sasikala N, et al. Raman spectral signature of Mn-rich nanoscale phase segregations in carbon free $LiFe_{1-x}Mn_xPO_4$ prepared by hydrothermal technique [J]. RSC Advances, 2014, 4: 64429-64437.

[176] Klingler R J, Kochi J K. Electron-transfer kinetics from cyclic voltammetry. quantitative description of electrochemical reversibility [J]. The Journal of Physical Chemistty, 1981, 85 (12): 1731-1741.

[177] Qiu X Y, Zhuang Q C, Zhang Q Q, et al. Electrochemical and electronic properties of $LiCoO_2$ cathode investigated by galvanostatic cycling and EIS [J]. Physical chemistry chemical physics: PCCP, 2012, 14 (8): 2617-2630.

[178] Shi Y L, Shen M F, Xu S D, et al. Electrochemical impedance spectroscopy investigation of the FeF_3/C cathode for lithium-ion batteries [J]. Solid State Ionics, 2012, 222-223: 23

-30.

[179] Duan J G, Cao Y B, Jiang J B, et al. Novel efficient synthesis of nanosized carbon coated $LiMnPO_4$ composite for lithium ion batteries and its electrochemicalperformance [J]. Journal of Power Sources, 2014, 268: 146-152.

[180] Zhou X, Deng Y F, Wan L N, et al. A surfactant-assisted synthesis route for scalable preparation of highperformance of $LiFe_{0.15}Mn_{0.85}PO_4/C$ cathode using bimetallicprecursor [J]. Journal of Power Sources, 2014, 265: 223-230.

[181] Li X Y, Zhang B, Zhang Z G, et al. Crystallographic structure of $LiFe_{1-x}Mn_xPO_4$ solid solutions studied byneutron powder diffraction [J]. Technical Article, 2014, 29 (3): 248-252.

[182] Sronsri C C, Noisong P G, Danvirutai C P. Synthesis, non-isothermal kinetic and thermodynamic studies of the formation of $LiMnPO_4$ from NH_4MnPO_4 precursor [J]. Solid State Sciences, 2014, 32: 67-75.

[183] Su L L, Li X W, Ming H, et al. Effect of vanadium doping on electrochemical performance of $LiMnPO_4$ for lithium-ion batteries [J]. Journal Solid State Electrochem, 2014, 18: 755-762.

[184] Huo Z Q, Cui Y T, Wang D, et al. The influence of temperature on a nutty-cake structural material: $LiMn_{1-x}Fe_xPO_4$ composite with $LiFePO_4$ core and carbon outer layerfor lithium-ion battery [J]. Journal of Power Sources, 2014, 245: 331-336.

[185] Dinh H C, Mho S I, Kang Y K, et al. Large discharge capacities at high current rates for carbon-coated $LiMnPO_4$ nanocrystalline cathodes [J]. Journal of Power Sources, 2013, 244: 189-195.

[186] Meligrana G, Di L F, Ferrari S, et al. Surfactant-assisted mild hydrothermal synthesis to nanostructuredmixed orthophosphates $LiMn_yFe_{1-y}PO_4/C$ lithium insertion cathodematerials [J]. Journal of Power Sources, 2013, 105: 99-109.

[187] Liu J L, Liao W J, Yu A S. Electrochemical performance and stability of $LiMn_{0.6}Fe_{0.4}PO_4/C$ composite [J]. Journal of Alloys and Compounds, 2014, 587: 133-137.

[188] Zhang S, Meng F L, Wu Q, et al. Synthesis and characterization of $LiMnPO_4$ nanoparticles prepared by a citric acid assisted sol-gel method [J]. International Journal of Electrochemical Science, 2013, 8: 6603-6609.

[189] Li L E, Liu J, Chen L, et al. Effect of different carbonsources on the electrochemical properties of rod-like $LiMnPO_4/C$ nanocomposites [J]. RSC Advances, 2013, 3 (19), 6847-6852.

[190] Wang D, Belharouak I, Koenig G M, et al. Growth mechanism of $Ni_{0.3}Mn_{0.7}CO_3$ precursor for high capacity Li-ion battery cathodes [J]. Journal of Materials Chemistry, 2011, 21 (25): 9290-9295.

[191] Kim T H, Park H S, Lee M H, et al. Restricted growth of $LiMnPO_4$ nanoparticles evolved from a precursor seed [J]. Journal of Power Sources, 2012, 210: 1-6.

[192] Yang S L, Ma R G, Hu M J, et al. Solvothermal synthesis of nano-$LiMnPO_4$ from Li_3PO_4

rod-like precursor: reaction mechanism and electrochemical properties [J] . Journal of Materials Chemistry, 2012, 22: 25402-25408.

[193] Chung S Y, Bloking J T, Chiang Y M. Electronically conductive phospho-olivines as lithium storage electrodes [J] . Nat Mater, 2002, 1 (2): 123-128.

[194] Bakenov Z, Taniguchi I. $LiMg_xMn_{1-x}PO_4/C$ cathodes for lithium batteries prepared by a combination of spray pyrolysis with wet ballmilling [J] . Journal of the Electrochemical Society, 2010, 157 (4): A430-A436.

[195] Shiratsuchi T, Okada S, Doi T, et al. Cathodic performance of $LiMn_{1-x}M_xPO_4$(M=Ti, Mg and Zr) annealed in an inert atmosphere [J] . Electrochimica Acta, 2009, 54 (11): 3145-3151.

[196] Wang D Y, Ouyang C Y, Drezen T, et al. Improving the electrochemical activity of $LiMnPO_4$via Mn-site substitution [J] . Journal of the Electrochemical Society, 2010, 157 (2): A225-A229.

[197] Yang G, Ni H, Liu H, et al. The doping effect on the crystal structure and electrochemical properties of $LiMn_xM_{1-x}PO_4$(M=Mg, V, Fe, Co, Gd) [J] . Journal of Power Sources, 2011, 196 (10): 4747-4755.

[198] Kim J, Park Y, Seo D, et al. Mg and Fe Co-doped Mn based olivine cathode material for high power capability [J] . Journal of the Electrochemical Society, 2011, 158 (3): A250-A254.

[199] Kotobuki M, Mizuno Y, Munakata H, et al. Improved performance of hydrothermally synthesized $LiMnPO_4$ by Mg doping [J] . Electrochemistry, 2011, 79 (6): 467-469.

[200] Chen G, Shukla A K, Song X. Improved kinetics and stabilities in Mg-substituted $LiMnPO_4$ [J] . Journal of Materials Chemistry, 2011, 21 (27): 10126-10133.

[201] Doeff M M, Chen J J, Conry T E, et al. Combustion synthesis of nanoparticulate $LiMg_xMn_{1-x}PO_4$(x=0, 0.1, 0.2) carbon composites [J] . Journal of Materials Research, 2010, 27: 1132-1137.

[202] Chen J J, Vacchio M J, Wang S J, et al. The hydrothermal synthesis and characterization of olivines and related compounds for electrochemical applications [J] . Solid State Ionics, 2008, 178 (31-32): 1676-1693.

[203] Saravanan K, Vittal J, Reddy M, et al. Storage performance of $LiFe_{1-x}Mn_xPO_4$ nanoplates (x=0, 0.5, and 1) [J] . Journal of Solid State Electrochemistry, 2010, 14 (10): 1755-1760.

[204] Muraliganth T, Manthiram A. Understanding the shifts in the redox potentials of olivine $LiMn_{1-x}M_xPO_4$(M=Fe, Mn, Co, and Mg) solid solution cathodes [J] . The Journal of Physical Chemistry C, 2010, 114 (36): 15530-15540.

[205] Hong J, Wang F, Wang X L, et al. $LiFe_xMn_{1-x}PO_4$: A cathode for lithium-ionbatteries [J]. Journal of Power Sources, 2011, 196 (7): 3659-3663.

[206] Wang H L, Yang Y, Liang Y Y, et al. $LiMn_{1-x}Fe_xPO_4$ nanorods grown on graphene sheets for ultrahigh rate-performance lithium ion batteries [J] . Angewandte Chemie, 2011, 123

(32)：7502-7506.

[207] Molenda J, Ojczyk W, Marzec J. Electrical conductivity and reaction with lithium of $LiFe_{1-y}Mn_yPO_4$ olivine-type cathode materials [J]. Journal of Power Sources, 2007, 174 (2)：689-694.

[208] Li Y, Bettge M, Polzin B, et al. Understanding long-term cycling performance of $Li_{1.2}Ni_{0.15}Mn_{0.55}Co_{0.1}O_2$-graphite lithium-ion cells [J]. Journal of the Electrochemical Society, 2013, 160 (5)：A3006-A3019.

[209] 张晓萍，郭华军，李新海，等. 快离子导体 $Li_3V_2(PO_4)_3$ 包覆 $LiFePO_4$ 的结构和性能 [J]. 高等学校化学学报，2012，2：236-242.

[210] Li X Y, Jiang G C, Zhou S S, et al. Luminescent properties of chromium (Ⅲ) -doped lithium aluminate for temperature sensing [J]. Sensors and Actuators B：Chemical, 2014, 202：1065-1069.

[211] 李祈兴，苏水祥，张方平，等. 阳极氧化铝（AAO）模板法制作的直径和长度一致的碳纳米管 [J]. 电子器件，2008，31（1）：211-215.

[212] Lin Jiu, Wen Z Y, Xu X G, et al. Characterization and improvement of water compatibility of γ-$LiAlO_2$ ceramic breeders [J]. Fusion Engineering and Design, 2010, 85：1162-1166.

[213] Wu S Q, Hou Z F, Zhu Z Z. First-principles study on the structural, elastic, and electronic properties of γ-$LiAlO_2$ [J]. Computational Materials Science, 2009, 46：221-224.

[214] Lei L, He D W, Zou Y T, et al. Phase transitions of $LiAlO_2$ athigh pressure and high temperature [J]. Journal of Solid State Chemistry, 2008, 181：1810-1815.

[215] Lee J I, Pradhan A S, Kim J L, et al. Preliminary study on development and characterization of high sensitivity $LiAlO_2$ optically stimulated luminescence material [J]. Radiation Measurements, 2012, 47：837-840.

[216] Sokolov S, Stein A. Preparation and characterization of macroporous γ-$LiAlO_2$ [J]. Materials Letters, 2003, 57：3593- 3597.

[217] Xu X G, Wen Z Y, Wu X W, et al. Preparation of γ-$LiAlO_2$ green bodies through the gel-casting process [J]. Ceramics International, 2009, 35：1429-1434.

[218] Lin J, Wen Z Y, Liu Y, et al. Rheological behavior of aqueous polymer-plasticized γ-$LiAlO_2$ pastes for plastic forming [J]. Ceramics International, 2009, 35：2289-2293.

[219] Antolini E. The stability of $LiAlO_2$ powders and electrolyte matrices in molten carbonate fuel cell environment [J]. Ceramics International, 2013, 39：3463-3478.

[220] Wang D Y, Ouyang C Y, Drezen T, et al. Improving the electrochemical activity of $LiMnPO_4$ via Mn-site substitutio [J]. Journal of the Electrochemical Soeiety, 2010, 157 (2)：A225-A229.

[221] Hu L F, Tang Z L, Zhang Z T. New composite polymer electrolyte comprising mesoporous lithium aluminate nanosheets and PEO/$LiClO_4$ [J]. Journal of Power Sources, 2007, 166 (1)：226-232.

[222] Nishikawa M, Kinjyo T, Ishizaka T, et al. Release behavior of bred tritium from $LiAlO_2$ [J]. J. Nuclear Maters. 2004, 335：70-76.

[223] Kim H J, Lee H C, Rhee C H, et al. Alumina nanotubes containing lithium of high ion mobility [J]. J. Am. Chem. Soc, 2003, 125: 13354-13355.

[224] Masayuki M, Takahiro F, Nobuko Y, et al. Ionic conductance behavior of polymeric composite solid electrolytes containing lithium aluminate [J]. Electrochimica Acta, 2001, 46: 1565-1569.

[225] Hu L F, Qiao B, Tang Z L, et al. Hydrothermal routes to various controllable morphologies of nanostructural lithium aluminate [J]. Materials Research Bulletin, 2007, 42: 1407-1413.

[226] 胡林峰. 铝酸锂低维纳米结构的制备、表征及其电化学应用 [D]. 北京: 清华大学, 2007.

[227] Croce F, Epifanio A D, Hassoun J, et al. A novel concept for the synthesis of an improved $LiFePO_4$ lithium battery cathode [J]. Electrochemical and Solid-state Letters, 2002, 5 (3): A47-A50.

[228] Ohzuku T, Ueda A, Yamamoto N. Factor affecting the capacity retention of lithium-ion cells [J]. Journal of the Electrochemical Society, 1995, 142 (5): 1431-1435.

[229] Ariyoshi K, Yamato R, Ohzuku T. Zero-straim insertion mechanism of $Li[Li_{1/3}Ti_{5/3}]O_4$ for advanced lithium-ion batteries [J]. Electrochimica Acta, 2005, 51 (6): 1125-1129.

[230] Ouyang C Y, Zhong Z Y, Lei M S. Ab initio studies of structural and electronic properties of $Li_4Ti_5O_{12}$ spinel [J]. Electrochemistry Communications, 2007, 9 (5): 1107-1112.

[231] Nakahara K, Nkajima R, Matsushima T, et al. Preparation of particulate $Li_4Ti_5O_{12}$ having excellent characteristics as an electrode active material for power storage cells [J]. Journal of Power Sources, 2003, 117 (1-2): 131-136.

[232] Hao Y J, Lai Q Y, Liu D Q, et al. Synthesis by citric acid sol-gel method and electrochemical properties of $Li_4Ti_5O_{12}$ anode material for lithium-ion battery [J]. Journal of Applied Eletrochemitry, 2005, 94 (19): 382-387.

[233] Zhaoh, Wang D, Lin Y, et al. Enhancing the high-rate performance of $Li_4Ti_5O_{12}$ anode material for lithium-ion battery by a wet ball milling assisted solid-state reaction and ultra-high speed nano-pulverization [J]. Journal of Power Sources, 2014, 266: 60-65.

[234] Zaghib K, Simoneau M, Armand M, et al. Electrochemical study of $Li_4Ti_5O_{12}$ as negative electrode for Li-ion polymer rechargeable batteries [J]. Journal of Power Sources, 1999, 81/82: 300-305.

[235] 王英, 肖志平, 肖方明, 等. 尖晶石 $Li_4Ti_5O_{12}$ 材料固相合成工艺研究 [J]. 中国有色金属学报, 2010, 20 (12): 2366-2371.

[236] Zhang C M, Zhang Y Y, Wang J, et al. $Li_4Ti_5O_{12}$ prepared by a modified citric acid sol-gel method for lithium-ion battery [J]. Journal of Power Sources, 2013, 236: 118-125.

[237] Mosa J, Vélez J F, Reinosa J J, et al. $Li_4Ti_5O_{12}$ thin-film electrodes by sol-gel for lithium-ion microbatteries [J]. Journal of Power Sources, 2013, 244: 482-487.

[238] Fang W, Chen X Q, Zuo P J, et al. Hydrother-mal-assisted sol-gel synthesis of $Li_4Ti_5O_{12}$/C nano-composite forhigh-energy lithium-ion batteries [J]. Solid State Ionics, 2013, 244: 52-56.

[239] 王雁生，王先友，安红芳，等．水热法合成尖晶石型 $Li_4Ti_5O_{12}$ 及其电化学性能［J］．功能材料，2009，40（3）：424-426.

[240] 吴保明，叶乃清，马真，等．$xLi_2MnO_{3-(1-x)}LiNi_{0.7}Co_{0.3}O_2$ 的低温燃烧合成及电化学性能研究［J］．无机化学学报，2013，29（9）：1835-1841.

[241] 乔亚非，李新丽，连芳，等．$LiMn_xNi_xCo_{1-2x}O_2$ 的自蔓延燃烧合成及电化学性能研究［J］．稀有金属，2011，35（4）：491-497.

[242] 戴西里．液相燃烧法制备锂离子电池负极材料钛酸锂的研究［D］．哈尔滨：哈尔滨工业大学，2011：28-48.

[243] Xiang H F, Jin Q Y, Wang R, et al. Nonflammable electrolyte for 3-V lithium-ion battery with spinel materials $LiNi_{0.5}Mn_{1.5}O_4$ and $Li_4Ti_5O_{12}$ [J]. Journal of Power Sources, 2008, 179: 351-356.

[244] Chunhai J, Masaki I, Itaru H, et al. Effect of particle dispersion on high rate performance of nano-sized $Li_4Ti_5O_{12}$ anode [J]. Electrochimica Acta, 2007, 52: 6470-6475.

[245] Martha S K, Haik O, Borgel V, et al. $Li_4Ti_5O_{12}/LiMnPO_4$ lithium-ion battery systems for loadleveling application [J]. Journal of the Electrochemical Society, 2011, 158 (7): A790-A797.

[246] Ramar V, Saravanan K, Gajjela S R, et al. The effect of synthesis parameters on the lithium storage performance of $LiMnPO_4/C$ [J]. Electrochimica Acta, 2013, 105: 496- 505.

[247] Yang S, Feng X, Zhi L, et al. Nanographene-constructedhollow carbon spheres and their favorable electroactivity with respect to lithium storage [J]. Advanced Materials, 2010, 22: 838-842.

[248] Yoshio M, Wang H, Fukuda K. Effect ofcarbon coating on electrochemical performance of treated natural graphite as lithium-ion battery anode material [J]. Journal of the Electrochemical Society, 2000, 147: 1245-1250.

[249] Yoshio M, Wang H, Fukuda K. Spherical carbon-coated natural graphite as a lithium-ion battery- anode material [J]. Angewandte Chemie International Edition, 2003, 115: 4335-4338.

[250] Yoshio M, Wangh Y, Fukuda K, et al. Improvementof natural graphite as alithium-ion battery anode material, from raw flake to carbon-coated sphere [J]. Journal of Materials Chemistry, 2004, 14: 1754-1758.

[251] Ferg E, Gummow R J, Dekock A. Spinelanodes for lithium-ion batteries [J]. Journal of the Electrochemical Society, 1994, 141: L147-L150.

[252] Deschanvres A, Raveau B, Sekkal Z. Mise en evidenceet etudecristallographique dune nouvelle solution solide de type spinelle $Li_{1+x}Ti_{2-x}O_4$ $0 \leqslant x \leqslant 0.333$ [J]. Materials Research Bulletin, 1971, 6: 699-704.

[253] Ronci F, Reale P, Scrosati B, et al. High-resolution in-situ structural measurements of the "zero-strain" insertion material [J]. The Journal of Physical Chemistry B, 2002, 106: 3082-3086.

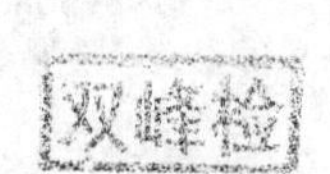
双峰检